全国高等卫生职业教育高素质技能型
人才培养"十三五"规划教材

供医学检验技术、卫生检验、药品质量检验、食品检验及相关专业使用

临床检验仪器与应用

主　编　邬　强　韩忠敏

副主编　费　嫦　袁海燕　翟新贵　邵　林

编　者　（以姓氏笔画为序）

U0303248

王　婷　南阳医学高等专科学校

邬　强　海南医学院

闫　灿　郑州铁路职业技术学院

杨惠聪　福建医科大学附属漳州市医院

邵　林　重庆三峡医药高等专科学校

赵　威　中国人民解放军第202医院

侯园园　郑州铁路职业技术学院

费　嫦　湖南医药学院

袁海燕　铁岭卫生职业学院

韩忠敏　郑州铁路职业技术学院

翟新贵　鹤壁职业技术学院

华中科技大学出版社
http://www.hustp.com
中国·武汉

内 容 简 介

本书为全国高等卫生职业教育高素质技能型人才培养"十三五"规划教材。

本书共分十一章,包括绪论,临床实验室基础仪器,医用分析化学仪器,临床生物化学检验仪器,临床血液学检验仪器,临床尿液、精液检验仪器,临床免疫学检验仪器,临床微生物检测仪器,临床分子生物学检验仪器,临床即时检验仪器和其他临床检验仪器。每章章首有本章介绍和本章目标,章末有本章小结和测试题,结构清晰合理,便于学生使用。

本书可供医学检验技术、卫生检验、药品质量检验、食品检验及相关专业使用。

图书在版编目(CIP)数据

临床检验仪器与应用/邬强,韩忠敏主编. —武汉:华中科技大学出版社,2017.11
全国高等卫生职业教育高素质技能型人才培养"十三五"规划教材
ISBN 978-7-5680-2630-7

Ⅰ.①临…　Ⅱ.①邬…　②韩…　Ⅲ.①医用分析仪器-高等职业教育-教材　Ⅳ.①TH776

中国版本图书馆 CIP 数据核字(2017)第 053193 号

临床检验仪器与应用　　　　　　　　　　　　　　　　　邬　强　韩忠敏　主编
Linchuang Jianyan Yiqi yu Yingyong

策划编辑:荣　静
责任编辑:秦　墨
封面设计:原色设计
责任校对:何　欢
责任监印:周治超
出版发行:华中科技大学出版社(中国·武汉)　　电话:(027)81321913
　　　　　武汉市东湖新技术开发区华工科技园　　邮编:430223
录　　排:华中科技大学惠友文印中心
印　　刷:武汉华工鑫宏印务有限公司
开　　本:880mm×1230mm　1/16
印　　张:13.75
字　　数:439千字
版　　次:2017 年 11 月第 1 版第 1 次印刷
定　　价:39.80 元

全国高等卫生职业教育高素质技能型
人才培养"十三五"规划教材
（药学及医学检验专业）
编委会

委 员（按姓氏笔画排序）

王　斌	陕西中医药大学	王文渊	永州职业技术学院
王志亮	枣庄科技职业学院	王喜梅	鹤壁职业技术学院
王德华	苏州卫生职业技术学院	孔晓朵	鹤壁职业技术学院
甘晓玲	重庆医药高等专科学校	叶颖俊	江西医学高等专科学校
仲其军	广州医科大学卫生职业技术学院	刘柏炎	益阳医学高等专科学校
刘修树	合肥职业技术学院	李树平	湖南医药学院
李静华	乐山职业技术学院	杨凤琼	广东岭南职业技术学院
杨家林	鄂州职业大学	张　勇	皖北卫生职业学院
陆艳琦	郑州铁路职业技术学院	范珍明	益阳医学高等专科学校
周建军	重庆三峡医药高等专科学校	秦　洁	邢台医学高等专科学校
钱士匀	海南医学院	徐　宁	安庆医药高等专科学校
唐　虹	辽宁医药职业学院	唐吉斌	铜陵职业技术学院
唐忠辉	漳州卫生职业学院	谭　工	重庆三峡医药高等专科学校
魏仲香	聊城职业技术学院		

前言
QIANYAN

　　自动化、智能化、多功能的临床检验仪器在各级医疗机构实验室中广泛应用,是医学检验发展最突出的标志。现代化临床检验仪器和设备几乎覆盖了医学检验的各个专业,使得临床检验项目不断拓展,极大提高了检测的准确性、可靠性、自动化程度及工作效率,其功能更加完善,有效降低了检测差错和成本。临床检验仪器种类繁多、更新换代快速、涉及面广,这对仪器设备使用者提出了更高的要求。为适应我国高等卫生职业教育发展的需要,切实帮助相关专业学生、临床检验和主管医疗器械的有关人员熟练使用各类现代化检验仪器及掌握其相关技术,华中科技大学出版社组织工作在医学检验教育第一线的教师,以及长期从事临床检验的专家共同编写了本教材。

　　本教材按照《现代职业教育体系建设规划(2014—2020年)》要求,以培养高端技能型职业人才为目标,编写中突出了实用性和针对性,结合高等卫生职业教育教学特点,在上一轮教材(全国高职高专医药院校药学及医学检验技术专业工学结合"十二五"规划教材《医学检验仪器与应用》)的基础上,进行了优化更新。沿用了基于工作过程系统化方式,力求反映当今检验仪器发展现状和趋势,以"必需、够用"为度,编写体例上体现模块驱动的职教课程特色,"教、学、做"一体化。临床常用的检验仪器力求翔实,不常用的仪器点到为止,做到主次分明。教材编写原则坚持"五性",强调"三基",适当融入"四新",把握"三个贴近"。为实现"基于工作过程的培养模式"的需要,编写了本教材,本教材符合我国高等医学技术教育的国情和各校的校情及就业岗位群的需要,适合高职高专医学检验技术、卫生检验、药品质量检验、食品检验及相关专业使用。

　　在内容上,本教材共分为十一章,包括绪论,临床实验室基础仪器,医用分析化学仪器,临床生物化学检验仪器,临床血液检验仪器,临床尿液、精液检验仪器,临床免疫学检验仪器,临床微生物检测仪器,临床分子生物学检验仪器,临床即时检测仪器及其他临床检验仪器。新版教材既传承了上一轮教材的知识内容,又对现在和今后某些不常用的仪器、设备进行了删减,增加了一些先进并代表专业领域发展趋势的相关仪器和设备。各章节主要涵盖临床检验仪器的基本概念和基本工作原理、仪器分类、基本结构、特点及其功能,各类仪器的操作指南与应用,仪器维护与注意事项及常见故障的排除等。在每一章节前后设置了章节介绍、学习目标、章节小结和测试题,方便学生复习掌握。

　　参加本教材编写的11名编者来自国内9所高校及医院,他们以高度的责任感完成了各自承担的任务,在此向各位编者所付出的辛苦工作表示感谢。编写组参考了国内、外近年出版的相关优秀教材和专著,并邀请高等学校教学指导委员会成员及本领域知名专家进行了编写指导,我们深表感谢! 在教材的编写过程中,得到了华中科技大学出版社、各位编者院校,尤其是海南医学院和郑州铁路职业技术学院的大力支持,在此表示衷心的感谢!

　　由于临床检验仪器发展日新月异,编者能力所限,教材内容难免存在不足或有待商榷之处,敬请同行专家、使用本教材的广大师生和其他读者提出宝贵意见,以便再版时加以改进。

邹强　韩忠敏

目录
MULU

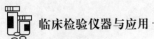

第一章 绪 论

本章介绍

　　医学检验是医学中不可或缺的一个重要分支,也是目前医学领域发展最快的学科之一。自动化取代手动操作是医学检验发展最突出的标志,现代化的检验分析仪器和设备几乎覆盖了医学检验的各个专业。医学检验技术专业学生需要掌握常用临床检验仪器的工作原理,熟悉仪器的类型、基本结构、性能特点及应用,学会仪器的操作、维护保养及简单故障排除。本章主要介绍学习本课程的目的和要求,临床检验仪器的特点、分类和常用性能指标,临床检验仪器的选用标准和维护,同时对临床检验仪器的进展和发展趋势进行提示性简介。

本章目标

　　通过本章的学习,掌握常用临床检验仪器的性能特点,了解和掌握各种临床检验仪器的分类、性能指标,熟悉临床检验仪器的基本选用标准和维护,关注其发展趋势及特点,以使有限的仪器得到综合应用,为学生将来更好地从事临床检验工作打下坚实的基础。

第一节 临床检验仪器与应用课程的学习目的和要求

掌握:学习本课程的目的和基本要求。

熟悉:临床检验仪器的发展趋势及发展特点。

了解:临床检验仪器在现代医疗卫生工作中的重要作用。

　　随着基础医学和临床医学的不断发展,医学检验的各种检测结果为临床医生及患者提供了真实可靠的实验室数据,对疾病的预防、筛查、诊断、治疗、病情监测、预后判断和健康评价发挥着重要作用。目前,几乎所有检验日常工作的完成均依赖于现代化的检验仪器和设备。因此,熟知临床检验仪器的发展趋势及发展特点,明确本课程的学习目的和基本要求,对医学检验技术专业学生来讲至关重要。

一、临床检验仪器的发展趋势及发展特点

　　现代医学检验以生物化学、病理学、免疫学、病原生物学、血液学、体液学、细胞生物学、分子生物学等学科为基础,整合了化学、物理学、光学技术、自动化技术、生物传感器技术、计算机技术、信息技术等其他学科的理论成就和高新技术。因此,医学检验的快速发展,得益于多学科间的交叉和互相渗透,体现了医学与理学、工学的完美结合。这些用于医学检验的新技术、新方法常常以新型仪器的形式出现在医疗机构和独立的商品化实验室,即在实验室检测和分析技术的基础上,结合多学科先进技术,逐步地发展成系统的、规模的、能满足临床医疗服务需要的现代化仪器和设备。临床检验仪器的发展是医学检验专业发展的标志之一。

当前,随着高新技术的发展、检验内容的不断拓宽以及分析技术的不断创新,医学检验技术和临床检验仪器也不断发展,呈现出以下特点:①医学检验方法由过去的手工操作向半自动、全自动分析方向发展;②微电子技术的进步、计算机性能仪器的发展,使得临床检验仪器向着精密化、智能化方向发展;③检验方法从用单个仪器进行检测逐步转变成用检测系统(检测平台或检测工作站)进行检测,全实验室自动化(total laboratory automation,TLA)、多功能集成化、一体化、综合化性能不断提高;④检验仪器正朝着集大型机的处理能力和小型机的应变能力于一身,朝小型化、多功能、便携、低价格、操作简便的床边和家庭型的方向迈进,适用于"即时即地"检测(point of care testing,POCT);⑤生物芯片技术的应用已经扩展到医学检验,是临床检验仪器高通量化发展趋势的最好体现。这些变化很大程度上提高了临床检验的自动化程度、工作效益、精密度、准确度以及对临床资料的处理能力和管理质量,功能更加完善,有效降低了检测差错和成本。例如,多功能、多参数、多分类的血液细胞分析仪的应用,把临床血液学检验提高到了一个全新的水平。自动生化分析仪未来的发展趋势也是连续高速化、组合化、超微量化、智能化和尖端化。流式细胞仪是目前细胞学分析技术的常用仪器,它具有快速、准确、量化等特性,已广泛应用于免疫学、血液学、肿瘤学、细胞生物学等诸多领域。

二、本课程学习目的和基本要求

现代医学的发展对检验技术、检验结果的依赖性不断增大,对检验工作者的专业知识和技术、技能要求也越来越高。临床检验仪器更新换代越来越频繁,这需要我们不断去学习和适应新的操作要求。同时,高性能的仪器必须靠高素质的人员去掌握,仅有精密的仪器而没有熟悉操作程序和仪器性能的工作人员,仪器同样不能发挥应有的作用。因此,培养和提高医学检验技术专业学生的素质以及临床实验室工作人员的职业水平,了解和掌握名目繁多的检验仪器的性能,掌握各种常用检验仪器尤其是临床最新检验仪器的工作原理、分类结构、技术指标、使用方法、常见故障的排除及日常维护等,了解其发展趋势及特点,使检验仪器得到最大程度的综合应用,并在疾病的诊断和治疗过程中发挥最佳的效能,已成为相当紧迫而重要的任务。

临床检验仪器与应用是高等医学院校医学检验技术专业的一门必修课程,也是一门由多学科组成的知识面和技术面密集程度较高的课程。学习本课程的基本要求如下:掌握常用临床检验仪器的基本概念和工作原理,熟悉和掌握仪器的类型、基本结构及性能,学会和掌握各类仪器的操作流程、临床应用、维护保养及简单故障的排除。

第二节　临床检验仪器的特点、分类和常用性能指标

掌握:临床检验仪器的特点。

熟悉:临床检验仪器的分类原则。

了解:临床检验仪器常用的性能指标。

医学检验结果是临床做出医疗决策的重要依据之一。随着临床生物化学分析技术、临床血液学分析技术、临床免疫学和临床病原生物学鉴定技术等不断发展和更新,临床分子生物学技术的迅速崛起,实验室通用设备的改进,与自动化和信息技术、生物传感器技术、标记免疫分析技术、流式细胞技术、生物芯片技术等相结合,临床检验技术和仪器已发生了划时代的巨变。尽管目前临床检验所用仪器的种类、品牌和规格繁多,但是这些仪器的形成,无不基于上述相关技术的产生和完善。作为医学检验技术专业的学生,应该学好临床检验仪器的相关知识,掌握临床检验仪器的特点,熟悉和了解其分类方法、原则及主要性能指标。

一、临床检验仪器的特点

临床检验仪器大多是集机械、光学、微电子及计算机技术等于一体的仪器,使用部件种类繁多。尤其是随着计算机技术的发展,使仪器的自动化、智能化程度逐步提高,仪器功能不断增强,各种自动检测、自动控制功能的增加,使得临床检验仪器结构更加复杂。纵观临床检验仪器的发展趋势,可以概括为自动化、智能化、一体化、小型化及高通量化等特征。一般来说,临床检验仪器还具有以下特点。

(一)涉及的技术领域广泛

临床检验仪器涉及机械、光学、电子、计算机、材料、传感器、生物化学、放射等多技术领域,是多学科技术相互渗透和结合的产物。

(二)结构复杂

高新技术的快速发展和应用,使得临床检验仪器基本实现光、机、电、算一体化和智能化。电子技术、计算机技术和光电器件的不断发展和功能的完善,更多的新技术、新器件的推广应用,使得临床检验仪器的结构变得越来越复杂。

(三)精度高

临床检验仪器是用来测量某些体液、组织、细胞的存在、组成、结构及特性,并给出定性或定量的分析结果,所以要求精度非常高。临床检验仪器多属于精密度较高的仪器。

(四)技术先进

临床检验仪器始终跟踪各相关学科的前沿。电子技术的发展,计算机的应用,新材料、新器件的应用,新的检验分析方法等都会在临床检验仪器中体现出来。

(五)对使用环境要求严格

临床检验仪器的自动化、智能化、高精度、高分辨率,以及其中某些关键器件的特殊性质,决定了检验仪器对使用环境条件要求很严格。

二、临床检验仪器的分类

临床检验仪器的分类历来就是一个比较困难的问题,有人主张以临床检验的技术、方法学为主对临床检验仪器进行分类,也有人主张以检验仪器的工作原理为主对其进行分类,还有人主张以检验仪器的实际专业应用进行分类。无论哪一种分类方法,都有一定的局限性。近年来,由于各基础医学学科的重大突破和迅速发展,计算机在临床实验室的普及,特别是电子技术和计算机技术在检验仪器中的广泛应用,使得临床检验仪器的种类越来越多,临床检验的方法和手段也发生了划时代的变化。如何科学合理地对临床检验仪器进行分类变得更为复杂。本书综合以上三种分类思路并考虑到临床检验中的使用习惯和难以统一的问题,将所涉及的各种临床检验仪器大体分为以下几种类型。

(一)临床实验室基础仪器及设备

临床实验室基础仪器及设备包括冰箱、恒温设备、培养箱、移液器、各种目视检验仪器(即显微镜,如双目显微镜、倒置显微镜、荧光显微镜、相衬显微镜、暗视场显微镜、紫外光显微镜、偏光显微镜、激光扫描共聚焦显微镜、透射电子显微镜、扫描隧道显微镜及超高压电子显微镜等)、离心机(如低速离心机、高速离心机、超速离心机及专用离心机等)、实验用水制备系统、超净台、生物安全柜等。

(二)医用分析化学仪器

医用分析化学仪器包括光谱分析仪(如紫外-可见分光光度计、荧光光谱仪、原子吸收光谱仪及原子发射光谱仪等)、色谱仪(如气相色谱仪、液相色谱仪等)、质谱仪(如有机质谱仪、无机质谱仪、同位素质谱仪、气体分析质谱仪及飞行时间质谱仪等)、气质联用仪、液质联用仪等。

(三)临床检验常规仪器

临床检验常规仪器包括电解质分析仪、血气分析仪、自动生化分析仪、自动化电泳仪、流式细胞仪、血液细胞分析仪、血液凝固分析仪、自动血沉分析仪、血液流变学分析仪、血型分析仪、尿液分析仪、尿沉渣分析仪、精子自动分析仪、酶免疫分析仪、免疫浊度分析仪、发光免疫分析仪、时间分辨荧光免疫分析仪、自动血培养系统、全自动细菌分离培养系统、微生物自动鉴定及药敏分析系统等。这一类型仪器在检验日常工作中应用最多,也最为重要,本书着重阐述此类仪器的相关内容。

（四）临床分子生物学检验仪器

临床分子生物学检验仪器包括核酸自动化提取仪、PCR 扩增仪、全自动 DNA 测序仪、蛋白质自动测序仪等。

（五）其他临床检验仪器

其他临床检验仪器包括临床即时检测仪器、临床实验室自动化流水线、临床实验室信息系统、生物芯片工作站等。

以上的分类是本书根据临床检验仪器在临床应用的范围所采用的一种分类方式。目前,在临床检验中还常常联合使用不同类别的检验仪器,称为多机组合联用,以达到最佳的检验效果。

三、临床检验仪器常用的性能指标

任何一台临床检验仪器均可看成是一个信息通道系统,应确保检测信号不失真地流通。因此,非常有必要对检验仪器的基本性能指标进行了解。各种临床检验仪器的性能指标不完全相同,但一个优良的检验仪器应具有以下几个常用性能指标,如:灵敏度、精度高;噪声、误差小;重复性、分辨率好;响应迅速;线性范围宽和稳定性好等。

（一）灵敏度

灵敏度(sensitivity,S)是指检验仪器在稳态下输出量变化与输入量变化之比,即检验仪器对单位浓度或质量的被检物质通过检测器时所产生的响应信号值变化大小的反应能力,它反映仪器能够检测的最小被测量。当灵敏度为定值时,检验仪器系统为线性。通常随着系统灵敏度的提高,容易引起噪声和外界干扰,影响检测的稳定性而使读数不可靠。

（二）误差

当对某物理量进行检测时,测量结果与被测量真值之间的差异称为误差(error)。误差的大小反映了测量值对真值的偏离程度。当多次重复检测同一参数时,各次的测定值并不相同,这是误差不确定性的反映。根据误差的性质和产生原因,可分为系统误差和随机误差。

系统误差(systematic error,SE)是指在确定的测试条件下,误差的数值保持恒定或在条件改变时按一定规律变化的误差,也称为方法误差或固定误差。系统误差可以预测并可进行调节和修正,其来源主要有方法误差、仪器误差、试剂误差及操作误差。系统误差常用来表示检测的正确度,系统误差越小,则正确度越高。

随机误差(random error,RE)是指在相同测试条件下多次测量同一量值时,受偶然因素影响而以不可预知的方式变化的误差,也称为偶然误差。随机误差是由一些独立因素的微量变化的综合影响造成的,大多数随机误差服从正态分布。随机误差的存在使每次测量值偏大或偏小是不定的,通常无法校正。随机误差反映了检验结果的精密度,随机误差越小,检测量精密度越高。

系统误差和随机误差的综合影响决定了测量结果的准确度,准确度越高,表示正确度和精密度越高,即系统误差和随机误差越小。

（三）噪声

检测仪器在没有加入被检验物时,仪器输出信号的波动或变化范围即为噪声(noise)。引起噪声的原因很多,包括外界干扰因素(如环境条件变化、电压波动、周围电场和磁场的影响等)及仪器内部的因素(如仪器内部的温度变化、元器件不稳定或仪器灵敏度的提高等)。噪声的表现形式有抖动、起伏或漂移三种。噪声的几种表现均会影响检测结果的准确性,应力求避免。

（四）检测限

检测限（limit of detection）是指检测仪器能确切反映的最低分析物浓度，也可以用含量所转换的物理量来表示。仪器的灵敏度越大，在同样的噪声水平时其检测限越小。同一台仪器对不同物质的灵敏度不尽相同，因此同一台仪器对不同物质的检测限也不一样。在比较仪器的性能时，必须取相同的样品。

（五）精度

精度（accuracy）是指检测值偏离真值的程度。精度是一个定性的概念，其高低是用误差来衡量的，误差大则精度低，误差小则精度高。通常可把精度区分为准确度、精密度和精确度。准确度是指检测仪器实际测量对理想测量的符合程度，是仪器系统误差大小的反映，是评价仪器精度的最基本的参数。精密度是在一定的条件下进行多次检测时，所得检测结果彼此之间的符合程度，反映检测结果对被检测量的分辨灵敏程度，由被检测量误差的分布区间大小来评价，是检测结果中随机误差分散程度大小的反映。精确度表示检测结果与被检测量的真值的接近程度，是检测结果中系统误差与随机误差综合的反映。

任何仪器必须有足够的精密度，因为首先要保证仪器工作可靠，而通过调整或加入修正量可以改善其准确度。准确度和精密度的综合构成仪器的精确度。仪器的精确度常用精确度等级来表示，如 0.1 级、0.2 级、0.5 级、1.0 级、1.5 级等，0.1 级表示仪表总的误差不超过 $\pm 0.1\%$。精确度等级数越小，说明仪器的系统误差和随机误差越小，也就是说明这种仪器越精密。

（六）可靠性

可靠性（reliability）是指仪器在规定的时期内并在保持其运行指标不超限的情况下执行其功能的能力，是反映仪器是否耐用的一项综合指标。反映可靠性的重要指标是平均无故障时间（mean time between failure，MTBF）。仪器在标准工作条件下不间断地工作，直到发生故障而失去工作能力的时间称作无故障时间。如果取若干次（或若干台仪器）无故障时间求其平均值，则为平均无故障时间，它表示相邻两次故障间隔时间的平均值。平均无故障时间的倒数称作故障率或失效率，也是反映可靠性的指标。如某仪器的失效率为 0.03%kh，就是说若有 1 万台仪器工作 1000 h 后，在这段时间里只可能有 3 台会出现故障。

（七）重复性

重复性（repeatability）是指在同一检测方法和检测条件下，在一个不太长的时间间隔内，连续多次检测同一参数，所得到的数据的分散程度。重复性与精密度密切相关，重复性反映一台设备固有误差的精密度。对于某一参数的检测结果，若重复性好，则表示该设备精密度稳定。显然，重复性应该在精密度范围内，即用来确定精密度的误差必然包括重复性的误差。

（八）分辨率

分辨率（resolving power）是指仪器设备能识别或检测的输入量（或能产生、能响应的输出量）的最小值。如光学系统的分辨率就是光学系统可以分清的两物点间的最小间距。分辨率是仪器设备的一个重要技术指标，它与精确度紧密相关，要提高检验仪器的检测精确度，必须相应地提高其分辨率。

（九）测量范围和示值范围

测量范围（measuring range）是指在允许误差极限内仪器所能测出的被检测值的范围。检测仪器指示的被检测量值为示值。由仪器所显示或指示的最小值到最大值的范围称为示值范围（range of indicating value）。示值范围即所谓仪器量程，量程大则仪器检测性能好。

（十）线性范围

线性范围（linear range）是指输入与输出呈正比例的范围，也就是反映曲线呈直线时所对应的物质含量范围。在此范围内，灵敏度保持定值。线性范围越宽，则其量程越大，并且能保证一定的测量精度。一台仪器的线性范围，主要由其应用的原理决定。临床检验仪器中，大部分所应用的原理都是非线性的，其线性度也是相对的。当所要求的检测精度比较低时，在一定的范围内，可将非线性误差较小的近似看作线性的，这会给检测带来极大的方便。

（十一）响应时间

响应时间（response time）表示从被检测量发生变化到仪器给出正确示值所经历的时间。一般来说，仪器的响应时间越短越好。如果检测量是液体，则它与被测溶液离子到达电极表面的速率、被测溶液离子的浓度、介质的离子强度等因素有关。如果作为自动控制信号源，则响应时间这个性能就显得特别重要。因为仪器反应越快，控制才能越及时。

（十二）频率响应范围

频率响应范围（range of frequency response）是为了获得足够精度的输出响应，仪器所允许的输入信号的频率范围。频率响应特性决定了被检测量的频率响应范围，频率响应高，被检测的物质频率响应范围就宽。

（邬　强）

第三节　临床检验仪器的选用标准与维护

掌握：临床检验仪器的一般性维护。
熟悉：临床检验仪器的选用标准。
了解：临床检验仪器的特殊性维护。

一、临床检验仪器的选用标准

选择和引进合适的仪器是实验室的日常工作。随着科学技术的进步与临床检验医学的发展，对检验仪器质量的评估越来越严格，选用的标准越来越全面，一般可从以下几个方面考虑。

1. 性能　要求仪器精度等级高、误差小、重复性好、有足够的灵敏度和分辨率、噪声小、线性范围宽、响应时间短等。一般选购公认的品牌机型，最好有标准化系统可溯源的机型。

2. 功能　要求仪器的应用范围广、检测速度快、检测参数多、有一定的前瞻性；仪器兼容性好、可实现网络通信；用户操作界面简单明了，操作简便、快捷；外观设计色彩和谐、美观、与功能协调一致；使用安全、舒适、卫生，故障率低等。

3. 售后　国内有配套试剂盒供应；仪器装配合理、材料先进，采用标准件及同类产品通用零部件的程度高；公司实力强、信誉好，售后维修方便且服务好等。

4. 经济　仪器设计优化及性价比高，工作成本、储存、运输、维护保养及维修等费用适宜，能充分体现高效益、低成本的整体社会经济效果。

5. 实用　仪器选购时，在注意前面几个方面的前提下，还必须考虑本单位的实际情况：①选择的仪器要和所在单位规模大小相适应，特别是仪器的速度和档次，如大型医院样本量非常大，首先考虑的是仪器速度和工作效率问题，其次才是仪器成本问题；而多数中小型医院，特别是检测样本量少的医院，应首先考虑成本回收问题。②要考虑单位的财力状况，切忌不考虑单位情况而超标准地选择仪器，造成浪费。③要有前瞻性，要考虑医院的潜力和发展速度，至少要考虑近3年的发展需求，如检测速度要保留一定的潜力、比当前工作能力超20%进行预算等。④要考虑其他需求，如特大型医院和教学附属医院的实验室仪器的选择一定要考虑科研或教学的需求。

总之，选择临床检验仪器的工作十分重要。在实际工作中，上述各个指标是否都需要，以及相对重要程度如何，一定要结合临床具体检测的需求以及单位的具体情况进行选择。

二、临床检验仪器的维护

仪器运行后要定期进行维护和保养，确保仪器始终处于良好状态之中，这是实验室操作人员的日常工作，也是一项贯穿整个检验过程的长期工作。须根据各仪器的特点、结构和使用过程，针对容易出现故障的环节,制订出具体的维护保养措施,由专人负责执行,并形成制度化。

根据仪器构造及其相应功能,各部件的维护周期可以不同,主要包括每日维护(如管道冲洗、废液清理等)、每周维护(如检查机械部件的运行状况等)、每月维护(如清洗滤网等)、每季度维护(如特殊部件的维护等)、年度维护(如常规年度保养等)等。

临床检验仪器的维护工作根据内容可分为一般性维护和特殊性维护。

(一)一般性维护

一般性维护工作所包括的是那些具有共性的、几乎所有仪器都需注意到的问题,主要有以下几点。

1. 正确使用 操作人员应认真阅读仪器操作说明书,熟悉仪器性能,严格遵照操作规程,掌握正确的使用方法,使仪器始终保持良好的运行状态。同时,要重视配套设备和设施的使用和维护工作,如电路、气路、水路系统等,避免仪器在工作状态下,发生断电、断气、断水的情况。

2. 工作环境 环境因素对仪器的性能、测量结果的准确性以及仪器寿命等都有很大影响,因此在使用过程中应注意以下几方面。

(1)防尘:灰尘进入仪器的光学系统,会影响仪器的灵敏度,还会造成仪器零部件之间的接触不良,导致电气绝缘性能变差而影响到仪器的正常使用。但光学元件的精度很高,对清洁方法、清洁液等都有特殊要求,一般应有专业人员负责清洁。清洁之前需仔细阅读仪器的维护说明,不宜草率行事,以免擦伤、损坏其光学表面。

(2)防潮:仪器中的光学元件、光电元件、电子元件等受潮后,易霉变、损坏,造成故障,还会使仪器的绝缘性能变差,产生不安全因素。因此对仪器要定期进行检查,及时更换干燥剂,必要时应配备去湿机,长期不用时应定期开机通电以驱赶潮气。

(3)防热:检验仪器一般都要求工作和存放环境温度保持在 $20\sim25$ ℃,因此,一般需配置温度调节器(空调)。另外还要求远离热源并避免阳光直接照射。

(4)防震:震动不仅会影响仪器性能和结果准确性,还会造成精密元件的损坏,因此,仪器要安放在坚实稳固的实验台或基座上,并远离震源。

(5)防蚀:临床检验仪器在使用和存放时,应避免接触有腐蚀性的物质,严禁使用腐蚀性的化学清洁剂擦拭仪器,以免各种元件受侵蚀而损坏。

3. 电源要求 ①由于市电电压波动比较大,常常超出仪器要求的范围,造成信号图像畸变,还会造成前置放大器、微电流放大器等组件的非正常工作。因此,必须配用交流稳压电源,要求高的仪器最好单独配备稳压电源。②为防止仪器、计算机在工作中突然停电而造成损坏和数据丢失,可配用高可靠性的不间断电源(uninterruptible power system,UPS),这样既可改善电源性能,又能在非正常停电时做到安全关机。③同时应注意插头中的电线连接良好,切莫把插孔位置搞错,导致仪器损坏。④接地的问题除对仪器的性能、可靠性有影响外,还会影响到使用者的人身安全,因此所有检验仪器必须接可靠的地线。⑤所有仪器在关机停用后,应关掉总电源,并拔下电源插头,以确保安全。

4. 定期校验 临床检验仪器用于测试和分析各种样品,是检验人员的主要工具,其所提供的数据已成为疾病诊断、治疗和健康监测的重要依据,应力求其结果的准确性。任何临床检验仪器,其误差通常会随着时间延长而增加。因此,必须定期按相关规定对仪器进行检查和校正,以保证测量结果的准确度和可靠性。另外,在仪器经过维修后,也应检定合格后方可重新使用。

5. 做好记录 仪器在使用过程中,应认真做好工作记录,内容包括仪器状态、开机时间、维修时间、操作(维修)人员、维修内容及其他值得记录备查的内容。一方面可为将来的统计工作提供充分的数据,另一方面也可掌握某些零部件的使用和更新情况,有助于辨别是正常损耗还是故障。

(二)特殊性维护

临床检验仪器种类很多,各有其自身特点,那么在维护上就有一定的特殊性,这里只介绍一些典型的有代表性的维护工作。

1. 光电转换元件 如光电源、光电管、光电倍增管等,在存放和工作时均应避光,因为它们受强光照射易老化,使用寿命缩短,灵敏度降低,情况严重时甚至会损坏这些元件。

2．定标电池　最好每半年检查一次，如电压不符合要求则予以更换，否则会影响测量结果的准确度。

3．测量膜电极　使用时要经常冲洗，并定期进行清洁，长期不使用时，应将电极取下浸泡保存，以防止电极干裂、性能变差。

4．机械传动装置　仪器中机械传动装置的活动摩擦面应定期清洗，加润滑油，以延缓磨损或减小阻力。

5．管路系统　临床检验仪器的管路系统比较多，应定期冲洗，保证管路的通畅，并根据污染程度随时更换管路。

此外临床检验仪器维护还有其他许多特殊内容，通常这些内容在仪器的使用说明书中有详细的交代，使用人员应仔细阅读说明书中的有关内容，以进行正确的维护。

（韩忠敏）

本章小结

本章概述了临床检验仪器发展的趋势和主要特点，介绍了检验仪器在检验工作中的重要作用，阐述了学习本课程的目的和基本要求。

临床检验仪器的主要特点为涉及的技术领域广泛、结构复杂、精度高、技术先进及对使用环境要求严格等。根据临床检验仪器在临床应用的范围可将其分为临床实验室基础仪器及设备、医用分析化学仪器、临床检验常规仪器、临床分子生物学检验仪器、其他临床检验仪器五大类。临床检验仪器的性能指标主要包括灵敏度、误差、噪声、检测限、精度、可靠性、重复性、分辨率、测量范围和示值范围、线性范围、响应时间、频率响应范围等。

临床检验仪器的选用标准主要包括仪器性能、功能、售后、经济和实用。在选择临床检验仪器的过程中，一定要全面考量，一定要结合临床具体检测的需求以及单位的具体情况进行选择。而临床检验仪器的维护是一项持续性的长期工作，因此必须根据各仪器的特点、结构和使用过程，并针对容易出现故障的环节，制订出具体的维护保养措施，由专人负责执行。

测试题

（一）名词解释

1．灵敏度　2．精度　3．可靠性　4．重复性　5．分辨率　6．线性范围　7．响应时间

（二）填空题

现代临床检验仪器发展趋势的特点为＿＿＿＿、＿＿＿＿、＿＿＿＿、＿＿＿＿和＿＿＿＿。

（三）简答题

1．简述医学检验检测结果的临床作用。

2．临床检验仪器与应用课程学习的目的是什么？

3．简述临床检验仪器与应用课程学习的基本要求。

4．临床检验仪器的主要特点有哪些？

5．临床检验仪器分哪几种类型？其分类原则是什么？

6．什么是误差？误差有哪些种类？如何控制误差？

7．根据哪些标准选用临床检验仪器？

8．临床检验仪器的维护应从哪几个方面考虑？

（四）操作题

在教师的引导下，选择一项临床检验仪器，请学生收集该产品信息，利用所学知识对该类产品性能特征做一比较分析。

第二章 临床实验室基础仪器

本章介绍

临床实验室基础仪器主要包括移液器、显微镜、离心机、实验用水制备系统、生物安全柜等，基础仪器可用于多学科实验，是临床实验室中使用较广的设备。本章主要介绍临床实验室基础仪器的工作原理、基本结构、仪器类型及应用、仪器的使用与维护等相关知识。

本章目标

通过本章的学习，对临床实验室基础仪器有一个系统的认识与了解，掌握各仪器的工作原理，熟悉各仪器的类型和应用，学会各仪器的使用及维护。

第一节 移 液 器

掌握：移液器的工作原理、基本结构和使用方法。

熟悉：移液器的性能要求。

了解：移液器的维护。

良好的分析技术对于临床检验是极为重要的，准确熟练地量取液体是检验工作人员的基本功，也是保证检验结果准确的前提条件。目前，在实验室中，移液器取代了过去的玻璃刻度吸管来量取液体。

一、移液器的工作原理

移液器又名微量加样器、加样枪或移液枪，是连续可调的计量和转移液体的专用器材。其移液体积在 0.1 μL 至 10 mL 之间，是临床实验室常用的常规器材之一。移液器的基本工作原理是胡克定律：在一定限度内弹簧伸展的长度与弹力成正比，也就是移液器的吸液体积与移液器的弹簧伸展的长度成正比。移液器内活塞通过弹簧的伸缩运动来实现吸液和放液。在活塞推动下，排出部分空气，利用大气压吸入液体，再由活塞推动排出液体。使用移液器时，结合弹簧的伸缩性特点来操作，可以很好地控制移液的速度和力度。

二、移液器的结构与分类

（一）移液器的结构

移液器是一种量出式量器，移液量的多少由一个配合良好的活塞在活塞套内移动的距离来确定。移液器主要由显示窗、容量调节部件、活塞、O 形环、吸引管和吸液嘴（俗称枪头）等部分组成（图 2-1）。

（二）移液器的类型

移液器有不同的分型方法。根据通道数目分为单通道和多通道移液器；根据自动化程度分为手动移液器和电子移液器；根据移液量是否可调分为定量移液器和可调移液器；根据其加样的物理学原理分为

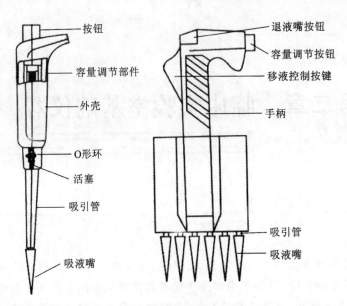

图 2-1　移液器结构示意图

空气活塞移液器和非空气活塞移液器等。目前常用的移液器主要有空气垫移液器、活塞正移动移液器、多通道移液器和电子移液器等。

1. 空气垫移液器　主要用于固定或可调体积液体的加样,加样液体量的范围在 1 μL 至 10 mL 之间。空气垫的作用是将吸至塑料吸头内的液体与移液器内的活塞分隔开,空气垫随着移液器活塞的弹簧伸缩而移动,进而带动吸头中的液体。因此,活塞可移动的体积必须比所希望吸取的体积要大一些。一次性吸头是该加样系统的一个重要组成部分,其形状、材料特性及移液器的吻合程度均对移液的准确性有很大影响。空气垫移液器最大的不足之处就是容易受温度、气压和空气湿度的影响,导致加样的准确度降低。

2. 活塞正移动移液器　该类移液器可以在空气垫移液器难以应用的情况下使用,如移取具有高蒸汽压、高黏稠度以及密度大于 2.0 g/cm³(2.0 kg/L)的液体;为防止气溶胶的产生,在聚合酶链反应(PCR)中使用活塞正移动移液器。活塞正移动移液器的吸头与空气垫移液器吸头不同,其内含一个可与移液器活塞耦合的活塞,不能使用普通的吸头或不同厂家的吸头。

3. 多通道移液器　其工作原理和上述移液器的原理是相同的。多通道移液器通常为 8 通道或 12 通道,与 96(8×12)孔微孔板一致。多通道移液器的使用能够减少加样人员的加样次数,还能提高加样的精密度。

4. 电子移液器　电子移液器多为半自动的加样系统,加样的重复性高,可减少人为误差和污染,应用范围广。

三、移液器的性能评价及使用方法

移液量能否按照实验的要求精确量取,直接关系到检测结果的准确性和可靠性。因此,移液器的性能要求显得尤为重要。

(一)移液器的性能评价

1. 计量性能要求　移液器在标准温度 20 ℃时,其容量允许误差和测量重复性应符合《中华人民共和国国家计量检定规程》对移液器的要求。

2. 通用技术要求

(1)外观要求:①移液器上应标有产品名称、制造厂名称或商标、标称容量(μL 或 mL)、型号规格和出厂编号。②移液器外壳塑料表面应平整、光滑,不得有明显的裂纹、变形等现象。金属表面镀层应无脱落、锈蚀和起层。

(2)按钮:按钮上下移动灵活、分档界限明显,在正确使用情况下不得有卡住现象。

（3）调节器：可调移液器的容量调节指示部分在可调节范围内转动要灵活，数字指示要清晰、完整。

（4）吸液嘴：①吸液嘴应采用聚丙烯或性能相似的材料制成，内壁应光洁、平滑，排液后不允许有明显的液体遗留；②吸液嘴不得有明显的弯曲现象；③不同规格型号的移液器应使用相配套的吸液嘴。

（5）密合性：在 0.04 MPa 的压力下，5 s 内不得有漏气现象。

3. 移液器的检测　移液器在使用过程中，为保证其精确度，可从以下几个方面检测。

（1）气密性：①目视法检测：将吸取液体后的移液器垂直静置 15 s，观察是否有液滴缓慢地流出。若有流出，说明有漏气现象。②压力泵检测：使用专用的压力泵，判断是否漏气。如果出现漏气，可能原因有吸头不匹配、装配吸头时没上紧和移液器内部气密性不好等。

（2）准确性检测：①量程小于 1 μL：建议使用分光光度法检测。将移液器调至目标体积，然后移取标准浓度的染料溶液，加入一定体积的蒸馏水中，测定溶液的吸光度（334 nm 或 340 nm 波长时的吸光度），重复操作几次，取平均值来判断移液器的准确度。②量程大于 1 μL：用称重法检测。通过对水的称重，转换成体积来鉴定移液器的准确性。如需进一步的校准，必须在专业的实验室内进行或者由国家计量部门校准。

4. 移液器的专业校准　由于移液器使用频率高，长期使用会使弹簧弹力发生变形，加之塑料材料不耐摩擦，容易产生误差。为保证移液器移液量的准确性，必须定期对移液器进行校准。新购进的移液器必须进行校准才能使用；移液器长期使用会造成其设定体积与吸取体积的误差，因此，对使用的移液器要定期检定、校正，并建立档案。

一般实验室进行的常规检测并不能完全取代专业的校准工作，一些大型的移液器制造商均采用全球统一的移液器标准操作规范，利用专业软件校正系统，通过计算机对分析天平进行在线控制，测量、数据采集、计算、结果评价等环节由软件控制完成，所有人为操作都被计算机记录随报告打印出来，采用计算机对数据进行评估认证，完全排除了人为操作校准结果不准确的可能性，并为代理商提供专业的校准和维修服务。

（二）移液器的使用方法

移液器的正确使用方法包括以下几个步骤。

1. 设定移液体积　调节移液体积时，若要从大体积调为小体积，则按照正常的调节方法，逆时针旋转旋钮即可；但如果要从小体积调为大体积时，则可先顺时针旋转刻度旋钮至超过设定体积的刻度（最大刻度除外），再回调至设定体积，这样可以保证量取的最高精确度。在该过程中，千万不要将旋钮旋出量程，否则会卡住内部机械装置而损坏移液器。

2. 装配吸液嘴　①单通道移液器：将移液端垂直插入吸头，左右微微转动，上紧即可。用移液器反复撞击吸头来上紧的方法是不可取的，这样操作移液器部件会由于强烈撞击而松动，严重的情况会导致调节刻度的旋钮卡住。②多通道移液器：将移液器的第一道对准第一个吸头，倾斜插入，前后稍微摇动上紧，吸头插入后略超过 O 形环即可。

3. 移液方式　移液之前，要保证移液器、枪头和液体处于相同温度。吸取液体时，移液器保持垂直状态，将枪头插入液面下 2～3 mm。在吸液之前，可以先吸放几次液体以润湿吸液嘴（尤其是要吸取黏稠度或密度与水不同的液体时），这时可以采取两种移液方法：①前进移液法：用大拇指将按钮按下至第一停点，然后慢慢松开按钮回原点。接着将按钮按至第一停点排出液体，稍停片刻继续按至第二停点吹出残余的液体，最后松开按钮（图 2-2）。②反向移液法：此法一般用于转移高黏液体、生物活性液体、易起泡液体或极微量的液体，其原理就是先吸入多于设置量程的液体，转移液体的时候不用吹出残余的液体。具体操作为在吸液时按下按钮至第二停点，慢慢松开按钮至原点。排出液体时将按钮按至第一停点排出液体，继续保持住按钮位于第一停点（切勿再往下按），取下有残留液体的吸液嘴，弃之。

4. 移液器的放置　使用完毕，可以将其垂直挂在移液器架上。当移液器枪头里有液体时，切勿将移液器水平放置或倒置，以免液体倒流腐蚀活塞弹簧。

四、移液器的维护与故障处理

移液器以操作简单、方便快速等优点得到了广泛应用，为使移液器始终保持最佳性能，必须定期进行

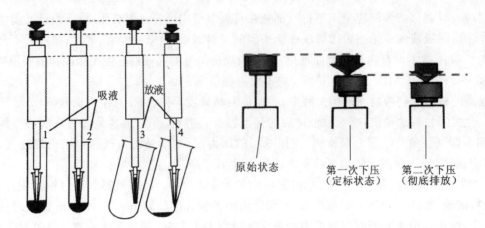

图 2-2 移液器的操作图

维护。对于一些常见的故障应熟悉其原因并采取相应的措施进行处理。

（一）移液器的维护

移液器应根据使用频率进行维护,但至少应每 3 个月进行一次,检查移液器是否清洁,尤其是注意吸液嘴连件部分,并进行检测和校准。

1. 移液器的清洁　为确保移液的准确度,建议根据移液器的具体使用情况采用相应的清洗及保养方法(表 2-1)。通过以下简单的清洁和保养,还可适当地延长移液器使用寿命。

2. 移液器的消毒灭菌处理　①常规的高温高压灭菌处理:先将移液器内外部件清洁干净,再用灭菌袋、锡纸或牛皮纸等材料包装灭菌部件,121 ℃、100 kPa、20 min,灭菌完毕后,在室温下完全晾干,活塞涂上一层薄薄的硅酮油脂后组装。②紫外线照射灭菌:整支移液器和其零部件可暴露于紫外线照射下,进行表面消毒。

表 2-1　移液器在不同使用情况下应采取的清洗和保养方法

液体的特性	操 作 特 性	清洗和保养方法
水溶液和缓冲液	用蒸馏水校准移液器	打开移液器,用双蒸水冲洗污染的部分,可以在干燥箱中干燥,温度不超过 60 ℃。活塞上涂抹少量润滑油
无机酸/碱	如果经常移取高浓度的酸/碱液,建议定期用双蒸水清洗移液器的下半支;并推荐使用带有滤芯的吸嘴	移液器使用的塑料材料和陶质活塞都是耐酸耐碱材料(除了氢氟酸)。但是,酸液/碱液的蒸气可能会进入移液器的下部,影响其性能。清洁方法同"水溶液"部分
具有潜在传染性的液体	为了避免污染,应该使用带有滤芯的吸嘴,或者使用正向置换方法移取	污染的部分进行 121 ℃,20 分钟高压灭菌。或者将移液器下部浸入实验室常规的消毒剂中。随后用双蒸水清洗,并用"水溶液"部分的方法进行干燥
细胞培养物	为了保证无菌,移液器应使用带有滤芯的吸嘴	参照"具有潜在传染性的液体"的清洁方法
有机溶剂	密度与水不同,因此必须调节移液器;由于蒸气压高和湿润行为的变化,应该快速移液;移液结束后,拆开移液器,让液体挥发	通常对于蒸气压高的液体,任其自然挥发的过程就足够了;或者将下部浸入消毒剂中。用双蒸水清洗,并用"水溶液"部分的的干燥方法将其干燥
放射性溶液	为了避免污染,应该使用带有滤芯的吸嘴,或者使用正向置换方法	拆开移液器,将污染部分浸入复合溶液或专用的清洁溶液,后用双蒸水清洗,并用"水溶液"部分的干燥方法将其干燥

续表

液体的特性	操作特性	清洗和保养方法
核酸/蛋白质溶液	为了避免污染,应该使用带有滤芯的吸嘴,或者使用正向置换方法	蛋白质:拆开移液器,用去污剂清洗,清洗和用"水溶液"部分的干燥方法进行干燥 核酸:在氨基乙酸/盐酸缓冲液(pH 为 2.0)中煮沸 10 min(确保琼脂糖凝胶电泳检测不到 DNA 残留),用双蒸水清洗干净,并用"水溶液"的干燥方法将其干燥。同时给活塞涂抹少量润滑剂

(二)移液器的常见故障处理

移液器的使用频率高,同时可能存在操作人员使用不当,易导致移液器出现故障,因此,操作人员应当熟悉移液器常见故障,并具备排除故障的基本能力(表 2-2)。

表 2-2 移液器的常见故障及其处理方法

故障现象	故障原因	处理方法
吸嘴内有残液	吸液嘴不适配	使用原配吸液嘴
	吸液嘴塑料嘴湿润性不均一	装紧吸液嘴
	吸液嘴未装好	重装新吸液嘴
漏液或移液量太少	吸液嘴不适配	使用原配吸液嘴
	吸液嘴和连件间有异物	清洁连件,重装新吸液嘴
	活塞或 O 形环上硅油不够	涂上硅油
	O 形环或活塞未扣好或 O 形环损坏	清洁并润滑 O 形环和活塞或更换 O 形环
	操作不当	认真按规定操作
	需要校准或所移液体密度与水差异大	根据指导重新校准
	移液器被损坏	维修
按钮卡住或运动不畅	活塞被污染或有气溶胶渗透	清洁并润滑 O 形环和活塞 清洁吸液嘴连件
移液器堵塞,吸液量太少	液体渗进移液器且已干燥	清洁并润滑活塞和吸液嘴连件
吸液嘴推出器卡住或运动不畅	吸液嘴连件和(或)吸液嘴推出轴被污染	清洁吸液嘴连件和推出轴

第二节 显 微 镜

掌握:显微镜的工作原理、使用方法及维护。

熟悉:显微镜的基本结构。

了解:显微镜的种类及应用。

显微镜(microscope)是人们为观察研究微观世界而研制的设备,它突破人眼的视觉极限,观察肉眼无法看清的细微结构。显微镜是由一组透镜或几组透镜构成的一种光学仪器,主要用于放大微小物体,是研究物质微观结构的有力工具,并把人类的视野从宏观引入到微观。显微镜在临床检验中应用广泛,主要用于观察和辨别标本中的有形成分的形态和结构。能够准确熟练地使用显微镜也是检验工作人员必备的基本技能之一。

一、光学显微镜的原理和结构

（一）光学显微镜的工作原理

光学显微镜是利用光学原理，将肉眼不能分辨的微小样品放大成像，并显示其细微形态结构信息的光学仪器，其光学成像原理如图 2-3 所示。其成像系统由两组会聚透镜组成，即物镜系统和目镜系统。物镜为靠近观察物、焦距较短、成实像的透镜，目镜为靠近眼睛、焦距较长、成虚像的透镜。被观察的物体位于物镜焦点的前方靠近焦点处，被物镜做第一级放大后成一倒立的实像，此实像再被目镜做二级放大，得到物体放大的倒立虚像，位于人眼的明视距离处，通过人眼观察到物体放大的像。

（二）光学显微镜的基本结构

光学显微镜的基本结构包括光学系统和机械系统两大部分。光学系统是显微镜的主体，由物镜、目镜、聚光镜及反光镜等组成；机械系统又分为支持部件和运动部件两部分，支持部件包括底座、镜臂、镜筒等，运动部件包括物镜转换器、载物台、调焦装置等（图 2-4）。

1. 光学系统　光学系统是显微镜的主体部分，决定显微镜的使用性能，主要由物镜、目镜、聚光器和光源装置构成。为了将显微镜中所观察到的结果真实记录下来，各类光学显微镜中可配置显微摄影装置。

（1）物镜：显微镜最重要的部分，直接决定显微镜的成像质量和光学性能。一台光学显微镜配置 3 个或以上不同放大倍数的物镜，安装在物镜转换器上。所有显微镜的物镜都是消除了球差的，对于同一台显微镜配用的一套物镜还应满足"齐焦"要求，即当一物镜调焦清晰后，转至相邻物镜时，其像也基本清晰。

物镜种类很多，按放大倍数和数值孔径不同分为低倍镜、中倍镜、高倍镜和浸液物镜。浸液物镜的浸液有水、香柏油和甘油等。根据色差与像差的校正状况，可分为消色差物镜、复消色差物镜和平场物镜。

物镜有许多技术参数，使用特殊的字符标示在物镜外壳上，主要有放大倍数、数值孔径、镜筒长度、盖片厚度，浸液物镜注明使用的浸液。例如，一只物镜外壳从上至下有下列三行标记"油-100/1.25-∞/0.17"，表示该物镜为油浸式高倍，放大倍数为 100，数值孔径为 1.25，对透射光及反射光均适用，镜筒长为无限远，在用于透射光时的盖玻片的标准厚度为 0.17 mm。

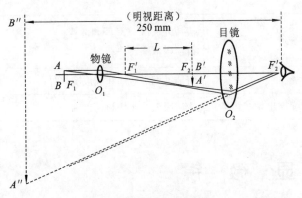

图 2-3　显微镜成像原理

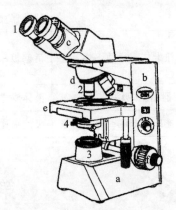

图 2-4　普通光学显微镜基本结构

1. 目镜；2. 物镜；3. 光学装置；4. 聚光器组件

a. 镜座；b. 镜臂；c. 镜筒；d. 物镜转换器；

e. 载物台；f. 调焦装置

（2）目镜：观察标本时，目镜靠近眼睛，是将物镜所成的像做再次放大的光学构件，实质上是放大镜。作用是把物镜放大的实像再放大并映入观察者眼中。因此增大目镜的放大倍数不能提高显微镜的分辨率，只能放大物镜所成的像。标本通过物镜后在光阑面位置成实像。物镜所成实像就成在光阑面上，可在此处放置目镜测微尺，用来测量所观察样品；也可在光阑上标示指针，以便指示某个细微特点。

目镜技术参数通常标示在目镜外壳上，包括放大倍数、最小视场直径等。一台显微镜通常配置有

5×、10×、15×等放大倍数的目镜,根据要求选用。

根据目镜组成结构和质量的不同可分为:①惠更斯目镜:用作观察或摄影,是生物显微镜最主要的目镜。②冉斯登目镜:可放置测微尺等,常用于测量型显微镜。③补偿目镜:专为配合放大率色差校正不足的复消色差物镜而特别设计,常与平场物镜配合使用。④平场目镜:具有视场较大和视野平坦的优点,常与消色差物镜或平场物镜配合使用。⑤其他目镜:有无畸变目镜、平场补偿目镜等。还有用于特殊用途的目镜,如广角目镜、摄影负目镜、测微目镜、取景目镜、比较目镜等。

(3) 照明装置:①光源装置:显微镜的光源应满足三个基本要求,一是发射光谱接近自然光;二是对比标本的照射要均匀、适中;三是传给标本和镜头的热量不能太多。能满足条件的有自然光源和电光源两种,自然光源在使用的过程中影响因素太多,目前已较少使用。现在多数显微镜采用电光源,常用白炽灯(包括各种钨灯)、氙灯和汞灯等。②滤光器:又称滤光片,作用主要是改变入射光的光谱成分和光的强度,便于显微观察和显微摄影。最常用的是有色玻璃滤光片。③聚光镜:又称集光器,起会聚光线的作用,以增加样品的照明。聚光镜一般位于载物台的下方,由两块或多块透镜组成,聚光镜下端接近光源处有可变孔径的光阑(光圈),可以通过调节孔径的大小调节光量。使用时通过升降聚光镜与调节光阑,使聚光镜与物镜相适配获得最大或最佳分辨率,满足成像要求。④玻片:大多数生物显微镜的标本是夹在盖玻片和载玻片中进行观察的。玻片作为照明系统的一部分,为使照明良好,玻片的参数需做统一规定。

(4) 显微镜的照明方法:①反射照明:低档普通生物显微镜将自然光经反射镜后照明,有聚光器的可用平面反光镜,无聚光器的则必须用凹面镜聚光。②临界照明:电光源发出的光线经聚光镜后再照亮标本,由于光源经聚光镜透镜所成的像和标本所在平面近于重合,既影响观察又可能会因像的亮度不均匀使标本的照明不均匀(图 2-5)。其结构简单,常用于普通显微镜。③柯拉照明:是一种用在透射光与亮视场中的标准照明方式(图 2-6)。照射标本的光接近平行,使物平面界限清晰、照明均匀、效果好。常用于中、高档显微镜中。此外,还有落射照明法(常用于荧光显微镜)、亮视场法、暗视场法、斜照明法等。

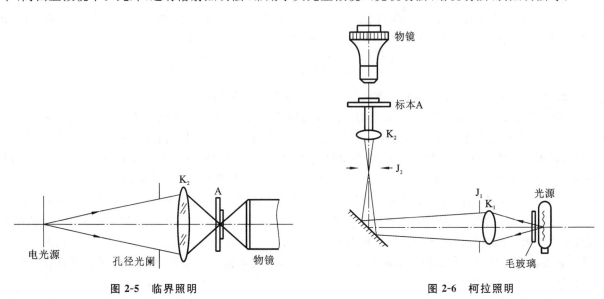

图 2-5 临界照明　　　　　　图 2-6 柯拉照明

2. 机械系统　显微镜的机械系统的功能是支撑、固定、装配与调节光学系统和样品,以保证良好的成像质量,包括镜座、镜筒、物镜转换器、载物台、调焦装置和聚光镜升降装置等。

(1) 镜座:包括底座和镜臂,是显微镜的支架。保持显微镜在不同工作状态时的平稳。多用铸铁、铝合金等金属材料制作。底座有马蹄形、矩形、圆形、椭圆形等形状。

(2) 镜筒:主要用于容纳抽筒,上端连接目镜,下端连接物镜转换器,保证光路畅通且不使光亮度减弱。镜筒有单目、双目和三目三种。

(3) 物镜转换器:显微镜机械装置中精度要求最高、结构较复杂的关键部件,连接于镜筒下端。其上可装 3~6 个物镜,通过转动可更换不同的放大倍数的物镜,借以改变物镜与目镜的组合。更换物镜时,应转动物镜转换器,而不能用力搬动安装在转换器下部的物镜。

(4) 载物台:用于放置标本或被视察物体并保证它们在视场内能平稳移动的机械装置。载物台上装有可在水平方向上做前后、左右移动的调节装置。通过前后、左右平移来调节观察的视野。

(5) 调焦装置：为了获得清晰的物像，就需要调节物镜与被观察标本之间的距离，这就称为调焦。包括微动调焦（微调）和粗动调焦（粗调）两套机构。操作时，利用粗调可以迅速获得标本的影像，再进行微调可以获得满意的物像。粗调焦系统：使载物台移动距离较远，能快速调焦。微调焦系统：用于调整像的清晰度，微调方向应该和粗调方向平行一致。

二、光学显微镜的性能参数

光学显微镜的基本性能参数，如数值孔径、放大率等反映了显微镜的性能特点，这些性能参数既相互联系又相互制约。透镜的像差与色差则影响光学显微镜的成像质量。

（一）光学显微镜的基本性能参数

1. 数值孔径　数值孔径（NA）即镜口率，是样品与透镜间媒质折射率（n）与物镜孔径角的一半（β）的正弦值的乘积。即：

$$NA = n \cdot \sin\beta$$

物镜的数值孔径是评价显微镜性能的重要参数。显微镜的数值孔径与放大率成正比，与分辨率、景深成反比，它的平方与图像亮度成正比。数值孔径范围在 0.05～1.40 之间。

2. 放大率　显微镜的放大率常称为放大倍数，指显微镜经多次成像后最终所观察到的物像大小相对于物体大小的比值。一般来说，显微镜的放大率等于物镜的放大率和目镜放大率的乘积，常记作 M。

$$M = m \cdot a \cdot q$$

式中：M 为显微镜的总放大倍数；m 为物镜的放大倍数；a 为目镜的放大倍数；q 为双目显微镜中所增设的棱镜的放大倍数，一般取值为 1.6。

在实际应用中，显微镜的放大率还可用位置放大率来表示。由于显微镜物镜的物距接近其物镜的焦距 f_1，最后成像于目镜第一焦点附近，而焦距 f_1 和 f_2 相对于镜筒长度较小，故可近似将第一次成像的像距（Δ）看作显微镜的镜筒长度。常用以下公式来近似估计 M。

$$M = \frac{250\Delta}{f_1 f_2}$$

由此可见，显微镜放大率与镜筒长度成正比，与物镜和目镜的焦距成反比。

3. 分辨率　又称分辨本领，是指分辨物体微细结构的能力，是衡量显微镜质量的重要技术参数之一。显微镜的分辨率和放大率是两个互相联系的性能参数。当选用的物镜数值孔径不够大、分辨率不够高时，显微镜不能分清物体的细微结构，此时即使过度增大放大率得到的也只是一个轮廓虽大但不够清晰的图像，这时的放大率为无效放大率。反之，如分辨率很高而放大率不足时，虽然显微镜已具备分辨的能力，但因图像太小而不能被清晰地观察。所以，应使显微镜物镜的数值孔径与其总放大率合理地匹配。

4. 视场　又称为视野，是指通过显微镜所能看到的成像空间范围。由于被目镜的视场光阑局限成圆形，因此用该圆形视场的直径 d 来衡量视场大小。d 取决于物镜的倍数及目镜的光阑大小，小放大率和大光阑可获得较大的视野。当视野中不能容放整个标本时，在观察标本时应通过载物台移动调节装置对标本进行分区观察。

5. 景深　又称焦点深度，指在成一幅清晰物像的前提下，像平面不变景物沿光轴前后移动的距离，与总放大率及物镜的分辨率成反比。

6. 镜像清晰度　指放大后的图像轮廓清晰、衬度适中的程度，与光学系统设计和制作精度有关，也与使用方法是否正确有关。

7. 镜像亮度　指显微镜图像的亮度，以观察时既不感到疲劳又不感到耀眼为最佳。高倍率工作条件下的显微摄影、暗场、偏光等需要足够的亮度。

8. 工作距离　指从物镜的前表面中心到被观察标本之间的距离，与物镜数值孔径有关，数值孔径越大，工作距离越小。

（二）透镜的像差与色差

1. 像差　物点进入透镜系统的光线不可能全部沿高斯光学成像理论而成一个点像，这种由透镜系统成像不能达到理想条件所致的物点与像点之间的差异称为像差。主要表现为透镜所成的像与理想像在形状、颜色等方面存在的差异。像差包括球差、彗差、像散、场曲、畸变。

2. 色差　由于透镜对不同波长光线的折射率不同,导致成像位置和大小都产生差异,称色差。色差分为轴向色差与垂轴色差。色差会造成物像的颜色不同、位置不重合、大小不一等缺陷。

三、常用光学显微镜的种类及应用

光学显微镜的种类很多,多数情况是按用途来分类的,有双目生物显微镜、荧光显微镜、倒置显微镜、相衬显微镜、暗视场显微镜等。

1. 双目生物显微镜　利用一组复合棱镜把透过物镜的光分成两束并经两个目镜的放大成像,双眼同时观察。分光后两束光须满足光程和光的强度大小一致这两个基本要求。否则,两个目镜中将呈现不一致的物像。使用双目生物显微镜时应调整目镜间距离以适应观察者的瞳距,在重合视野中观察物像。目前双目生物显微镜普遍应用于临床检验工作中,用于观察细菌涂片、血细胞和骨髓细胞涂片、肿瘤细胞组织切片及排泄物中的有形成分等。

2. 荧光显微镜　以紫外线为光源来激发生物标本中的荧光物质,产生能观察到的各种颜色荧光的一种光学显微镜。荧光显微镜与普通光学显微镜结构基本相同,主要区别在于光源、滤光片和照明方式的不同。①光源:通常用高压汞灯作为光源。②滤光片:有两组,第一组称激发滤片,位于光源和标本之间,仅允许能激发标本产生荧光的光通过(如紫外线等)。第二组是阻断滤片,位于标本与目镜之间,可把剩余的紫外线吸收掉,只让激发出的荧光通过,这样既有利于增强反差,又可保护眼睛免受紫外线的损伤。③照射方式:有透射式和落射式两种,现在的荧光显微镜多采用落射式照明。

荧光显微镜可以观察固定的切片标本,而且可以进行活体染色观察。在免疫学检验中,用荧光素标记抗体,利用抗体与细胞表面或内部大分子(抗原)的特异性结合,在荧光显微镜下对细胞内的特异性成分进行定性和定位分析。

3. 倒置显微镜　把照明系统放在载物台及标本之上,而物镜组放在载物台器皿下进行显微镜放大成像,这类显微镜称为倒置显微镜(图 2-7),又称生物培养显微镜。由于工作条件的限制,其物镜的放大倍数一般不超过 40 倍,工作距离较长。倒置显微镜可用于观察生长在培养皿底部的培养物如微生物、细胞等的状态。

4. 相衬显微镜　相衬显微镜是利用光的衍射和干涉现象将透过标本的光线光程差或相位差转换成肉眼可分辨的振幅差显微镜(图 2-8)。主要用于观察活细胞、不染色的组织切片以及不染色活细菌的内部结构等。相衬显微镜在普通显微镜中增加了环状光阑和相位板两个部件。可使细胞和细菌中的某些结构比其他部分深暗,形成鲜明对比而易于观察。为了得到良好的相衬效果,要求标本较薄,并尽可能应用单色光。

5. 暗视场显微镜　暗视场显微镜在普通光学显微镜上装配了一类特殊的聚光器——暗视场聚光器,能使主照明光线成一定角度斜射在标本上而不能进入物镜,所以视野是暗的(图 2-9)。只有经过标本散射的光线才能进入物镜被放大,在黑暗的背景中呈现明亮的像。显示的图像只是物体的轮廓,分辨不清物体内部的细微结构,能较好地观察到活细胞或细菌的运动情况。可用来观察活细胞、细菌的形态和运动情况。

6. 其他类型显微镜　在医学研究工作中经常要用到其他类型的显微镜:①紫外光显微镜:使用紫外光源可以明显提高显微镜的分辨率,可用来研究单个细胞的组成和变化情况等。②偏光显微镜:利用光的偏振特性,对具有双折射性(即可以使一束入射光经折射后分成两束折射光)的晶态、液晶态物质进行观察和研究。可观察细胞中的纤维丝、纺锤体、胶原、染色体等。③干涉相衬显微镜:能显示结构的三维立体投影影像,产生类似浮雕的效果。可用来观察细胞的内部结构,如细胞核、线粒体等,立体感特别强,适合应用于显微操作技术。④激光扫描共聚焦显微镜:利用单色激光扫描束经过照明针孔形成点光源对标本内焦平面上的每一点进行扫描,可对样品进行断层扫描成像,形成三维空间结构。主要适用于观察细胞内质网等复杂网络。⑤近场扫描光学显微镜:将一个特制的微探头移近样品使它在给定时间内只能"看见"截面直径小于波长的很小部分,通过扫描探头巡视整个样品,最后整合成一幅完整的图像,可将光

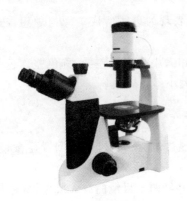
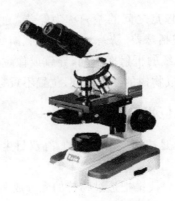
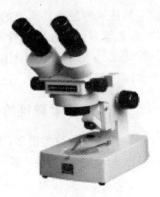

| 图 2-7　倒置显微镜 | 图 2-8　相衬显微镜 | 图 2-9　暗视场显微镜 |

学显微镜的分辨率提高 5～10 倍。可用于研究活体中的病毒和染色体等物质的结构和形态。

四、电子显微镜

电子显微镜简称电镜,是根据电子光学原理,用电子束和电子透镜代替光束和光学透镜,使物质的细微结构放大成像的仪器。

(一)电子显微镜的基本结构系统

电子显微镜主要由电子光学系统、真空系统、供电系统、机械系统和观察显示系统组成。①电子光学系统:包括照明系统和成像系统,是电镜的主体,主要作用是成像和放大。②真空系统:主要由机械泵、空气过滤器和用于真空度指示的真空测量规等组成。利用高速电子束来照射样品,因此只有在高度真空的条件下,才能保证电子束的直线传播和强度的稳定。③供电系统:包括高压电源、真空系统供电电源、透镜电源、辅助电源及安全保护系统的电源等。整个供电系统要具有安全保护和自动报警功能。④机械系统:包括电镜座、标本室、磁屏蔽外壳、镜筒、制冷系统及控制工作台等,各部分都有着相当高的性能要求。⑤观察显示系统:由荧光屏和照相室两部分组成,作用是把电子所成的像转换成光学影像后供肉眼观察。

(二)电子显微镜的分类及其应用

目前在生命科学和医学研究中应用较多的有透射电子显微镜、扫描电子显微镜、扫描隧道显微镜、超高压电子显微镜等。

1. 透射电子显微镜　简称透射电镜,成像原理与光学显微镜相似,但所成图像有很强的立体感。主要用于观察组织和细胞内的亚显微结构,蛋白质、核酸等大分子的形态结构及病毒的形态结构等,另外还是区分细胞凋亡与细胞坏死最可靠的方法,细胞结构、鞭毛结构、放线菌的孢子结构及孢子表面装饰物立体形状等超微结构的观察,都用到透射电镜。

2. 扫描电子显微镜　简称扫描电镜,是用一束极细的电子束扫描样品,在样品表面激发出次级电子,次级电子由探测体收集并转变为光信号,再经光电倍增管和放大器转变为电信号形成扫描图像。图像立体形象,反映了标本的表面结构。主要用来观察组织、细胞、病毒等表面结构及附件和三维空间立体形象。

3. 扫描隧道显微镜　分辨率很高,已达到原子量级的分辨率。三态(固态、液态、气态)物质均可进行观察。扫描隧道显微镜可直接观察 DNA、RNA 和蛋白质等生物大分子及生物膜等生物结构的原子布阵,特别适用于研究生物样品在不同实验条件下对样品表面的评价。

4. 超高压电子显微镜　指加速电压在 500 kV 以上的电子显微镜,优点是电子束穿透力强,能观察到接近自然状态的材料。超高压电子显微镜可以观察活细胞超微结构的动态变化,能进一步观察到更厚、更硬的材料。

五、光学显微镜的使用与维护

显微镜是一种精密的光电一体化仪器,只有科学、正确地使用,才能发挥它的功能,延长其使用寿命。在使用时要加强维护才能使仪器保持长久良好的工作状态。

（一）光学显微镜的使用

1. 放置　取显微镜时右手握住显微镜的镜臂，左手托住镜座，保持显微镜平直。将显微镜放置在稳定的台面上，距实验台面边缘6～7 cm。正确地连接好电源。

2. 准备　打开电源开关，旋转光强调节旋钮使光强度适中；降下载物台，打开玻片夹，放好标本片，夹紧标本片；转动物镜转换器使低倍镜进入光路；侧面观察，把标本片上将要观察的部位移到聚光器通光孔上方，调节粗调焦螺旋使标本片尽可能接近物镜，注意防止物镜镜头压碎标本片。

3. 成像　调节双目目镜间距离以适合观察者的瞳距并使两视野重合。旋转粗调焦螺旋使物镜缓慢地离开标本片，当观察到模糊的图像时停止，改用细调焦螺旋直到观察到清晰的图像。在调节的过程中可通过调节聚光镜的位置及光阑的大小得到最佳的视野明亮度。

4. 观察　先用低倍镜按顺序观察标本，当发现有需要放大观察的结构时，将待观察的部位移动到视野中央，转动物镜转换器使高倍镜进入光路，调整聚光镜位置、光阑大小及细调焦螺旋得到清晰的图像。如需要用油镜观察时，转动物镜转换器使物镜镜头离开标本片（注意：不能调节载物台的位置），在标本片待观察的位置上滴加香柏油，小心把油镜浸入其中，调节聚光镜位置、光阑大小及细调焦螺旋观察样本的细微结构并做好记录。要注意通过显微镜看到的物像移动的方向和样品实际移动的方法相反。

5. 收镜　实验结束后，取下载玻片，在擦镜纸上滴加擦镜液擦拭油镜头及标本片（一次性的标本片可以省略），以柔软的抹布擦镜身，松弛张力部件（放低聚光镜、降下载物台等），用防尘罩盖好显微镜。

（二）光学显微镜的维护

1. 保证良好的使用环境　实验台面水平、平整、稳固，环境通风良好、干燥、洁净、无阳光直射。工作电压稳定，波动范围小，特殊类型的显微镜应配备稳压装置。

2. 保持正确的使用方法　使用时应保持动作轻巧，可移动及可调节部件不能超过极限。不能频繁开关电源。标本观察结束后要尽快取下，不要长期放在载物台上，油镜使用后要及时擦去香柏油，不能长时间将油镜镜头浸泡在香柏油中。

3. 定期的清洁维护　显微镜每次使用后都要做好清洁工作，避免光学部件的污染，光学系统有污物应使用专用的擦镜纸擦拭。暂时不用的显微镜要定期检查和维护。

由于显微镜种类、型号繁多，在使用中应该认真阅读仪器说明书，结合自己的工作经验具体明确使用细则及维护方法，并严格实施。

（三）显微镜常见故障处理

显微镜是实验室应用非常广泛的检验仪器之一，在使用的过程中会出现一些常见的故障，一般都可自行排除（表2-3）。较为严重的故障需要专业的技术人员进行处理。

表2-3　显微镜常见故障及处理办法

故障现象	故障原因	处理方法
视场内有污迹或灰尘	1.目镜、物镜、聚光镜等光学部件上有污迹或灰尘 2.标本片上有污迹或灰尘	1.正确地擦拭显微镜的光学部件，使用合格的擦镜纸及擦镜液，避免二次污染 2.正确地擦拭标本片
视场模糊、亮度不均、不能看到完整的视场	1.物镜未与光路同轴 2.聚光器位置太低或太高 3.视场光阑未对中	1.转动物镜转换器使其同轴 2.调整聚光器的位置 3.调整视场光阑使其对中
观察效果差、看不清细节、视场不均匀	1.标本片正反面放反 2.盖玻片太厚 3.油镜观察时未浸油 4.油镜浸油内有气泡 5.干型物镜上有浸油或污物 6.光阑未能调整好	1.翻转标本片使标本面向上 2.使用标准的盖玻片 3.将油镜头浸入合格的油 4.除去油内气泡 5.用专用的擦镜纸及擦镜液擦拭镜头 6.调整光阑到合适位置

（王　婷）

第三节 离 心 机

掌握：离心机的使用与维护。
熟悉：离心机的类型及应用、主要技术参数。
了解：离心机的工作原理、基本结构、常见故障及排除方法。

离心现象是指物体在离心力场中表现的沉降运动现象。利用离心沉降现象进行物质分析和分离的技术为离心技术。实现离心技术的仪器是离心机，离心机是利用离心力分离液体与固体颗粒或液体与液体混合物中各组分的仪器，主要用于各种生物样品的分离、纯化和制备。

一、离心技术的基础理论

（一）基本概念

1. 离心力 离心力（centrifugal force，F_c）是物体做圆周运动所产生的向心力的反作用力。离心力的大小等于离心加速度 $\omega^2 r$ 与颗粒质量 m 的乘积，即：

$$F_c = m\omega^2 r = m \left(\frac{2\pi N}{60}\right)^2 r = \frac{4\pi^2 N^2 rm}{3600}$$

式中：ω 为旋转角速度；N 为每分钟转头旋转次数，用 r/min 表示；r 为离心半径，通常指自离心管轴底部内壁到离心轴轴中心的距离（cm）；m 为质量。

2. 相对离心力 相对离心力（relative centrifugal force，RCF）是指在离心场中，作用于颗粒的离心力相当于地球重力的倍数，单位是重力加速度 g（约等于 980 cm/s^2）。即把 F_c 值除以重力加速度 g 得到离心力是重力的多少倍，称作多少个 g，用"数值×g"表示。如 20000×g，表示相对离心力是 20000。因此，只要 RCF 值不变，一个样品可以在不同的离心机上获得相同的分离效果。一般情况下，低速离心时相对离心力常以转速"r/min"来表示，高速离心则以"g"表示。相对离心力 RCF 的计算公式：

$$\text{RCF} = 1.118 \times 10^{-5} N^2 r$$

根据上式，如果给出转头半径 r，相对离心力（RCF）可以和每分钟转头旋转次数 N（r/min）之间互换。RCF 与 N 的换算也可以查阅离心机转数与离心力的列线图（图 2-10），方法是在标尺上取已知的 r 半径值和在 RCF 标尺上取已知相对离心力值，这两点连线的延长线在 N 标尺的交点即为所要换算的转数值。反之亦然。

3. 沉降速度 指在强大离心力作用下，单位时间内物质运动的距离。

4. 沉降时间 在离心机的某一转速下把溶液中某一种溶质全部沉降分离出来所需的时间。

5. 沉降系数 颗粒在单位离心力场作用下的沉降速度称为沉降系数，它以时间表示，单位为秒。

（二）微粒在重力场和离心力场中的沉降

1. 重力场中的沉降 若要将微粒从液体中分离出来，最简单的方法是将液体静置一段时间，液体中的微粒受到自身重力的作用，较重的微粒下沉与液体分开，这个现象称为重力沉降。

2. 离心力场中的沉降 离心机工作时，离心管绕离心转头的轴旋转做圆周运动，离心管内的样品颗粒也做同样运动，颗粒在离心力作用下会沿圆周切线方向飞去，这种颗粒在圆周运动时的切线运动称为离心沉降。与重力场相比，离心机在高速旋转时离心力场中加速度可达到数万甚至数十万倍重力加速度，颗粒的沉降也将以同样的倍数加快。

（三）离心机工作原理

离心是利用离心机产生的强大离心力来分离具有不同沉降系数的物质。颗粒在重力场下移动的速度与颗粒的大小、形态和密度有关，并且又与重力场的强度及液体的黏度有关。物质在介质中沉降时还伴随有扩散现象，主要由密度差引起的。扩散是无条件的、绝对的，与物质的质量成反比；而沉降是有条件的、相对的，与物体质量成正比，颗粒越大沉降越快，颗粒越小沉降越慢、扩散现象越严重。因此对于体积较小的微粒(<1 μm),如病毒或蛋白质等,它们在溶液中呈胶体或半胶体状态,仅利用重力是不可能观察到沉降过程的,需要利用离心机高速旋转产生强大的离心力,才能迫使这些微粒克服扩散产生沉降运动,从而实现生物大分子的分离。

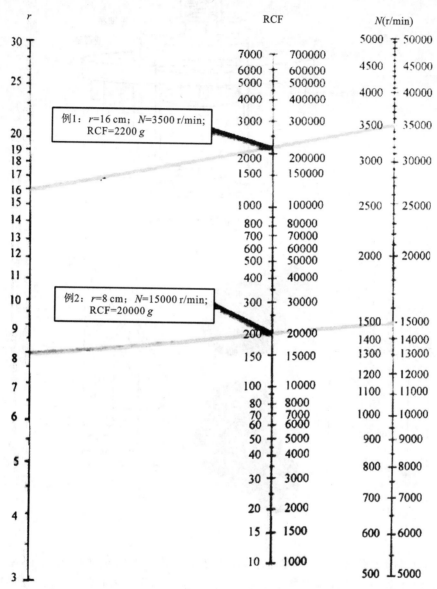

图 2-10 离心机转数与离心力的列线图

二、离心机的结构与分类

(一)离心机的基本结构

离心机的基本结构主要由转动装置、速度控制器、调速装置、定时器、离心套管、温度控制与制冷系统、安全保护装置与真空系统等主要部件构成(图 2-11)。

1. 转动装置 离心机转动装置主要由电动机、转头轴、转头以及它们之间的连接部分构成。其中电动机是离心机的主件,多为串激式,包括定子和转子两部分。转头是离心机的核心部件,有多种不同形状类型,不同类型所反映的离心力场的大小和离心沉降距离也不一样,实际工作中应根据分离要求正确选择使用。转头一般可分为以下五大类。

(1)固定角转头:指离心管腔与旋转轴成一定倾角的转头(图 2-12)。由一块完整的金属制成,上有4~12 个装载离心管用的机制孔腔,即离心管腔。孔腔的中心轴与旋转轴之间的角度为 20°~ 40°,角度越大沉降越结实,分离效果越好。这种转头的优点是具有较大的容量、重心低、运转平衡、使用寿命较长。

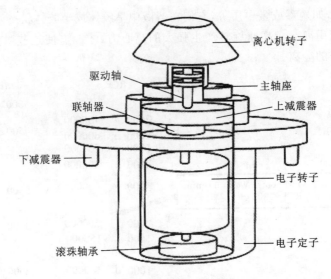

图 2-11 离心机驱动系统结构图

离心机转子
驱动轴
主轴座
联轴器
上减震器
下减震器
电子转子
滚珠轴承
电子定子

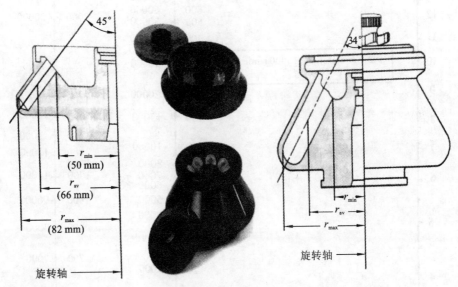

图 2-12 固定角转头

由于颗粒在离心沉降时先沿离心力方向撞向离心管,然后再沿管壁滑向管底,因此管的一侧会出现颗粒沉积,此现象称为"壁效应",壁效应容易使沉降颗粒因突然变速而在离心管内引起强烈的对流,影响分离纯度。固定角转头是应用最广泛的转头,主要用于分离沉降速度有明显差异的颗粒样品。

(2) 甩平式转头:这种转头是由吊着的 4 或 6 个自由活动的吊桶构成。当转头静止时,吊桶垂直悬挂,当转头转速达到 200~800 r/min 时,吊桶荡至水平位置(图 2-13)。甩平式转头的优点是不同沉降系数的物质可放在保持垂直的离心管中,离心时被分离的样品带垂直于离心管纵轴,而不像角式转头中样品沉淀物的界面与离心管成一定角度,利于离心结束后由管内分层取出已分离的各样品带。其缺点是颗粒沉降距离长,离心所需时间也长。甩平式转头主要用于样品做低密度梯度离心,有敞开式和封闭式两种,敞开式用于制备容量大、转速小(<10000 r/min)的样品初分离;封闭式用于制备容量较前者小、转速大的样品分离,主要用于线粒体、细胞核等的分离和密度梯度离心。

(3) 垂直转头:垂直转头是一种固定角转头,离心管是垂直放置(图 2-14)。垂直转头分离的样品颗粒沉降距离最短,等于离心管直径,离心所需时间也短,如 2 h 即可完成质粒 DNA 的分离。离心结束后液面和样品区带需做 90°转向,因而降速要慢。垂直转头主要用于样品在短时间做密度梯度离心。

(4) 区带转头:区带转头无离心管,由一个转子桶和可旋开的顶盖组成,转子桶中有十字形隔板装置,将桶内分隔成四个或多个扇形小室,隔板内有导管,梯度液或样品液从转头中央的进液管泵入,通过导管分布到转子四周,转头内的隔板可保持样品带和梯度介质的稳定。沉降的样品颗粒在区带转头中的沉降

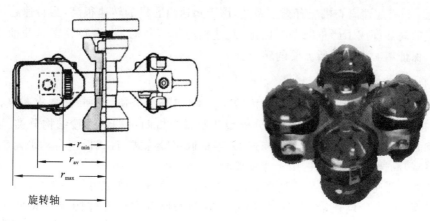

图 2-13 甩平式转头

情况不同于角式和甩平式转头,在径向的散射离心力作用下,颗粒的沉降距离不变,因此区带转头的"壁效应"极小,可以避免区带和沉降颗粒的紊乱,分离效果好,而且具有转速高、容量大、回收梯度容易和不影响分辨率等优点。缺点是样品和介质直接接触转头,耐腐蚀要求高,操作复杂。区带转头专为大规模的密度梯度离心而设计,主要用于样品的纯化。

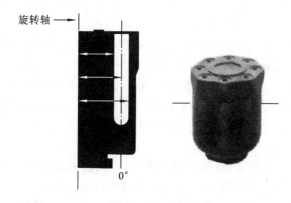

图 2-14 垂直转头

(5)连续流动转头:转头与区带转头类似,由转子桶与有入口和出口的转头盖及附属装置组成,含有颗粒的液体(样品)连续地流进正以选定速度运行的转头,在离心力作用下,悬浮颗粒沉降于转子桶壁,上清液由出口流出。可用于大量培养液或提取液的浓缩与分离。

2. 速度控制器 由标准电压、速度调节器、电流调节器、功率放大器、电动机、速度传感器等构成。通常采用的速度传感器有测速发电机传感器、光电速度传感器、电磁速度传感器等。

3. 调速装置 电动机的调速装置有多种,如多抽头变阻器、瓷盘可变电阻器等多种形式。在电源与电动机之间串联一只多抽头扼流圈或瓷盘可变电阻器,改变电动机的电流和电压,通过旋转或触摸面板自动控制系统调节转速。

4. 离心套管 离心套管主要用塑料和不锈钢制成。塑料离心管常用性能较好的材料,如聚丙烯(PP)等。塑料离心管透明或半透明,硬度小,可用穿刺法取出样品组分,但易变形,抗有机溶剂腐蚀性差,使用寿命短。塑料离心管都有管盖,离心前管盖必须盖严,倒置不漏液。不锈钢离心管强度大、不变形,能抗热、抗冻、抗化学腐蚀。

5. 温度控制与制冷系统 一般高速(超速)离心机都配有温度控制与制冷系统。温度控制是用在转头室装置一热电偶或由安装在转头下面的红外线射量感受器直接并连续监测离心腔的温度来实现的。制冷系统由压缩机、冷凝器、毛细管和蒸发器组成。为降低噪声,冷凝器通常采用水冷却系统。用接触式热敏电阻作为控温仪的感温元件,在测量仪表上可选择温度和读取温度控制值。

6. 安全保护装置 一般高速(超速)离心机都配有安全保护装置,通常包括主电源过电流保护装置、驱动回路超速保护(防止转速超过转头最大规定转速而引起转头的撕裂或爆炸)、冷冻机超负荷保护和操作安全保护等。

7. 真空系统　只有超速离心机配有真空系统,由于超速离心机的转速很高,当转速超过 4×10^4 r/min 时,空气摩擦产生的高热即成了严重问题。因此,超速离心机工作时,将离心腔密封并抽成真空,以克服空气的摩擦阻力,保证离心机达到所需的转速。

(二) 离心机的分类

通常国际上对离心机有三种分类方法:①按转速分类:可分为低速、高速、超速离心机,此转速分类法临床最常用。②按用途分类:可分为制备型、分析型和制备分析两用型。③按结构分类:可分为台式、多管微量式、细胞涂片式、血液洗涤式、高速冷冻式、大容量低速冷冻式、台式低速自动平衡离心机等。另外还有三联式(五联式)高速冷冻离心机,用于连续离心。

1. 低速离心机　低速离心机也称普通离心机,是临床实验室常规使用的一类离心机。结构较简单,由电动机、离心转盘(转头)、调速器、定时器、离心套管与底座等主要部件构成。低速离心机的转速在 10000 r/min 以内,相对离心力在 $15000 \times g$ 以内,容量为几十毫升至几升,分离形式是固液沉降分离。临床实验室主要用作血浆、血清的分离以及脑脊液、胸腹腔积液、尿液等样本中有形成分的分离。

2. 高速(冷冻)离心机　高速离心机通常有转动装置、速度控制系统、真空系统、温度控制系统、离心室、离心转头及安全保护装置等。离心室的温度范围维持在 $0 \sim 40$ ℃,转速、温度和时间都可以严格准确控制,并有指针或数字显示。高速离心机的转速为 $20000 \sim 25000$ r/min,最大相对离心力为 $89000 \times g$,最大容量可达 3 L,其分离形式为固液沉降分离。高速离心机装配有冷冻装置,以防止高速离心过程中温度升高而使酶等生物分子失活变性,因此又称高速冷冻离心机。主要用于临床和基础研究实验室进行 DNA、RNA 分离及各种生物细胞、无机物溶液、悬浮液及胶体溶液的分离、浓缩、样品的提纯等。

3. 超速(冷冻)离心机　超速离心机的转速为 $50000 \sim 80000$ r/min,相对离心力最大可达 $510000 \times g$。离心机主要由驱动和速度控制系统、温度控制系统、真空系统和转头四部分组成。驱动装置是由水冷或风冷电动机通过精密齿轮箱或皮带变速,或直接用变频感应电机驱动,并由微机进行控制。此外,为防止转速超过转头最大规定转速而引起转头的撕裂或爆炸,超速离心机还有一个过速保护系统,离心腔采用能承受此种爆炸的装甲钢板以达到良好的密闭性能。温度控制系统由安装在转头下面的红外线测量感受器直接并连续监测离心腔的温度,以保证更准确、更灵敏的温度调控。超速离心机的离心容量可从几十毫升至 2 升不等,分离形式是差速沉降分离和密度梯度区带分离。

4. 专用离心机　随着离心技术的发展及其与临床应用的接轨,出现了一些专业性很强的单一型专用离心机,其对所分离的物质规定了一定的转速、相对离心力及时间,使离心操作向规范化、标准化、科学化及专业化方向发展。目前在临床实验室使用较多的有血库(输血用交叉配血)离心机、微量毛细管离心机、尿沉渣分离离心机、细胞涂片染色离心机、免疫血液离心机等。

(1) 血库离心机:为满足血库快速离心而设计的专用离心机,有标准化操作规程和限制性设定,具有自动平衡功能。不同厂家的产品其限制性设定如最大转速、最大相对离心力、离心时间等不完全相同。主要用于患者输血前血型(正、反定型)的鉴定、交叉配血试验、Coombs 不完全抗体的检查,以及对输注血小板的患者进行血小板血型鉴定、血小板抗体的检查等。

(2) 微量毛细管离心机:主要用于血细胞比容测定、微量血细胞比积值的测定、放射性核素微量标记物的测定等。离心操作程序为自动化控制,最大容量一次可离心 24 根毛细管,最大转速为 12000 r/min,最大相对离心力为 $14800 \times g$。

(3) 尿沉渣分离离心机:专用于临床实验室尿常规检查有形成分的沉淀,通常与尿液工作站或尿沉渣流式细胞分析仪配套使用。此类离心机在低速离心机的基础上,设定了专用的水平转子。最大转速为 4000 r/min,最大相对离心力为 $2810 \times g$。

(4) 细胞涂片染色离心机:主要用于血液涂片、微生物涂片、脑脊液涂片染色等。此种离心机的最大转速为 2000 r/min,还设有专用水平杯式转子,操作程序自动化控制。样品经梯度离心分离出杂质,细胞从液体悬浮物中分离出来,被均匀地涂抹到载玻片上,自动干燥、固定后,染色液自动地喷射到转盘中的载玻片上,再经离心除去过剩的染液。用细胞涂片染色离心机进行自动化涂片,镜下可见细胞或细菌等分布均匀,其间无重叠,背景清晰,染色效果好。

(5) 免疫血液离心机:一种带有标准化操作程序的临床血液实验室专用离心机,采用先进的技术工艺,装有减震器,有自动平衡功能,离心时目测平衡即可,不需称量(两侧重量相差<3 g)。可用于:淋巴细胞分离、洗涤及细胞染色体制作的细胞分离;血小板的分离、凝血酶处理离心;抗人球蛋白试验;洗涤红细胞及血浆的分离等。

另外还有血型卡离心机、自动脱帽离心机、迷你离心机等多种专用离心机。

三、离心机的主要技术参数及性能指标

(一)离心机的主要技术参数

离心机的主要技术参数见表2-4。

表2-4 离心机的主要技术参数

技 术 参 数	意 义
最高转速	离心转头可达到的最高转速,单位是 r/min
最大离心力	离心机可产生的最大相对离心力(RCF),单位是 g
最大容量	离心机一次可分离样品的最大体积,通常表示为 $m \times n$,m 为可容纳的最多离心管数,n 为离心管可容纳分离样品的最大体积,单位是 mL
转速范围	离心机转头转速可调节的范围
温度控制范围	离心机工作时离心室可调节的温度范围
工作电源	一般指离心机电极工作所需的电压
电源功率	通常指离心机电机的额定功率

(二)离心转头的常用标记及参数

离心转头的常用标记及参数见表2-5。

表2-5 离心转头的常用标记及参数

标记符号	意 义	转头参数	意 义
FA	固定角转头	r_{max}	表示从转轴中心至试管最外缘或试管底的距离
V	垂直转头	r_{min}	表示从转轴中心至试管最内缘或试管顶的距离
SW	水平转头	RPM_{max}	表示转头的最高安全转速
CF	连续转头	RCF_{max}	表示转头以 RPM_{max} 运转时,R_{max} 处的相对离心力
Z	区带转头	RCF_{min}	表示转头以 RPM_{max} 运转时,R_{min} 处的相对离心力
Ti	钛或钛合金制成的转头	k	衡量转头相对效率的量,k 值愈小,效率愈高,所需离心时间就愈短

注:离心机转头的常用标记由三部分组成:第一部分为英文字母符号,表示离心转头的类型;第二部分为数字,表示该转头的最高转速;第三部分如标注 Ti 表示由钛或钛合金为材料制成的转头,如 SW65Ti,指该转头为水平转头,最高转速为 65000 r/min,转头由钛金属制成。

(三)性能指标

参照国内医用离心机相关标准 YY/T0657—2008。

1. 工作环境 ①环境温度:10~30 ℃(冷冻型),5~40 ℃(非冷冻型)。②相对湿度:≤80%。③大气压力:115~141 kPa。④周围环境中无导电尘埃、易爆炸气体和腐蚀性气体。

2. 电源 220 V±22 V,380 V±38 V,50 Hz±1 Hz。

3. 转速相对偏差及转速稳定精度 离心机在额定电压、最高转速对应载荷下,转速稳定精度应不超过±1%,转速相对偏差应符合表2-6的规定。

表2-6 转速相对偏差

名 称	转速相对偏差
低速离心机	±2.5%
高速离心机	±1%

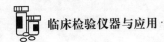

续表

名　　称	转速相对偏差
低速冷冻离心机	±2.5%
高速冷冻离心机	±1%
低速大容量离心机	±2.5%
低速冷冻大容量离心机	±1%

4. 额定载荷和相应最高转速。

5. 离心机整体噪声　离心机整体噪声≤70 dB(A)。

6. 离心机运转　应平稳,振幅应不超过 0.1 mm。

7. 样品温升　非冷冻离心机运转规定时间后,离心管内样品温升应符合表 2-7 的要求。

表 2-7　离心机样品温升

名　　称	运转时间/min	样品温升/℃
低速离心机	15	≤12
高速离心机	20	≤10
低速大容量离心机	20	≤10

8. 离心机升降速时间　应符合表 2-8 要求。

表 2-8　离心机升降速时间

名　　称	升速时间/min	降速时间/min
高速冷冻离心机	≤7	≤10
低速冷冻离心机	≤3	≤5
低速(冷冻)大容量离心机	≤6	≤10

9. 离心机温度波动偏差　环境温度在 20 ℃±5 ℃时,当离心腔内温度控制在 4～15 ℃时,温度波动偏差应不超过±2 ℃。

10. 离心机定时相对偏差　数字定时装置相对偏差应不超过±1%,机械定时器相对偏差应不超过±5%。

11. 安全　离心机的电气安全通用要求应符合 GB4793.1 的规定,离心机的专用安全要求应符合 GB4793.7 的规定。

12. 外观　离心机表面应整洁,文字和符号标志清晰。

四、离心机的使用和维护

(一)常用离心方法

根据分离样品要求不同,可采用不同的离心方法。

1. 差速离心法　差速离心法又称分步离心法,根据被分离物的沉降速度不同,采用不同的离心速度和时间进行分步离心的方法。该方法主要用于分离大小和密度差异较大的颗粒,实验室主要用于提取组织或细胞中的成分。离心时需要将破碎的组织或细胞加入离心管中,先低速离心取出上清液,弃去大的组织碎片及沉淀物后,将上清液放入离心机高转速离心,将小的颗粒分离出来,直至达到所需要的分离纯度(图 2-15)。

差速离心法的优点是:①操作简单,离心后用倾倒法即可将上清液与沉淀物分开;②分离时间短、重复性高;③样品处理量大。该法的缺点是:①分辨率有限,沉淀系数在同一个数量级内的各种粒子不容易分开,分离效果相对较差,不能一次得到纯颗粒;②壁效应严重,当离心力过大、离心时间过长时会使颗粒变形、聚集而失活。

2. 密度梯度离心法　密度梯度离心法又称区带离心法,密度梯度离心法主要用于沉降速度差别不大

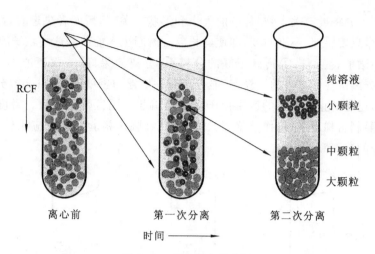

图 2-15　差速离心示意图

的颗粒,将样品放在一定惰性梯度介质中进行离心沉淀或沉降平衡,在一定离心力下把颗粒分配到梯度液中某些特定位置上,形成不同区带的分离方法。密度小的梯度液成分靠近旋转轴,密度大的梯度液成分远离旋转轴。按不同的分离原理该法可分为速率区带离心法和等密度区带离心法。

(1)速率区带离心法:根据被分离的粒子在梯度液中沉降速度的不同,离心后分别处于不同的梯度层内,形成几条各自的区带(图 2-16),此时将区带取出,达到彼此分离的目的。这样只需一次离心就可将混合样品中各组分分离提纯,其纯度和回收率可达 100%。速率区带离心法的优点是分辨率高,组分的沉降系数相差 20% 以上即可选用此法。缺点是由于梯度材料的限制,样品液浓度不能太高,否则操作条件很难控制。梯度液在离心过程中以及离心完毕后取样时起着支持介质和稳定剂的作用,避免因机械振动而引起已分层的粒子再混合,临床实验室常用 Percoll、Ficoll 及蔗糖分离液等对静脉血中的单个核细胞进行分离,用于淋巴细胞的免疫功能测定。

此离心法须严格控制离心时间,既能使各种粒子在介质梯度液中形成区带,又要把时间控制在任一粒子到达沉淀前。若离心时间过长,所有的样品全部都到达离心管底部;若离心时间不足,则样品还没有分离。此法是一种不完全沉降,受物质本身大小影响较大,因此一般适用于物质大小相异而密度相同的情况。

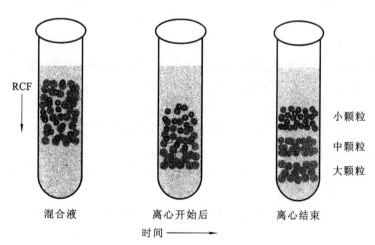

图 2-16　速率区带离心示意图

(2)等密度区带离心法:根据样品组分的密度不同而进行分离。在离心前需预先制备密度梯度液,包括被分离样品中所有粒子的密度。待分离样品铺在梯度液表面或与梯度液混合,离心后,由于离心力的作用,梯度液逐渐形成一个从管底到液面密度逐渐递减的连续密度梯度,与此同时,原来分布均匀的粒子也发生重新分布。当管底介质的密度大于粒子的密度时,粒子便上浮;在弯顶处粒子密度大于介质密度时,则粒子沉降;最后粒子进入到一个它本身的密度位置,即粒子密度等于介质密度(图 2-17)。粒子形成纯组分区带与样品粒子的密度有关,而与粒子的大小和形状无关,但后两者决定着达到平衡的速度、时间和区带的宽度。因此,只要转速、温度不变,即使延长离心时间也不能改变这些粒子的成带位置。

等密度区带离心法的优点是:①具有很好的分辨率,分离效果好,一次离心即可获得较纯的颗粒;②适用范围广,既能分离沉淀系数差的颗粒,又能分离有一定浮力密度的颗粒;③被分离颗粒不会积压变形,能保持颗粒活性,还能防止已形成的区带由于对流而引起不同区带的混合。密度梯度离心法的缺点是离心时间较长,需要制备梯度液,操作严格复杂等,因此在临床检验实验室应用较少,主要用于科研及实验室特殊样品组分的分离和纯化。

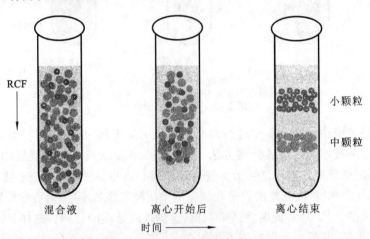

图 2-17　等密度区带离心示意图

3. 分析型超速离心法　分析型超速离心法使用了特殊的转子和检测手段,连续监测物质在一个离心场中的沉降过程。主要用于研究生物大分子的沉降特性和结构,而不是专门收集某一特定组分。与此相应的离心机称为分析型超速离心机。分析型超速离心机主要由一个椭圆形的转子、一套真空系统和一套光学系统组成。转子在一个冷冻的真空腔中旋转,其容纳两个小室,即配衡室和分析室。配衡室是一个经过精密加工的金属块,分析室的容量一般为 1 mL,呈扇形排列在转子中,其工作原理与一个普通水平转子相同。在分析室中,物质沉降时重粒子和轻粒子之间形成的界面像一个折射透镜,结果在检测系统的照相底板上产生一个"峰"。由于沉降不断进行,界面向前推进,"峰"也在移动,从"峰"移动的速度可以得到物质沉降速度的指标。

(二) 离心机的使用

1. 使用方法　不同离心机使用方法略有不同,以普通离心机为例:①打开电源开关,离心机自检后开盖,选用合适的转头,平衡离心管及其内容物,并对称放置;②设定转速、时间等参数,按下启动按钮开始离心;③离心结束后,开启门盖,取出离心管,关闭电源开关。

2. 注意事项　由于离心机转速高,离心力大,使用不当或缺乏定期的检修和保养,都可能发生严重事故,因此使用时必须严格遵守操作规程。

(1) 离心机使用时要放置在平稳、坚固的台面上,大容量低速离心机和高(超)速冷冻离心机最好水平放置在坚实的地面上,并有防尘、防潮设备。

(2) 离心机严禁不加转头空转,空转会导致离心转轴弯曲,离心机运转前必须确认转头放稳且已加紧。

(3) 离心机工作前应将负荷(离心管重量)平衡好,必须事先平衡离心管和其内容物,对称放置,如果两侧负荷没有平衡好会引起离心机剧烈振动,损坏离心机转头和转轴。另外转头中绝对不能装载单数的离心管。

(4) 装载溶液时,开口离心机不能装得过多,以防离心时甩出,造成转头不平衡、生锈或腐蚀。制备型超速离心机的离心管,则要求必须将液体装满,以免离心时塑料离心管的上部凹陷变形。严禁使用显著变形、损伤或老化的离心管。

(5) 离心过程中应随时观察离心机仪表是否正常工作,如有异常声音应立即停机检查,及时排除故障。未找出原因前不得继续运转。

（6）转头是离心机的重点保护部件，每次使用前要严格检查孔内是否有异物，有无刮痕、腐蚀、生锈或变形等现象；每一转头都应有使用档案，记录累积的使用时间，若超过了该转头的最高使用时限，则须按规定降速使用。

（7）控制塑料离心管的使用次数，注意规格配套。离心过程中不得开启离心室盖，不得用手或异物碰撞正在旋转中的转头及离心管。

（8）对于低温离心样品，应先将空的转头在 2000 r/min 预冷一定时间，预冷时控制温度在 0 ℃ 左右，也可将转头放在冰箱中，预冷数小时备用，离心杯可直接存放在冰箱中预冷。

（9）使用高（超）速离心机时应严格按照离心机操作规程使用；不允许使用超过转头所能承受的最大离心力和最大允许转速；开始启动离心机前将离心腔门、盖子或转头的盖子关紧；离心机启动后转速达到设定转速并且正常运转，方可离开。

（10）3 个月应对主机校正 1 次水平度，每使用 5 亿转处理真空泵油 1 次，每使用 1500 h 左右，应清洗驱动部位轴承并加高速润滑油脂，转轴与转头接合部应经常涂脂防锈，长期不用时应涂防锈油加油纸包扎，平时不用时，应每月低速开机 1～2 次，每次 0.5 h，保证各部位的正常运转。

（三）离心机的维护与保养

1. 日维护与保养　检查转子锁定螺栓是否有松动现象；用温水（55 ℃ 左右）及中性洗涤剂清洗转子后用蒸馏水冲洗，软布擦干，用电吹风吹干、上蜡，干燥保存。

2. 月维护与保养　用温水及中性洗涤剂清洁转子、离心机内腔等部位，使用 70% 酒精对转子进行消毒。

3. 年度维护与保养　与售后联系检查离心机马达、转子、门盖、腔室、速度表、定时器、速度控制系统等部件，保证各部位的正常运转。

五、离心机常见故障及排除方法

（一）电机不转

（1）主电源指示灯亮而电机不能启动：多数情况是由于电刷磨损造成，更换电刷即可。

（2）主电源指示灯不亮：检查保险丝及室内配电板是否熔断，检查电源线、插头插座是否接触良好。处理方法是重新接线或更换插头插座。

（3）电机烧坏。

（二）电机达不到额定转速

多数情况是由于电刷磨损或整流子表面有一层氧化物，使电刷凹凸不平，造成电刷与整流子外沿不吻合或接触不良使转速下降，也可能是轴承磨损或轴承缺油引起摩擦阻力增大，使电机达不到额定转速，处理方法是清洗及加润滑油或更换轴承。

（三）转头损坏

转头在使用过程中可因金属疲劳、超速、过应力、化学腐蚀、选择不当、使用中转头不平衡及温度失控等原因而导致离心管破裂，样品渗漏，转头损坏。处理方法是正确选用合适的离心管和离心转头，在转头的安全系数及保证期内使用。

（四）冷冻机不能启动及制冷效果差

冷冻机不能启动及制冷效果差的常见原因是电源方面有问题：①电源不通：检查电源线及保险丝等。②电压过低：可能是电网电压低或配电板配线过多，应检查是否有配电板配线过多等。③仪器放置的位置通风性能不好，散热器效果差，或散热器盖满灰尘，影响制冷效果。

（五）机体震动剧烈、响声异常

机体震动剧烈、响声异常可能的原因是：离心管重量不平衡或放置不对称、转头孔内有异物、转轴上端固定螺帽松动、转轴摩擦或弯曲、电机转子不在磁场中心、转子本身损伤等。

处理方法是：①正确操作，使离心管重量平衡、放置对称；②清除孔内异物；③拧紧转轴上端螺帽或更换转轴。

离心机大部分故障为不正确操作所致，在工作过程中，如出现任何异常现象均应立即停机，检查原因，不得强行运转，以免产生不必要的损失。

第四节　实验用水制备系统

掌握：实验用水的常用制备方法。
熟悉：实验室用水标准及监测。
了解：纯水机的工作流程、常用技术参数与日常维护。

实验用水是实验室工作最重要的基础物质之一。随着检验技术的发展，标本和试剂的消耗量减少，临床检验仪器分析系统内部液路设计越来越精密，使得检验过程对实验用水在数量、质量上要求更高。为满足实验室发展需要，人们研制出自动水制备系统，也称纯水机。小型的纯水机可作为大型自动分析仪的外围配套装置，与大型自动分析仪同时安装使用；另外根据本单位情况，也可选择一套质量合格、满足整个实验室或主要工作区需求的中央纯水系统。

一、实验用水制备系统工作原理

（一）实验用水的常用制备方法

1. **蒸馏法**　蒸馏法是利用水与杂质的沸点不同，将自来水（或天然水）在蒸馏器中加热汽化，然后冷凝水蒸气即得蒸馏水。蒸馏过程中能去除大部分杂物，但挥发性的杂质无法去除，可以满足普通分析实验室的用水要求。蒸馏法的优点是操作简单、成本低、效果好，适用于用水量小的实验室。但其电功率大、耗能高，管道需要经常清洁。

2. **活性炭吸附法**　活性炭吸附法是采用活性炭柱处理自来水、除去杂质的方法。活性炭是一种很细小的炭粒，有很多小孔，所以有很大的表面积，能与气体（杂质）充分接触，其表面积越大吸附能力就越强。活性炭吸附在制备纯水的过程中适用于前期的处理，主要用于去除原水中的有机物及氯，以减少氯和可溶性有机物对其他处理仪器（如反渗透膜）的伤害。

3. **离子交换法**　离子交换法是借助于固体离子交换剂中的离子与稀溶液中的离子进行交换，以达到提取或去除溶液中某些离子的目的，是一种可逆的等当量交换反应，也是实验室中生产纯水最常用的方法。

根据树脂可交换活性基团的不同，离子交换树脂分为阳离子交换树脂和阴离子交换树脂。当水通过阳离子交换树脂时，水中的 Na^+、Ca^{2+} 等阳离子与树脂中的活性基团（—H^+）发生交换；当水通过阴离子交换树脂时，水中的 Cl^-、SO_4^{2-} 等阴离子与树脂中的活性基团（—OH^-）发生交换。该方法的优点是可以将多个元素加以分离，且操作简便、出水量大、成本低、出水电导率低，但缺点是不能完全除去有机物和非电解质。

4. **电渗析法**　其原理是利用电场吸引离子的作用，使溶液中带电的溶质粒子（如离子）通过膜而迁移，从而达到水与杂质分离的目的。电渗析器主要由离子交换膜、隔板、电极等组成。离子交换膜是整个电渗析器的关键部分，阳离子交换膜（阳膜）只允许阳离子通过，阴离子交换膜（阴膜）只允许阴离子通过。

5. **反渗透法**　其原理是在膜的原水一侧通过高压泵施加比溶液渗透压高的外界压力，水从高渗透压流向低渗透压，由于反渗透膜的半通透性，有机物、微生物及可溶性盐分被截留在膜表面，最后随浓水排出。反渗透法的优点是操作简单，运行稳定，能阻挡几乎所有的溶解性盐和相对分子质量大于 200 的有机物，可有效去除细菌等微生物以及铁、锰、硅等无机物，产出水的电阻率能较原水的电阻率升高近 10 倍。它的缺点是原水利用效率不高，膜易堵塞需定期清理，对原水质浊度要求高。

6. **电去离子法**　又称填充床电渗析，是在电渗析器的隔膜之间装填阴（阳）离子交换树脂，将电渗析与离子交换有机结合的一种水处理技术。它是水处理技术领域具有革命性创新的技术之一,越来越广泛地得到应用。该法不需要对树脂进行再生,可以省掉离子交换所必需的酸碱贮罐,也减少了环境污染,同时还有出水的高纯度和高回收率等优点。

（二）实验用水制备系统及工作流程

实验用水制备系统的方法有许多种,各种工艺和技术都比较成熟。由于各地区制备纯水所使用原水水质、实验室规模、所需水量和用水目的等不同,实验室一般都根据自身地区特点采取针对性的组合工艺来满足自身需求,即将多种纯化水技术的工作原理集中在一台纯水机上(纯水器系统)。其控制系统采用单片机控制,操作简单,主要部件有高压泵、预处理滤芯、活性炭滤芯、反渗透膜、离子交换柱、微孔过滤器、自动监控及操作系统等。

目前实验室纯水机应用分为两种类型:①针对单一生化分析仪、免疫分析仪等的一对一纯水供应系统;②实验室整体式纯水系统。纯水机的工作流程大致分为以下几个步骤。

1. 预处理　原水(自来水)通过石英砂滤板和纤维柱滤除机械杂质,如铁锈和一些悬浮物等。再经过活性炭滤芯去掉水中的胶体、大分子有机物、余氯、异味等,能有效减轻对后续工作单元的处理负荷。

2. 反渗透　预处理的水,在高压泵压力的作用下,进入反渗透膜,水中绝大部分离子、细菌、病毒、参与有机物等被截留,通过浓水排放,去除率达99%以上。透过反渗透膜的淡水,其导电率大大降低,但仍达不到仪器分析用水的标准,需要进一步去离子。

3. 混床树脂去离子　反渗透出来的淡水进入多级串联的混床树脂滤芯,由于深层离子交换反应的进行,彻底去除水中的离子,得到电阻率>10 MΩ・cm(25 ℃)的超纯水。

4. 膜过滤　为避免混床树脂滤芯在运行过程中,树脂颗粒破碎进入水中,在混合树脂滤芯之后,可以增设微孔过滤器以滤除纯水中的有形成分。一般采用0.2 μm滤膜过滤用来去除水中的颗粒物(包括细菌)。

5. 纯水的储存　经过上述步骤处理后生产出来的水就是超纯水了,可以满足各种仪器分析、高纯分析、痕量分析等实验要求,接近或达到实验室Ⅰ级水的要求。由于纯水很容易吸收空气中的污染物,导致水质下降,因此,需要经过精密设计的系统进行储存。Ⅰ级水需要在使用前制备,不可储存。

（三）纯水机的常用技术参数与日常维护

1. 常用技术参数　纯水的制备是一个连续复杂的过程,纯水机的型号及制备目的不同,其工作原理和流程可有不同。纯水机的常用技术参数见表2-9。

表2-9　纯水机的常用技术参数

指　标	Ⅰ级	Ⅱ级	Ⅲ级
pH(25 ℃)	—	—	5.0～7.5
离子电阻率/(MΩ・cm)(25 ℃)	>10	>1	>0.1
硅酸盐电导率/(mS/m)(25 ℃)	≤0.01	≤0.1	≤0.5
胶体二氧化硅/10^{-9}	<10	<100	<1000
吸光度(254 nm,1 cm光程)	≤0.001	≤0.01	—
微生物计数/(CFU/mL)	<1	<100	<1000
有机物 TOC/10^{-9}	<10	<50	<200
热源/(EU/mL)	<0.03	<0.25	
颗粒>0.2 μm(单位/mL)	<1	—	—

2. 日常维护　纯水机的常用寿命与水质、日常维护有着紧密的联系。水质差、日常不注重维护会缩短纯水机的使用期。在纯水机的水箱及渗透膜表面极易产生菌膜,菌膜会使纯水机的运转出现故障,如造成滤膜阻塞、内压升高、系统漏水、增压泵损坏、离子交换树脂无法正常工作等;还会阻塞反渗透膜,使反渗透膜无法正常工作。防止菌膜的方法有定期消毒反渗透膜、定期清洗水箱、及时更换耗材等。不管用水量大小,凡浸泡在水中的耗材都不可避免地形成菌膜而影响水质,因此使用中要根据情况及时更换

纯水机的耗材。另外当超纯水水质不好时,即电阻率小于 1 MΩ·cm(25 ℃)时则需要更换滤芯。滤芯的使用寿命根据水质好坏、用水量的大小也不同。

二、实验用水指标

(一)实验用纯水标准及用途

1. 实验用纯水标准　水质标准是针对水中存在的具体杂质或污染物而提出的相应最低数量或浓度的要求。1995 年国际标准化组织(International Organization for Standardization,ISO)制定了纯水标准,将纯水分为三个等级,见表 2-10。2008 年国家质量监督检验检疫总局批准实施的《分析实验室用水规格和试验方法》(GB/T 6682—2008)主要参数见表 2-11。

表 2-10　国际标准化组织纯水标准(ISO 3696:1995)

指　　标	Ⅰ级	Ⅱ级	Ⅲ级
pH(25 ℃)	—	—	5.0~7.5
最大电导率/(μS/cm)(25 ℃)	0.1	1.0	5.0
最大蒸发残渣/(mg/kg)(110 ℃)	—	1.0	2.0
最大吸光度(254 nm,1 cm 光程)	0.001	0.01	—
SiO_2 最大量/(mg/L)	0.01	0.02	—
最大耗氧量/(mg/L)	—	0.08	0.4

表 2-11　分析实验室用水规格(国家质量监督检验检疫总局 GB/T 6682—2008)

指　　标	Ⅰ级	Ⅱ级	Ⅲ级
外观	无色透明	无色透明	无色透明
pH(25 ℃)			5.0~7.5
最大电导率/(mS/m)(25 ℃)	0.01	0.10	0.50
最大可溶性硅/(mg/L)(以 SiO_2 计)	0.01	0.02	—
最大吸光度(254 nm,1 cm 光程)	0.001	0.01	—
最大可氧化物质/(mg/L)(以 O 计)	—	0.08	0.4
最大蒸发残渣/(mg/L)((105±2) ℃)	—	1.00	2.0

2. 实验用纯水的用途　美国病理学家协会(College of American Pathologists,CAP)和美国临床实验室标准化委员会(National Committee for Clinical Laboratory Standards,NCCLS)规定的实验用纯水用途见表 2-12。不同等级水在临床实验室的用途不一,一般选用Ⅱ级水,特殊实验如酶活性测定、电解质分析仪等选用Ⅰ级水,Ⅲ级水用于仪器、器皿的自来水清洁后冲洗。

表 2-12　NCCLS、CAP 规定的实验用纯水的用途

	级　别	用　　途
NCCLS	Ⅰ	原子吸收、火焰光度、电解质、荧光、酶、参比液、缓冲液、高灵敏度层析等
	Ⅱ	一般实验室、玻璃器皿冲洗等
	Ⅲ	玻璃器皿洗涤、要求不高的定性实验等
CAP	Ⅰ	原子吸收、火焰光度、酶、血气及 pH、电解质、无机元素、缓冲液、参比液等
	Ⅱ	一般实验室检验、血液学、血清、微生物检验
	Ⅲ	普通定性测定、尿液检验、组织切片、寄生虫、器皿洗涤

(二)实验室常用水的种类

目前,实验室用水并未按科学的标准分为Ⅰ级、Ⅱ级、Ⅲ级,而是分为蒸馏水、去离子水、实验室高纯水和实验室超纯水等。

1. 蒸馏水 蒸馏水是实验室最常用的一种纯水,虽然制作设备便宜,但制备过程极其耗能和费水,且速度慢,临床应用逐渐减少。新鲜制备的蒸馏水是无菌的,但储存后细菌易繁殖。此外,储存的容器也很讲究,若是非惰性的物质,离子和容器的塑形物质会析出,造成二次污染。蒸馏水的应用主要包括玻璃器皿的清洗和清洗用水。

2. 去离子水 去离子水是应用离子交换树脂去除水中的阴离子和阳离子所得的水。但水中仍然存在可溶性的有机物,可以污染离子交换柱从而降低其功效;去离子水存放后也容易引起细菌的繁殖。去离子水能满足多种需求,如清洗、配制分析标准样品、制备试剂和稀释样品等。

3. 实验室高纯水 通常实验室高纯水不仅要求在离子指标上有较高纯度,而且要求低浓度的有机物和微生物。高纯水的水质可适用于多种需求,从试剂制备和溶液稀释到为细胞培养配备营养液以及微生物研究等。

4. 实验室超纯水 实验室超纯水在电阻率、有机物含量、颗粒和细菌含量方面接近理论上的纯度极限,通过离子交换、反渗透膜或蒸馏手段预纯化,再经过核子级离子交换精纯化得到超纯水。超纯水适合多种精密分析实验的需求,如高效液相色谱、离子色谱等。

通常情况下,实验室常用水与实验室用水标准的对应关系为:Ⅰ级水为超纯水,Ⅱ级水为高纯水,Ⅲ级水为一般纯水(包括蒸馏水和去离子水)。

三、实验室用水监测

实验室用水的主要监测指标有以下几种。

1. pH 溶液酸碱强度的衡量标准,是水化学中常用和最重要的检测项目之一。

2. 电导率 以数字表示的溶液传导电流的能力,特指边长 1 cm 的立方体所含溶液的电导。

$$电导率(k) = 1/电阻率(\rho)$$

3. 电阻率 衡量实验室用水导电性能的指标,单位为 MΩ·cm,随着水内无机离子的减少,电阻加大则数值逐渐变大。

$$电阻率(\rho) = 电阻(R)/电导池常数(J)$$
$$电导池常数(J) = L(两电板间有盖距离)/A(空间截面积)$$

4. 可氧化物质(mg/L) 指水中容易氧化的物质,利用高锰酸钾溶液的变色来判断。

5. 吸光度(A) 在紫外-可见分光光度计上,于 254 nm 处,以 1 cm 吸收池中水为参比,测定水样的吸光度。

6. 其他 如蒸发残渣及可溶性硅(以 SiO_2 计)、总有机碳、菌落、内毒素、核糖核酸酶、脱氧核糖核酸酶等。

第五节 生物安全柜

掌握:生物安全的理论基础与生物安全柜工作原理、结构及作用。

熟悉:生物安全柜的分级、应用。

了解:生物安全柜使用与维护的方法。

近年来随着 SARS(非典)、禽流感、甲型 H1N1 流感等疾病的暴发流行,实验室生物安全日益受到人们的重视。多个国家和组织相继制定了生物安全标准和规定。生物安全柜(biological safety cabinet,BSC)是这些标准和规定中必不可少的设备之一,是防止操作过程中某些含有潜在性生物危害的微粒发生气溶胶散逸的箱型空气净化负压安全装置。

一、生物安全与生物安全等级

(一)生物危害与生物安全

生物危害是指有害或潜在危险生物因子对人、环境、生态和社会造成的危害和潜在危害。临床实验室每天都要接收大量各类患者的标本,对这些标本进行处理,如混匀、离心、吸取、倾注、接种等,易产生肉眼无法看到的含有病原微生物的气溶胶,即悬浮在气体介质中、粒径一般为 $0.001\sim100\ \mu m$ 的固态、液态微粒所形成的胶溶态分散体系,其可能会被操作者误吸入或交叉污染实验环境,从而引起生物危害(biohazard)。

生物安全(biological safety)是生物危害的反义词。生物安全是为了避免危险生物因子造成对实验室人员暴露、向实验室外扩散并导致危害而采取的包括软硬件改善的综合措施,以达到对人、环境生态和社会安全防护的目的。研究证明,使用生物安全柜可有效减少生物危害。

(二) 生物安全等级和标准

生物安全等级的分级,有美国国立卫生研究院(NIH)标准、美国疾病控制中心(CDC)标准和我国卫生部 WS233 准则:①按照 NIH 标准分级:生物安全等级分为 1、2、3、4 级(P1、P2、P3、P4)。②按照 CDC 标准分级:基础实验室 1 级生物安全水平(BSL-1)、基础实验室 2 级生物安全水平(BSL-2)、防护实验室 3 级生物安全水平(BSL-3)、最高防护实验室 4 级生物安全水平(BSL-4)。③WS233 准则:是我国原卫生部 2002 年颁布的《微生物和生物医学实验室生物安全通用准则》(WS233—2002),内容基本参照了 NIH 和 CDC 标准,将实验室划分为一、二、三、四 4 个生物安全等级。

按照美国 1992 年版 NSF49 标准,将生物安全各等级的微生物界定如下:生物安全等级 1 级(P1)的媒质是指普通无害细菌、病毒等微生物;生物安全等级 2 级(P2)的媒质是指一般性可致病细菌、病毒等微生物;生物安全等级 3 级(P3)的媒质是指烈性/致命细菌、病毒等微生物,感染后可治愈;生物安全等级 4 级(P4)的媒质是指烈性/致命细菌、病毒等微生物,感染后不可治愈。

二、生物安全柜的工作原理和结构

(一) 生物安全柜的工作原理

生物安全柜的工作原理主要是将柜内空气向外抽吸,使柜内保持负压状态,安全柜内的气体不能外泄而保护工作人员;外界空气经高效空气过滤器(high efficiency particulate air filter,HEPA 过滤器)过滤后进入安全柜内,以避免样品在处理时被污染;同时,柜内的空气需经过 HEPA 过滤器过滤后再排放到大气中以保护环境。生物安全柜的气流过滤如图 2-18。

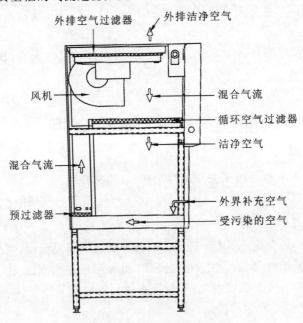

图 2-18 生物安全柜的气流过滤

(二) 生物安全柜的结构

不同类型的生物安全柜结构有所不同,多数由箱体和支架两部分组成,箱体部分主要包括以下结构:前玻璃门、风机、门电机、进风口预过滤罩、循环空气过滤器、外排空气过滤器、照明光源和紫外光源等设备(图 2-19)。主要结构的功能如下。

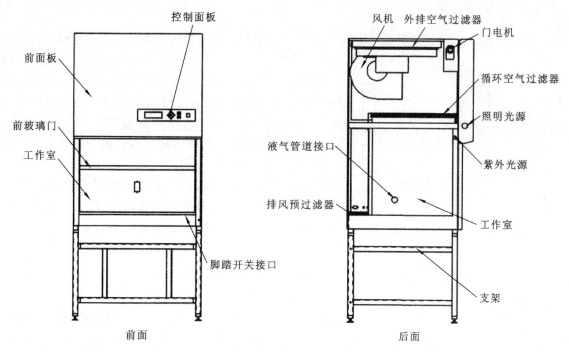

图 2-19 生物安全柜结构简图

1. 前玻璃门 操作时安全柜正面玻璃门推开一半,上部为观察窗,下部为操作口。操作者的手臂可通过操作口伸到柜子里,并且通过观察窗观察工作台面。

2. 空气过滤系统 保证设备性能最主要的系统。由进气风机、风道、进风口预过滤罩、排风预过滤器、循环空气过滤器、外排空气过滤器等组成。其主要功能是保证洁净空气源源不断进入工作室,使工作室内的垂直气流(下沉气流)保持一定的流速(一般不小于 0.3 m/s),保证工作室区的洁净度达到 100 级。同时使外排的气体也得到净化,防止环境污染。

该系统的的核心部件是 HEPA 过滤器,采用特殊防火材料为框架,框内用波纹状的铝片分割成栅状,里面填充乳化玻璃纤维亚微粒,过滤效率可达 99.99%~100%,对直径为 23~25 nm 的病毒颗粒也可完全拦截,是生物安全柜中的主要防护结构。进风口的预过滤器使空气预过滤后再进入 HEPA 过滤器中,可延长 HEPA 过滤器的使用寿命。

3. 外排风箱系统 外排风箱系统由外排风箱壳体、风机和排风管道组成。风机提供排气的动力,将工作室内因操作所致的不洁净气体抽出,并由外排过滤器净化,从而保护操作的样品或标本。由于外排作用,工作室为负压,使前玻璃门处向内的补给空气平均风速达到一定程度(一般不小于 0.5 m/s),防止安全柜内气体外逸,保护操作者安全。

4. 前玻璃门驱动系统 由门电机、前玻璃门、牵引机构、传动轴和限位开关等组成,主要作用是驱动或牵引各个门轴,使前玻璃门操作轻便顺畅,并且周边密封良好。

5. 紫外光源和照明光源 位于前玻璃门内侧,固定在工作室的顶端,用于安全柜内的消毒和保证工作室内达到一定的亮度。

6. 控制面板 主要作用是设定和显示系统状态,有电源、紫外灯、照明灯、风机的开关,控制前玻璃门上下移动的开关,以及有关功能设定和系统状态显示的液晶显示屏等。

三、生物安全柜的分级

目前世界上生物安全柜领域执行的标准主要有欧盟标准化委员会于 2000 年 5 月颁布的欧洲标准(EN12469:2000)和美国国家标准学会于 2002 年认可的美国国家卫生基金会的第 49 号标准(NSF49)。《中华人民共和国医药行业标准:生物安全柜》(YY0569—2005)于 2006 年正式实施,该标准采纳了 EN12469:2000 和 NSF49 两个生物安全柜标准中的重要部分,并对部分内容做了修改和提高,此标准根据气流及隔离屏障设计结构,将生物安全柜分为Ⅰ、Ⅱ、Ⅲ级。

(一)Ⅰ级生物安全柜

最基本的生物安全柜,设计简单,是一类保护操作人员与环境安全而不保护样品安全的通风安全柜。

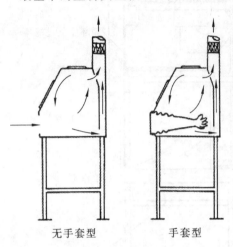

由于不考虑处理样品是否会被进入柜内的空气污染,所以对进入安全柜的空气洁净度要求不高。空气的流动为单向、非循环式,空气经前窗操作口进入柜内,流过工作台表面后被过滤,经排气口排到大气中(图2-20)。前窗操作口向内吸入的负压气流保护操作人员的安全,从安全柜内排出的气流经HEPA过滤器过滤后排出,保护环境不受污染。由于Ⅰ级生物安全柜不能确保实验中使用的样品不会被实验室内的空气污染,也不能完全排除样品间交叉污染的可能性,其适用范围极为有限,主要用于对处理样品安全性无要求且生物危险度等级较低媒质的操作。

无手套型　　手套型

图2-20　Ⅰ级生物安全柜结构示图

(二)Ⅱ级生物安全柜

临床生物防护中应用最广泛的生物安全柜,可以保护操作人员、环境及样品的安全。前窗操作口向内吸入的气流用以保护操作人员的安全,工作空间为经HEPA过滤器净化的垂直下降气流,用以保护样品的安全。安全柜内的气流经HEPA过滤器过滤后排出,可保护环境不受污染。其设计的关键点是操作窗内侧的下沉气流和外部吸入气流交汇点的平衡,如下沉气流或外部吸入气流过强,均会造成柜内空气溢出或未经过滤的气流污染操作台。

根据排放气流占系统总流量的比例及内部设计结构,将Ⅱ级生物安全柜分为A_1、A_2、B_1、B_2四个类型。

1. A_1型　A_1型前窗操作口流入气流的平均流速不低于0.38 m/s。经HEPA过滤器过滤的送至工作区的下沉气流是由静压箱送出的垂直气流和流入气流混合后的一部分,即安全柜内70%的气体是通过HEPA过滤器过滤后再循环至工作区,30%的气体是通过排气口的HEPA过滤器过滤后排入实验室或室外。进入柜内的气流在工作台表面分为两部分,一部分通过前方的回风隔栅,另外一部分通过后方的回风隔栅将在工作台面上形成的气溶胶通过气流经风道带入静压箱。该型生物安全柜允许经排出口HEPA过滤器过滤后的气流返回实验室,允许有正压的污染风道和静压箱(图2-21)。因此,Ⅱ级A_1型生物安全柜不能用于挥发性的有毒化学物质和挥发性放射性物质的实验。

2. A_2型　A_2型前窗操作口流入气流的平均流速不低于0.50 m/s。与A_1型生物安全柜相似,A_2型生物安全柜内70%的气体通过HEPA过滤器过滤后再循环至工作区,但30%的气体通过排气口的HEPA过滤器过滤后经外排设备排到室外。A_2型安全柜内所有生物污染部位均保持负压,或者被负压的风道和静压箱包围(图2-21)。Ⅱ级A_2型生物安全柜可用于少量挥发性的有毒化学物质和挥发性放射性物质的实验。

3. B_1型　B_1型前窗操作口流入气流的平均流速不低于0.50 m/s。经HEPA过滤器过滤的送至工作区的下沉气流中绝大部分是未污染的吸入气流,即安全柜内30%的气体通过HEPA过滤器过滤后再循环至工作区,70%的气体通过排气口HEPA过滤器过滤后,通过专用风道过滤后排入大气。所有被生物污染的部位均保持负压,或被负压的通道和负压通风系统包围。此型生物安全柜排气导管的风机连接紧急供应电源,使其在断电情况下仍可保持负压,避免危险气体泄漏到实验室(图2-21)。Ⅱ级B_1型生物安全柜可用于挥发性的有毒化学物质和挥发性放射性物质的实验。

4. B_2型　B_2型也称为"全排"型。前窗操作口流入气流的平均流速不低于0.50 m/s。经HEPA过滤器过滤的送至工作区的下沉气流全部是经过HEPA过滤器过滤后的实验室或室外空气,即安全柜排出的气体不再循环使用。安全柜内的气流经HEPA过滤器过滤后排入大气,不允许再进入安全柜循环或反流回实验室。所有污染部位均应处于负压状态,或者被直接排气的负压通道和负压通风系统包围。与B_1型相同,其排气导管的风机也连接紧急供应电源(图2-21)。Ⅱ级B_2型生物安全柜可用于处理感染性样品、挥发性的有毒化学物质和挥发性放射性物质的实验。

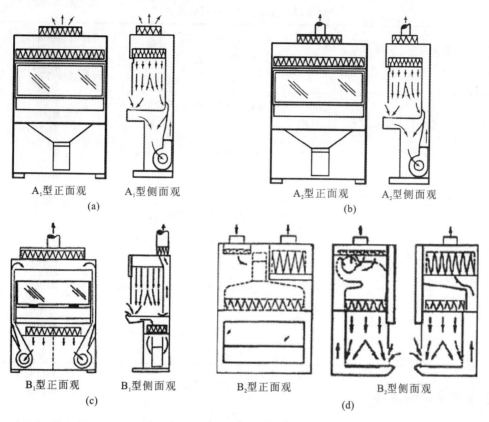

图 2-21 Ⅱ级各型生物安全柜结构示图

(三)Ⅲ级生物安全柜

Ⅲ级生物安全柜是为四级实验室的生物安全等级而设计的,也是目前世界上最高安全防护等级、具有完全密闭和不漏气结构的通风安全柜。进入安全柜内的气流是经数个 HEPA 过滤器净化的无涡流的单向流动的洁净空气,而排出的气流应经过双层 HEPA 过滤器过滤或通过一层 HEPA 过滤器过滤和焚烧处理。安全柜正面上部为观察窗,下部为手套箱式操作口,在安全柜内的操作是通过与安全柜密闭连接的橡皮手套完成的(图 2-22)。安全柜内将一直保持至少 120 Pa 负压状态。Ⅲ级生物安全柜可在涉及生物危险度等级为 1、2、3 和 4 级媒质的实验中使用,也适用于在实验中需要添加有毒化学品的操作,尤其适用于产生致命因子的生物实验。

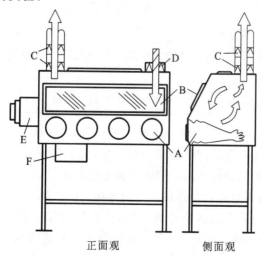

图 2-22 Ⅲ级生物安全柜结构示图

A. 手套箱;B. 观察窗;C. 排风 HEPA 过滤器;D. 送风 HEPA 过滤器;E. 双开门高压灭菌器或传递箱;F. 化学浸泡槽

各级生物安全柜的差异见表 2-13。

表 2-13　各级生物安全柜的差异

生物安全柜	气流速度 /(m/s)	再循环气流 比例/(%)	外排气流特点	非挥发性有毒 化学品及放射性 物质操作	挥发性有毒 化学品及放射性 物质操作
Ⅰ级	0.38	0	100%气体经过滤后外排至实验室内或室外	可（微量）	否
Ⅱ级 A$_1$型	0.38～0.51	70	30%气体经过滤后外排至实验室内或室外	可（微量）	否
Ⅱ级 A$_2$型	0.51	70	30%气体经过滤后外排至实验室外,气体循环通道、排气管及柜内工作区为负压	可	可（微量）
Ⅱ级 B$_1$型	0.51	30	70%气体经过滤后通过专用风道排至室外	可	可（微量）
Ⅱ级 B$_2$型	0.51	0	100%气体经过滤后通过专用风道排至室外	可	可（微量）
Ⅲ级	—	0	100%气体经双层 HEPA 过滤器过滤或通过一层 HEPA 过滤器过滤和焚烧处理	可	可（微量）

四、生物安全柜的选择

生物安全柜广泛应用于微生物、生物工程、药物分析及其他对操作环境有苛刻要求的场所。我国的《实验室生物安全通用要求》(GB19489—2008)根据对所操作生物因子采取的防护措施,将实验室生物安全防护水平分为一级、二级、三级和四级,不同级别实验室对生物安全柜的要求亦不同,其选用原则见表 2-14。

表 2-14　不同级别生物安全实验室生物安全柜选用原则

实验室级别	生物安全柜选用原则
一级	一般无须使用生物安全柜,或使用Ⅰ级生物安全柜
二级	当可能产生微生物气溶胶或出现溅出的操作时,可使用Ⅰ级生物安全柜; 当处理感染性材料时,应使用部分或全部排风的Ⅱ级生物安全柜; 若涉及处理化学致癌剂、放射性物质和挥发性溶媒,则只能使用Ⅱ-B级全排风(B$_2$型)生物安全柜
三级	应使用Ⅱ级或Ⅲ级生物安全柜; 所有涉及感染材料的操作,应使用Ⅱ-B级全排风(B$_2$型)或Ⅲ级生物安全柜
四级	应使用Ⅲ级全排风生物安全柜; 当人员穿着正压防护服时,可使用Ⅱ-B级(B$_1$型)生物安全柜

使用生物安全柜时,应注意生物安全柜与超净工作台的区分,以便选择合适的设备:①生物安全柜是为操作一些具有感染性或潜在性生物危害因子的实验材料时,用于保护工作人员、环境以及实验品,使其避免暴露于操作过程中可能产生的感染性气溶胶和溅出物而设计的。事实上,生物安全柜更侧重于保护操作人员和环境,防止操作的病原微生物扩散造成人员伤害和环境污染。②超净工作台是为了保护实验品而设计的,通过吹过工作区域的垂直或水平层流空气,防止实验品受到工作区域外粉尘或细菌的污染。一旦微生物样品放置于工作区域,层流空气会把带有微生物介质的空气吹向前台操作人员而发生危险。

五、生物安全柜的安装与使用注意事项

（一）运输与安装

（1）搬运生物安全柜严禁横倒放置和拆卸,安装位置最好在排风口附近,并处于空气气流方向的下游,并远离人员活动、物品流动及可能会扰乱气流的地方。

（2）安全柜的背面与侧面尽可能留有 30 cm 的空间,以利于对安全柜的维护。顶部也应留有不小于 30 cm 的空间。安装时需注意方便以后更换排风 HEPA 过滤器。

（二）生物安全柜的使用及注意事项

1. 生物安全柜的使用　①接通电源;②穿好工作服,清洁双手,用 70% 酒精或其他消毒剂全面擦拭安全柜的工作台;③将实验品呈"一"字横向平行摆放于安全柜内;④关闭玻璃门,打开电源开关,必要时开启紫外线灯对实验品表面进行消毒;⑤消毒完成后,设置到安全柜工作状态,打开玻璃门,使仪器正常运转;⑥设备完成自净过程,运行稳定后即可使用;⑦完成工作,取出废弃物。用 70% 酒精或其他消毒剂全面擦拭安全柜的工作台。维持气流循环一段时间,以便将工作区污染物排出;⑧关闭玻璃门、关闭日光灯,打开紫外线灯进行消毒;⑨消毒完毕后,关闭电源。

2. 注意事项

（1）操作者应经过生物安全柜的使用培训,操作时尽量减少双臂进出次数,双臂进出安全柜和在柜内操作时动作应缓慢,避免影响正常的气流平衡。手臂伸到柜内等待大约 1 min,使柜内气流与手臂表面调整平衡后,方可进行操作。

（2）生物安全柜物品摆放的原则:①柜内放置的仪器和材料等物品保持最低数量;②按照从清洁区到污染区的原则摆放;③所有物品尽可能摆放在工作台中后部,前玻璃门进气口不能被纸、设备或其他东西阻挡;④盛放废弃物及污物的容器应摆放在柜内污染区。

（3）在开始工作前及完成工作后,至少让安全柜完成 5 min 的净化过程。每次实验结束后应对柜内进行清洗和消毒。

（4）柜内物品移动应按低污染向高污染移动原则,柜内实验操作应按从清洁区到污染区的方向进行;放入柜内物品应用 70% 酒精表面消毒。可用消毒剂浸湿的毛巾垫底,以便吸收可能溅出的液滴。

（5）不要将离心机、振荡器等安装在柜内,以免仪器震动使积留在滤膜上的颗粒物质抖落,导致柜内洁净度降低。

（6）柜内尽量不使用明火,以免产生的细小高温杂质被带入和损伤滤膜,若必须使用明火时应使用低火苗灯。

六、生物安全柜的维护与保养

为确保生物安全柜的安全性,应定期对安全柜进行维护,主要包括以下几点。

（1）安全柜的检测和维修工作应由有资质的专业人员来进行。

（2）HEPA 过滤器因使用期延长,会使细菌和尘埃积聚导致压力损失,应及时更换失效或受损的 HEPA 过滤器。

（3）WHO 颁布的实验室生物安全手册、美国生物安全柜标准 NSF49 和中国国家食品药品监督管理总局生物安全柜标准 YY0569 均要求有下列情况之一时,应对生物安全柜进行安全检测:①安装完毕投入使用前;②更换 HEPA 过滤器和内部部件后;③移动位置后;④检修后;⑤一年一度的常规检测。

安全检测包括以下几个方面。

（1）垂直气流平均风速检测:采用风速仪均匀布点测量截面风速。

（2）工作窗口的气流流向检测:采用发烟法或丝线法在工作窗口断面检测,检测位置包括工作窗口的四周边缘和中间区域。

（3）工作区洁净度检测:采用尘埃粒子计数器在工作区检测。

（4）噪声检测:生物安全柜前面板水平中心向外 300 mm,且高于工作台面 380 mm 处用声级计测量

噪声。

（5）光照度检测：沿工作台面中心线长度方向每隔 30 cm 设置一个测量点。

（6）箱体漏泄检测：把生物安全柜密封并施加 500 Pa 的压力，30 min 后在测试区连接压力计或压力传感器系统用压力衰减法进行检测，或用皂泡检漏。

（韩忠敏）

本章小结

移液器是实验室常使用的移液器材之一，其基本工作原理是通过弹簧的伸缩运动带动活塞来实现吸液和放液。移液器的性能要求显得尤为重要，购买的产品应符合通用技术要求。使用移液器尤其要注意设定移液体积、装配吸液嘴、选择移液方式及放置移液器等环节的操作，保证移液器的性能处于最佳状态。移液器应根据使用频率进行清洁、维护。

光学显微镜是利用光学原理，把人眼所不能分辨的微小物体放大成像，并可提供物质微细结构信息的光学仪器。光学显微镜包括光学系统和机械系统两大部分。光学显微镜种类很多，临床检验中常用的有双目生物显微镜、荧光显微镜等。电子显微镜是分辨率极高的显微镜，能观察到更精细的物质结构，在科研工作中的应用越来越广泛。日常使用显微镜时应该先认真阅读仪器说明书，按照显微镜的使用、维护方法正确地使用显微镜并做好维护，结合自己的工作经验对一些常见故障进行排除。

离心机的工作原理是利用转子高速旋转产生的强大离心力，使液体中颗粒克服扩散加快沉降速度，把样品中具有不同沉降系数和浮力密度的物质分离开。离心机的主要结构包括转动装置、速度控制器、调速装置、离心套管、温度控制与制冷系统、安全保护装置与真空系统等。按照结构性能的不同，离心机分为低速、高速、超速等类型。在工作中要正确使用离心机，及时维护和保养，发现故障及时排除。

临床实验用水质量影响着检验结果的准确性和稳定性，纯水机的使用越来越多地受到了工作人员的重视。实验室水处理技术主要包括蒸馏、活性炭吸附、离子交换、电渗析、反渗透、电去离子技术等。纯水机的工作流程大致分为预处理、反渗透、混床树脂去离子、膜过滤等几个步骤，应根据实验室具体情况选用合适的纯水机并正确维护。

生物安全柜是防止操作过程中某些含有潜在性生物危害的微粒发生气溶胶散逸的箱型空气净化负压安全装置。生物安全柜由箱体和支架两部分组成。生物安全柜根据其防护程度和性能的不同，分为Ⅰ、Ⅱ（A_1、A_2、B_1、B_2）、Ⅲ级。不同级别的生物安全实验室对生物安全柜的级别要求不同，应按照选用原则选择合适的生物安全柜。生物安全柜的操作应遵循平行摆放柜内物品、双臂进出和操作宜缓慢、避免交叉污染、避免震动、尽量不要使用明火等原则，定期进行维护与保养。

测试题

（一）选择题

1. 移液器的工作原理为（　　　）。

　A. 朗伯-比尔定律　　　　　　　　B. 胡克定律　　　　　　　　C. 库尔特原理

　D. 电阻抗原理　　　　　　　　　E. 凸透镜成像原理

2. 黏稠液体的量取最好使用的移液器为（　　　）。

　A. 空气垫移液器　　　　　　　　B. 活塞正移动移液器　　　　C. 多通道移液器

　D. 电子移液器　　　　　　　　　E. 正向移液器

3. 移液器的外观要求为（　　　）。

　A. 按钮灵活　　　　　　　　　　B. 调节器的数字清晰

　C. 吸嘴内壁平滑　　　　　　　　D. 移液器上应标有产品的名称、制造商或商标

　E. 移液器的密合性好

4. 在设定移液体积时，如从小体积调为大体积的正确做法为（　　　）。

A. 直接调到所需体积

B. 调至超过所需体积后再回调至所需体积

C. 调至最大量程再回调至所需体积

D. 调至更小体积再回调至所需体积

E. 调到最小体积再回调至所需体积

5. 在光学显微镜下所观察到的细胞结构称为（　　）。

A. 显微结构　　　B. 超微结构　　　C. 亚显微结构　　D. 分子结构　　　E. 微细结构

6. 用显微镜观察细胞时，应选择下列哪种目镜和物镜的组合在视野内所看到的细胞数目最多？（　　）

A. 目镜 10×，物镜 4×　　　　　B. 目镜 10×，物镜 10×　　　　　C. 目镜 10×，物镜 20×

D. 目镜 10×，物镜 40×　　　　　E. 目镜 15×，物镜 40×

7. 关于光学显微镜的使用，下列有误的是（　　）。

A. 用显微镜观察标本时，应双眼同睁

B. 按照从低倍镜到高倍镜再到油镜的顺序进行标本的观察

C. 使用油镜时，需在标本上滴上镜油

D. 使用油镜时，需将聚光器降至最低，光圈关至最小

E. 使用油镜时，不可一边在目镜中观察，一边上升载物台

8. 分别使用光镜的低倍镜和高倍镜观察同一细胞标本，可发现在低倍镜下（　　）。

A. 物像较小、视野较暗　　　　　B. 物像较小、视野较亮　　　　　C. 物像较大、视野较暗

D. 物像较大、视野较亮　　　　　E. 物像大小及视野的亮度均不改变

9. 适于观察小细胞或细胞群体复杂而精细的表面或断面的立体形态与结构的显微镜是（　　）。

A. 普通光学显微镜　　　　　B. 荧光显微镜　　　　　C. 相差显微镜

D. 扫描电子显微镜　　　　　E. 透射电镜

10. 要将视野内的物像从右侧移到中央，应向哪个方向移动标本？（　　）

A. 左侧　　　　　B. 右侧　　　　　C. 上方　　　　　D. 下方　　　　　E. 以上都可以

11. 在光学显微镜下，观察透明的、染色较浅的细胞时，必须注意做到（　　）。

A. 把光圈缩小一些，使视野暗一些　　　　　B. 把光圈开大一些，使视野暗一些

C. 把光圈缩小一些，使视野亮一些　　　　　D. 把光圈开大一些，使视野亮一些

E. 以上全不是

12. 在普通光学显微镜下，一个细小物体被显微镜放大 50 倍，这里"放大 50 倍"是指该细小物体的（　　）。

A. 体积　　　　　B. 表面积　　　　　C. 像的面积　　　　　D. 长度或宽度　　　　　E. 像的长度或宽度

（二）名词解释

1.移液器　2.胡克定律　3.荧光显微镜　4.电子显微镜　5.分辨率　6.放大率　7.数值孔径　8.视野　9.离心技术　10.离心力　11.相对离心力　12.沉降系数　13.最大转速　14.最大离心力　15.最大容量　16.温度控制范围　17.气溶胶　18.生物安全　19.生物安全柜

（三）简答题

1. 简述移液器的基本工作原理。

2. 简述移液器常用的移液方法。

3. 简述光学显微镜的工作原理。

4. 简述光学显微镜的结构组成。

5. 简述光学显微镜的使用程序。

6. 简述光学显微镜与电子显微镜的主要区别。

7. 离心机的工作原理是什么？

8. 国际上对离心机的分类有几种方法？分别有哪些类型？

9. 离心机转头一般可分为哪几类？各自用途是什么？

10. 简述离心机的主要技术参数。

11. 怎样做到正确使用离心机？

12. 离心机常见哪些故障？如何进行排除？

13. 实验用水的常用制备方法包括哪几种？各有何特点？

14. 简述实验用纯水的分级及用途。

15. 目前我国实验室常用水分为哪几类？

16. 实验室用水监测指标有哪些？

17. 纯水机的常用技术参数有哪些？

18. 如何进行纯水机的日常维护？

19. 生物安全等级标准与生物安全柜产品标准有哪些？

20. 简述生物安全柜的基本原理。

21. 简述生物安全柜的基本组成。

22. 简述 HEPA 过滤器的结构和用途。

23. 简述 Ⅱ 级生物安全柜 A_1、A_2、B_1、B_2 型的性能特点。

24. 简述 Ⅲ 级生物安全柜的主要用途。

25. 简述生物安全柜的运输和安装的注意事项。

26. 简述生物安全柜使用的注意事项。

27. 哪些情况下应对生物安全柜进行现场检测？

28. 简述生物安全实验室选用生物安全柜的原则。

（四）操作题

1. 正确使用移液器并能准确地量取液体。

2. 熟练使用普通光学显微镜观察玻片上标本。

3. 正确完成显微镜镜头的清洁工作。

4. 正确使用离心机完成差速离心和密度梯度离心。

5. 在老师指引下，选择几种型号的纯水机，请学生收集该产品信息，利用所学知识对该产品的技术参数进行比较分析，写出其使用方法及注意事项。

6. 按照无菌操作的程序要求，在生物安全柜里完成液体培养基的分装。

第三章 医用分析化学仪器

本章介绍

医用分析化学仪器是指通过测定与物质含量、组成和结构相关的物理化学信号,如物质的光学特性、电学特性、吸附与扩散行为、质荷比等,对样品进行定性、定量分析的一类仪器,主要包括光谱分析仪、色谱仪和质谱仪等。其中光谱分析仪是利用物质对光的发射、吸收、散射等特征,来确定其性质、结构或含量;色谱仪是利用不同物质在流动相与固定相之间的吸附能力、分配系数及其他亲和作用性能的差异将混合样品分离成各纯组分;质谱仪则基于带电粒子在电磁场中运动产生偏转的现象,不同原子或分子因质量差异会存在偏转差异,从而对物质成分进行鉴定。医用分析化学仪器具有灵敏度高、样品用量少、分析速度快、可同时进行分离和鉴定等优点,被广泛应用于医学检验、化学、环境、能源、生命科学等领域。本章主要介绍医用分析化学仪器的工作原理、仪器类型与主要结构、性能指标、仪器的使用与维护等内容。

本章目标

通过本章的学习,掌握常用医用分析化学仪器的工作原理、仪器类型及主要结构,熟悉仪器的性能指标及临床应用,会对仪器进行基本操作,熟悉仪器维护保养注意事项,能检测并排除常见故障。

第一节 光谱分析仪器

掌握:光谱分析仪器的种类、基本原理与主要结构。

熟悉:光谱分析仪器的性能指标、操作指南与维护要点。

了解:光谱分析仪器在检验医学中的应用。

光谱分析技术是利用化学物质所具有的发射、吸收、散射等各种特征,来确定其性质、结构或含量的技术,是基于物质发出的辐射能或辐射能与物质之间的相互作用而建立起来的分析方法。光谱分析技术在医学检验中应用极为广泛。光谱分析仪器种类繁多,有紫外-可见分光光度计、荧光光谱仪、原子吸收光谱仪、原子发射光谱仪等,如图 3-1 所示。

紫外-可见分光光度计

原子吸收光谱仪

荧光光谱仪

原子发射光谱仪

图 3-1 光谱分析仪种类

一、光谱分析技术概述

光是一种电磁波，既具有粒子性，又具有波动性。波动性是指每个光子具有一定的波长，可以用波的参数来描述，如波长、频率、周期、振幅等。波长越短，频率越高，能量也越大；波长越长，频率越低，能量也越小。光照射到物质时，可发生折射、反射、透射、散射等现象。粒子性是指光是由一颗一颗不连续的光子流传播的，可以被吸收或发射。同一种物质对不同波长的光具有不同的吸收特性，不同的物质对同一波长的光也具有不同的吸收特点。通过测量物质对光的吸收程度或吸收光能后产生的能级跃迁，可以分析物质的结构、含量。

朗伯-比尔(Lambert-Beer)定律是物质与光相互作用的基本定律，是光谱分析的基本原理。设一束强度为 I_0 的单色平行光通过浓度为 c、液层厚度为 b 的溶液时，被溶液吸收后透出光的强度为 I_t，定义透光率 $T = \dfrac{I_t}{I_0}$，则朗伯-比尔定律的数学表达式为：

$$A = -\lg T = K \times b \times c$$

式中：A 为吸光度，是透光率的负对数，常用来表示光被溶液吸收的程度。

朗伯-比尔定律中的比例系数 K 是常数，它表示物质在单位浓度、单位液层厚度时的吸光度，也称为吸光系数。不同物质具有不同的吸光系数，是光谱仪器对物质进行定性分析的依据。

二、紫外-可见分光光度计

(一) 基本原理

分光光度计首先从复合光中分离出单色平行光，照射样品，测量从样品透过的出射光强度，根据朗伯-比尔定律计算样品吸光度，从而定性分析物质结构、含量。根据单色光源波长范围不同，工作波段在 200～800 nm 的称为紫外-可见分光光度计，其中，200～400 nm 为紫外光区，400～800 nm 为可见光区，属于分子吸收光谱仪。还有红外光区及万用分光光度计。分光光度计具有结构简单、操作简便、精密度高、测量范围广、分析速度快、样品用量少、造价相对低廉等优点，且随着各学科技术的不断发展，仪器各部件也在不断改进，在医学检验、分析化学、药物分析等应用领域占有重要地位。

(二) 主要结构

紫外-可见分光光度计种类繁多，但基本都由光源、单色器、吸收池(样品池)、检测器和信号显示系统五部分组成(图 3-2)。

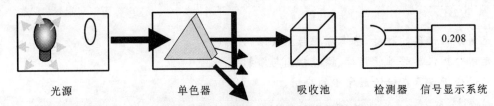

光源　　　　　　　单色器　　　　　　吸收池　　　检测器　信号显示系统

图 3-2　紫外-可见分光光度计的基本结构

1. 光源　光源的作用是提供入射光。分光光度计对光源的基本要求有：能在所需波长范围的光谱区域内发射连续光谱，有足够的辐射强度，能长时间稳定工作。常用的光源有热辐射灯(钨灯、卤钨灯等)、气体放电灯(氢灯、氘灯及氙灯等)、金属弧灯(各种汞灯)等。

2. 单色器　单色器可将光源发出的复合光分解为多个单色光，以满足朗伯-比尔定律对单色光的基本要求，是分光光度计的核心器件。主要由入射狭缝、出射狭缝、色散元件、准直镜组成。色散元件有棱镜和光栅两种类型。准直镜的作用是将各单色平行光束分别聚集在不同的位置上。出射狭缝的作用是调整狭缝位置，以透出不同的单色光。

3. 吸收池　也称样品池，是用来盛放被测样品的器件。在可见光区常用无色光学玻璃或塑料制作，在紫外区需用能透射紫外线的石英或熔凝石英制成。同一套吸收池的厚度，透光面的透射、反射、折射应保持严格一致。指纹、油污及池壁上的沉淀物都会影响样品池的透光性能，进而影响吸光度的测量。

4. 检测器 检测器是把光信号转换为电信号的装置,有光电管、光电倍增管、光敏电阻、光敏二极管、光电池等。对检测器的要求有:产生的电信号与其接收的光强度有恒定的函数关系;波长响应范围大;灵敏度高;响应速度快,一般要求小于 10^{-8} s;噪声低。

5. 信号显示系统 信号显示系统是把电信号以适当的方式显示或记录下来的装置。常用的信号显示装置有直读检流计、电位调节指零装置、自动记录和数字显示器等。

（三）性能指标

1. 波长准确度和波长重复性 波长准确度是指仪器实际输出的波长值与指示器上所示波长值之间的符合程度。波长重复性是指对同一个吸收带或发射线进行多次测量时,峰值波长测量结果的一致程度。波长误差来源于多种因素,如色散元件传动机构的运动误差,波长度盘的刻画误差,狭缝中心位置偏移、装校误差等。而这些机构的间隙是否稳定影响波长重复性。

2. 光度准确度 光度准确度是指仪器上指示的透射率或吸光度与真实透射率或吸光度之间的偏差。该偏差越小,光度准确度越高。可以用标准溶液法和滤光片法来测量仪器的光度准确度。标准溶液多采用酸性重铬酸钾溶液。

3. 光度线性范围 光度线性范围指检测器接收的辐射功率与系统的测定值之间符合线性关系的范围,即仪器的最佳工作范围。配制适当浓度的溶液,按照一定的倍数逐步稀释,分别测定其吸光度,根据测得的吸光度计算吸光系数,以吸光度为横坐标,相应的吸光系数为纵坐标,绘制曲线,曲线的平坦区域即为仪器的最佳工作范围。

4. 分辨率 分辨率指仪器对于紧密相邻的峰可分辨的最小波长间隔,间隔越小分辨率越高。单色器输出的单色光谱纯度、强度,检测器的光谱灵敏度等都会影响仪器的分辨率。

5. 光谱带宽 光谱带宽指单色光最大强度一半处对应的谱带宽度。它与狭缝宽度、分光元件、准直镜的焦距有关,可以表示为单色器的线色散率的倒数与狭缝宽度的乘积。可以通过测量钠双线(589.0 nm、589.6 nm)的宽度来得到光谱带宽。由于元素灯谱线本身的宽度远小于单色器的宽度,故测得的光谱带宽可以认为就是单色器的光谱带宽。

6. 杂散光 除所需波长单色光以外其余所有的光都被认为是杂散光,在测量过程中是产生误差的主要来源,会影响检测准确度。可用截止滤光器来测定杂散光,截止滤光器可全部吸收某个波长范围的光,而对其他波长的光有很高的透光率。

7. 基线稳定度 基线稳定度指在不放置样品的情况下,扫描100%或0%吸光度时读数偏离的程度,是仪器噪声水平的综合反映。基线稳定度差会降低光度准确度。

8. 基线平直度 基线平直度指在不放置样品的情况下,扫描100%或0%吸光度时基线倾斜或弯曲的程度。在高吸收时,0%线的平直度对读数的影响大;在低吸收时,100%线的平直度对读数的影响大。基线平直度不好,会改变样品吸收光谱中各吸收峰间的比值,影响定性分析。

（四）操作指南

不同厂家生成的紫外-可见分光光度计原理、结构基本相同,操作时通常需要如下几个步骤,但因各软件设计不同,会存在操作上的差异,使用时需参照具体的操作规程。

（1）接通电源、系统开机自检,期间请勿打开样品室门。

（2）设置光源类型(钨灯或氘灯)、测量波长范围。需使用标准品每年校正一次空白波长。

（3）将参比溶液和待测样品放入对应位置,设置扫描速度、采样间隔、显示模式等参数后,盖好样品室门。

（4）进行基线校准,然后开始测量,扫描结束后屏幕以曲线或数字等形式显示测试结果,也可打印出测量结果。

三、荧光光谱仪

（一）基本原理

某些物质收到激发光照射后,可发射出与激发光波长相同或不同的光,称为荧光。当激发光源停止照射时,发射过程立即停止。通常所说的分子荧光是指某些物质收到紫外光照射后,发出比光源波长更长或相等的荧光。在激发光的频率、强度以及样品液层厚度不变时,荧光强度与溶液的浓度成正比,故可以通过测量荧光来分析物质成分和含量。荧光光谱仪可用来测自身发出荧光的物质,或与某些试剂作用后发出荧光的物质,具有灵敏度高、选择性强、检出量少、特异性好、操作简便等优点,但对温度、pH 等因素变化较敏感。

（二）主要结构

荧光光谱仪的基本结构如图 3-3 所示。

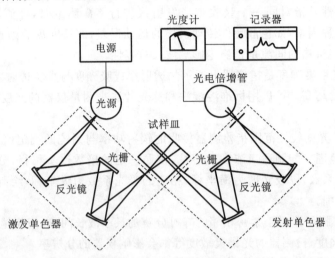

图 3-3　荧光光谱仪的基本结构

1. 激光光源　激光光源的主要作用是提供能量,激发样品中某些分子产生荧光。激发光源有氙灯、汞灯、激光器、氙-汞弧灯、氢灯、闪光灯、氘灯等种类。最常用的是氙灯,是一种短弧气体放电灯,外套石英,内充氙气,室温时压力为 5 个大气压,工作时约为 20 个大气压,可在 250～800 nm 之间产生连续光谱,使用寿命约 4000 h。灵敏度最高的光源是激光器,可实现单分子的检测,多用于高性能的荧光光谱仪,有紫外激光器、固体激光器、可调谐染料激光器和二极管激光器等类型。

2. 单色器　单色器的作用是从复合光中分离出所需要的单色光。荧光光谱仪通常有两个单色器,一个是激发单色器,用于选择激发波长;另一个是发射单色器,用于选择发射到检测器上的荧光波长。采用滤光片做单色器的仪器常被称为荧光光度计,结构较简单。采用棱镜或光栅为色散元件的仪器常被称为荧光分光光度计,结构较复杂,测量结果更精密,但价格远远高于荧光光度计。

3. 样品池　样品池用于盛放被测样品,常用石英材料制成。样品池的形状多为方形,这种形状散射光较少,厚度约 1 cm。样品池外可套一个盛有液氮的石英真空瓶,用于测低温荧光时降低温度。

4. 检测器　检测器的作用是接收样品池透出的光信号,并将其转变为电信号,用于数据记录分析系统进行信号处理。电信号的大小与样品浓度成正比。常用的检测器有光电倍增管、电荷耦合器件（CCD）、光电二极管、光电三极管等。其中电荷耦合器件因光谱范围宽、转换效率高、暗电流小、噪声低、灵敏度高、可获取三维及彩色图像等优点得到广泛应用。

5. 记录显示系统　检测器出来的电信号经过放大器放大后,形成荧光光谱,由记录仪记录下来,并可显示在显示屏上或打印出来。

（三）操作指南

以 F-4500 荧光光谱仪为例,其基本操作流程如下。

（1）开机:打开电源,待风扇正常运转后开氙灯,等待几分钟后开计算机及外设,双击仪器自带的Flsolutionc 软件,等待仪器自检。

（2）编辑分析方法:需要选择或编辑的参数有波长扫描、时间扫描、光强度、三维扫描、荧光激发、荧光发射、同步、扫描速度、电压、狭缝、峰面积、峰高、导数、比率等。

（3）测试样品:样品放入样品室后,开始测量。

（4）测量结束后打印报告，保存文件。然后取出样品，退出操作软件，关闭计算机。

（四）维护要点

荧光光谱仪自动化程度普遍较高，使用中应严格遵守规定的操作步骤。一旦仪器出了故障，需请专业人员进行检修。在使用过程中应注意以下问题。

（1）要保障供电电压、工作电流、电源的稳定性等符合仪器要求。

（2）光源启动后需预热20 min，待稳定发光后可开始测试工作。尽量不要频繁启动光源，以延长寿命。灯及其窗口需保持清洁，一旦有油污或指印，应尽快用无水酒精擦拭干净。操作者不能直视光源，以免紫外线损伤眼睛。

（3）单色器、检测器应注意防潮、防尘、防污、防机械损伤；检测器还应注意避免外来光线直接照射。若出现故障，应请专门人员检修或按仪器说明书规定的步骤检修。

（4）样品池清洁、透光面擦洗时应向同一个方向擦洗，且尽量减少摩擦次数。新样品池可泡在3 mol/L盐酸和50%酒精混合液中一段时间，使用前要认真清洗，最好用硝酸处理后再用水冲洗干净，在无尘处晾干备用，不可用热吹风机吹干。

四、原子吸收光谱仪

（一）基本原理

原子吸收光谱仪是用光源发出具有待测元素特征谱线的光照射到样品，样品中处于气态的待测元素原子可吸收特征谱线，根据入射光和出射光的强度符合朗伯-比尔定律，测量出射光强度，并对比标准品的浓度，可计算出样品中待测元素的含量。

（二）主要结构

原子吸收光谱仪主要由光源、原子化器、分光系统及检测放大系统四个部件组成。与普通分光光度计相似，只是用锐线光源代替了连续光源，用原子化器代替了吸收池（图3-4）。

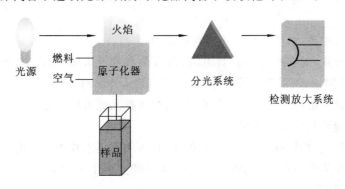

图3-4 原子吸收光谱仪结构

1. 光源 发射被测元素所需要的特征谱线。光源的类型有空心阴极灯、蒸气放电灯、无极放电灯等。对光源的要求有：①光谱纯度高，只发射待测元素光谱，不含杂质元素辐射；②发射较窄的谱线，发射的共振线强度高，背景小；③稳定性好，30 min内漂移不超过1%；④起辉电压低；⑤结构牢固可靠，使用方便；⑥寿命较长，价格较低。

2. 原子化器 提供能量将液态样品中的待测元素干燥蒸发使之转变成原子态的蒸汽。原子化器可以是有火焰型，也可以是无火焰型。有火焰型原子化器常用的是预混合型原子化器，具有简单、快速、对大多数元素有较高的灵敏度和检测极限的优点，使用最广泛。无火焰型原子化器常用的是石墨炉原子化器，它与有火焰型原子化器相比具有较高的原子化效率、灵敏度和检测极限，但是将电极插入样品时触点不够稳定、重复性差、设备复杂、不易掌握。

3. 分光系统 将样品所需要的共振吸收线从光源发出的复合光中分离出来。分光系统包括入射狭缝、出射狭缝、反射镜和色散元件（图3-5）。其中，色散元件是关键，可以是棱镜或衍射光栅。对分光系统的要求有将共振谱线与邻近线分开，有一定的出射光强度，又不要求过高的线色散率。

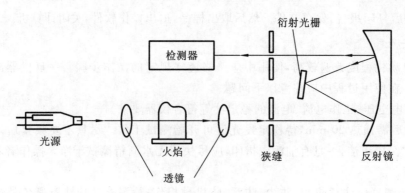

图 3-5　原子吸收光谱仪分光系统

4. 检测放大系统　可接收样品发出的光信号,转换成电信号并进行放大、滤波、对数变换等数据处理后在指示仪表上显示出来。检测系统由光电倍增管、同步检波放大器、对数变换器、指示仪表等器件组成。

（三）性能指标

1. 特征浓度 S 值　特征浓度指产生 1% 吸收或 0.0044 吸光度时所对应的被测元素的浓度或质量。在一定条件下,特征浓度越小,表示对某个元素的分析灵敏度越高。特征浓度不能用来表征仪器对某元素被检出所需要的最小浓度,但可以用于估算较适宜的浓度测量范围及取样量。

2. 检出限　表示在选定的实验条件下,被测样品能给出的测量信号 3 倍于标准偏差时所对应的浓度（mg/L）。无火焰型原子吸收光谱仪器中常用绝对检出限表示,单位为 g。检出限既反映仪器的质量和稳定性,又反映一定条件下仪器对某元素的检出能力。检出限越低,说明仪器对元素的检出能力越强。

（四）操作指南

原子吸收光谱仪的操作比较繁琐,主要可归纳为以下几步,使用前要针对具体型号的仪器仔细阅读说明书,按规程操作。

（1）打开仪器各部件电源,系统自检后进入初始界面。

（2）如首次测某种元素,需选择灯号及灯电流,设置助燃气及火焰高度,选择重复测量次数、采样时间、延迟、调零时间、重量因子、阻尼系数等参数后,将样品放入样品池。

（3）如不是首次测某元素,则可省略第（2）步,可直接将样品放入样品池。

（4）观察并调节火缝使其处于光路正下方。

（5）打开空气压缩机、乙炔钢瓶,调整到合适的压力,可用肥皂水检查是否漏气。

（6）设置合适的乙炔流量后点火,先将进样管放在标准空白中调零再放入被测样品溶液中,测量完后,记录吸光度,可保存或打印。

（7）熄灭火焰,关闭乙炔气瓶、空压机、风机等,并按下排气阀使残余空气排出,最后关闭主机。

（五）维护要点

（1）空心阴极灯不要长期（3 个月以上）搁置不用,以免因漏气、气体吸附等原因导致不能正常使用。

（2）要保持仪器各部件的清洁,如外光路的透镜、雾化燃烧系统等。不要用手触摸或用嘴吹透镜,应用洗耳球、镜纸、酒精乙醚混合液清洗灰尘或污垢。每天或每次工作后用跟样品互溶的有机溶液、丙酮、去离子水及时清洗雾化燃烧系统。

（3）应保持各管路的通畅,如喷雾器、雾化室等。如发现进样量过小可能是发生堵塞,可将毛细管取出,用手指轻弹、点火喷溶剂或用软细金属丝疏通毛细管。雾化室要每次实验后及时用去离子水清洗。

（4）燃烧器应呈现长条形均匀火焰,或出现不规则变化锯齿形缺口,可能是缝隙被堵塞,需用滤纸、刀片、压缩气体疏通。

（5）经常检测氩气、乙炔气体、压缩空气等各连接管道,既要保证管道不泄漏,又要保证各处气体压力,乙炔气体压力通常要大于 500 kPa,以防止丙酮挥发进入管道而损坏仪器。

五、原子发射光谱仪

（一）基本原理

当样品受到热、电等外界能量作用时，原子的外层电子从基态跃迁到激发态，样品各组分蒸发变成气态原子或离子。处于激发态的原子或离子回到基态时发射出元素的特征谱线，可根据各特征谱线的波长对样品进行定性分析，根据各特征谱线的强度对各组分进行定量分析。

（二）主要结构

原子发射光谱仪有摄谱仪、火焰分光光度计、光电直读光谱仪、激光显微发射光谱仪等类型，主要由光源、分光系统、检测系统三部分组成（图 3-6）。

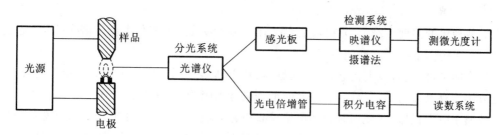

图 3-6　原子发射光谱仪的主要结构

1. 光源　光源的作用是提供能量，使样品中被测元素原子化和原子激发。要求灵敏度高，稳定性好，光谱背景小，结构简单，操作安全。激发光源有直流电弧、交流电弧、电火花、电感耦合高频等离子体（ICP）等类型。样品可以是气体、液体、块状或粉末状固体，被激发的难易程度不同，电导性能不同，应根据样品状态及特点选择合适的光源。

2. 分光系统　主要包括透镜组、狭缝、准直镜、色散元件。透镜组把样品发出的光尽可能均匀地照射到狭缝上。准直镜将透过狭缝的光变为平行光束，使其到达分光元件的第一入射面时入射角都相同。色散元件是将复合光分成单色光，可以是光栅、单个或多个棱镜（图 3-7），因棱镜材料对不同波长光的折射率不同会产生色散现象，故棱镜的优劣决定了光谱仪的性能。

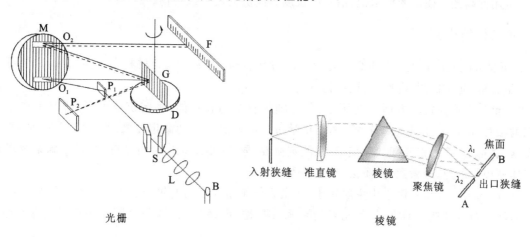

图 3-7　色散元件

3. 检测系统　用于接收单色光，可以是感光板或光电倍增管。感光板由感光乳剂均匀地涂在玻璃板上制成。再用微光度计测量感光乳剂的黑度，可测定谱线的强度，对比相同条件下的标准品谱线，来确定样品成分及含量。

（三）操作指南

原子发射光谱仪因生产厂家的设计差异，会存在操作上的不同，使用时需参照各型号的说明书按规程操作，以 ICPE-9000 原子发射光谱仪为例，其操作主要有以下几个步骤。

1. 开机　依次打开稳压器、主机、高频电源、排风扇、氩气钢瓶主阀门、冷却循环水装置、显示器、打印机,打开自动进样器并确认吸管插入纯水中。各项确认正常后,仪器会自动点燃等离子体光源,从观察窗可看到亮光。

2.波长校正 点燃光源约 30 min 后,进入波长校正页面,仪器自动用纯水进行校正。

3.设置参数 包括文件名、样品信息、定性或定量分析方法、分析次数、数据输出方式(打印、显示、存档),选择分析元素、波长,设定观测高度、水溶液和样品的冲洗时间、扫描方式(峰捕捉、固定或直接)等。

4.分析样品 选择要分析的样品类型,设定样品在自动进样器上的位置等,开始测量,显示器上会显示待测元素图谱,并计算出发光强度和待测元素含量。

5.关机 菜单上选择测量结束后机器会自动熄火并关闭真空泵电源,再手动关闭氩气钢瓶总阀、各部件电源。

(四)维护要点

室内应保持稳定的温度((22±3)℃)、湿度(45%~60%)。温度变化大会使谱线漂移,湿度过大会使光学组件和电子系统受潮损坏或性能下降。

仪器应注意防尘,使用后装上板盒,盖上狭缝盖,罩上塑料布罩。房间也要有窗帘以免强光直射。使用中仪器上方不能有遮盖物,以免着火。应及时清洗进样器吸管、雾化器。

激发光源属于电学仪器,在使用时必须严格检查电路,确认正常后再通电。光源应避免超负荷、长时间连续工作。光源中的控制隙应经常清理,以免沉积物使绝缘性能降低,遇到空气潮湿易击穿。高压火花的保护隙是用来保护电容器的,需按规定距离调整好,并及时清理电极面上的氧化层,以免被氧化。整个仪器也要保持干净,以免灰尘的积存会降低元件的耐压能力。电板架以及光源发生器都要良好地接地。

透镜及棱镜应保持清洁,一般不得用手直接碰触,如有灰尘应用清洁毛刷或擦镜纸轻轻擦去,如有指印或油污应用脱脂棉球蘸取 30% 的乙醚和 70% 酒精组成的混合液仔细擦洗,应特别注意,不得在光学表面上擦出伤痕。光栅和表面镀铝的反射镜也严禁用手触碰,也不能用擦镜纸或脱脂棉擦拭,如有灰尘可用干净的吸球或吸尘器清洁。

狭缝是精密的机械部件,应保持清洁,避免冲击、碰撞或无故拆卸。狭缝的玷污或缺损会在光谱上出现黑线。可用前端光滑楔形的柳木棍,沿狭缝长度方向擦去灰尘或污物。

六、光谱仪的应用

紫外-可见分光光度计的应用非常广泛,涉及医疗、制药、生物、环保、材料等很多领域,主要可以进行物质的定量分析、纯度检测、定性分析、结构分析。

荧光光谱仪在临床检验方面主要用于:研究细胞膜结构和功能、确定抗体形态、研究生物分子的异质、测定酶活性和反应、荧光免疫分析、体内化学过程的检测等。如测定血液组胺、多巴胺、胆碱、5-羟色胺、青霉素、链霉素、黄曲霉素、吗啡、奎宁等;测定血液、尿、动物组织中降肾上腺素、肾上腺素及多种代谢物;测定体液中胆甾醇、雌激素、皮质甾、睾丸激素。

原子吸收光谱仪在检验医学中主要用于:测量人体微量元素(钠、钾、钙、镁、铁、铜、锌、铬、锰、钼、钴、矾、硒等),测量妨碍新陈代谢的有毒元素(铅、汞、砷、铊、镉、铝、硼、锑等),监控体内用药量(金、铂、锂等)。

原子发射光谱仪可同时测定一个样品中的多种元素,分析速度快,检出限低,准确度较高,相对误差可达 1% 以下,试样消耗少。但对谱线在远紫外区的非金属元素如氧、硫、氮、卤素等,尚无法检测,对某些激发电位高的非金属元素,如 P、Se、Te 等,灵敏度较低。

第二节　色谱分析仪器

掌握:色谱分析的原理、仪器类型及其结构。

熟悉：色谱图常用术语，气相色谱仪、高效液相色谱仪的操作与维护。
了解：色谱分析仪器在检验医学中的应用。

色谱分析仪器是精密的分离分析仪器，可以将混合样品中各组分进行分离分析。分离的基础是各组分在互不相溶的两相（流动相与固定相）之间的吸附能力、分配系数及其他亲和作用性能的差异。色谱法与光谱法的主要区别在于色谱法具有分离及分析两种功能，而光谱法不具备分离功能。色谱法具有分辨率高、灵敏度高、样品量少、分离速度快等特点，适用于微量和痕量组分的分析。随着色谱质谱联用技术的发展，再配上先进的自动控制和数据处理系统，色谱仪在临床实验室中得到了广泛应用。

一、色谱分离原理

色谱法是利用物质分子在两相间亲和性质的差异来实现分离的。两相是指具有大表面积的固定相和能携带样品流动的流动相。当流动相携带样品在固定相中流动时，样品中各组分的性质和结构不同，与固定相之间产生的作用力不同，阻力小的跑得快，阻力大的跑得慢，经过一段时间后，各组分得以分离。进行色谱分离的场所通常是一段玻璃或不锈钢的管柱，称为色谱柱。柱内填充固定相，可以是固体或液体，起到吸附作用。携带各组分流经固定相的流体称为流动相，可以是液体或气体。将流动相是气体的色谱仪称为气相色谱仪（gas chromatograph，GC），流动相是液体的色谱仪称为液相色谱仪（liquid chromatography，LC）。

色谱分离过程如图 3-8 所示。含有 A、B 两种组分的混合样品在适当的流动相带动下进入色谱柱的顶端，刚开始，A、B 两种组分均被吸附到固定相上，形成一条混合谱带。随着流动相的持续流动，固定相上的 A、B 组分会被溶解，再向前流动又被吸附在固定相上，就这样 A、B 组分在固定相和流动相间被反复地吸附、溶解，经过一定柱长，千万次的反复，A、B 两组分间的吸附差异被显著地放大，吸附能力弱的 B 组分运动速度较快，先流出色谱柱，吸附能力强的 A 组分运动速度较慢，后流出色谱柱，实现了混合组分的分离。

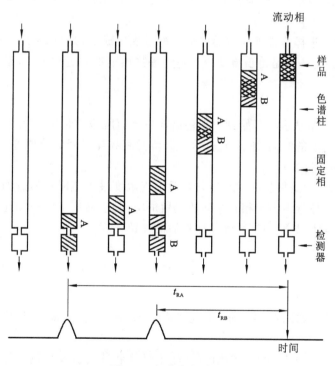

图 3-8 色谱分离过程

各组分在固定相和流动相间发生的吸附、溶解的过程被称为分配过程。在一定温度和压力下，各组分在固定相中的浓度与在流动相中的浓度之比，称为分配系数，用 K 表示，即：

$$K = \frac{c_s}{c_m}$$

式中：c_s 为组分在固定相中的浓度；c_m 为组分在流动相中的浓度。一定温度下，组分的分配系数 K 越大，说明组分在固定相的亲和力越大，在流动相中的浓度越小，在色谱柱中的运动速度就越慢。样品中各组分的分配系数不同是分离基础。选择合适的固定相可改善分离效果。

色谱分离的结果通常由色谱图（图 3-9）表示，图中有几个常用的术语，简单介绍如下。

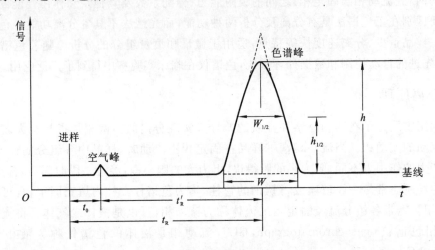

图 3-9 色谱图

1. 基线 基线是指色谱图中与时间轴平行的记录线。它表示纯流动相流过检测器时引起的响应。通过对基线的观察与分析，可了解流动相是否形成了干扰信号，还可了解仪器的某些异常情况。

2. 色谱峰 样品中各组分在色谱柱中分离后依次进入检测器时，检测器的响应信号随时间变化所形成的峰形曲线称为色谱峰。从色谱峰顶点到基线的距离称为峰高，以符号 h 表示。色谱峰高一半处的峰宽称为半峰宽，用符号 $W_{1/2}$ 表示。色谱峰两侧的转折点处所作切线与基线相交于两点，此两点间的距离称为峰宽，用符号 W 表示。色谱峰所围成的面积称为峰面积，用符号 A 表示，这些参数是进行定量分析的基础。

3. 进样峰和空气峰 进样峰是进样时操作条件被干扰形成的，是色谱分离过程中时间的起点，也可通过连动装置进行标记。空气峰是由于流动相中空气等物质不被固定相吸收，最先从色谱柱中流出到达检测器形成的响应。

4. 保留值

（1）时间：保留时间是指从进样开始到出现色谱峰最大值所需的时间，常用 t_R 表示。死时间是指从进样到出现第一个峰的最高点的时间，常用 t_0 表示。保留时间和死时间的差值称为调整保留时间（t_R'），是样品被固定相阻留的总时间。

（2）体积：保留体积（V_R）是指从进样开始到柱后出现浓度最大值时所通过的流动相的体积。死体积（V_0）是指色谱柱在填充后柱管内固定相颗粒间所剩留的空间、色谱仪中管路和连接头间的空间以及检测器的空间总和。调整保留体积（V_R'）指扣除死体积后的保留体积。

二、气相色谱仪

（一）主要结构

气相色谱仪的基本结构如图 3-10 所示，由气路系统、进样系统、分离系统、检测系统、温度控制系统、记录系统等部分组成。

1. 气路系统 气路系统包括气源、减压阀、净化干燥管和载气流速控制器等。气路系统是一个密闭的管路，载气的性质、纯净度、流速的稳定性等都会影响气相色谱仪的性能。常用的载气有氢气、氮气和氦气等，一般由高压钢瓶供给。载气中一般含有水、碳氢化合物、二氧化碳及其他惰性气体。净化器内装有净化剂，可以用来净化载气。可根据不同需要选择净化剂，如去除载气中的水可选用硅胶，去除有机物等杂质可选用分子筛或活性炭。载气流速控制器的作用是使载气流速恒定，通常将减压阀、压力表、流量计、针形稳压阀等串联使用。稳压阀和稳流阀是机械负反馈形式，通过波纹管压缩、伸张或弹性膜片受力

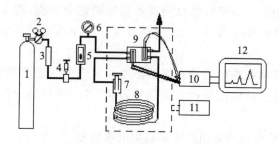

图 3-10 气相色谱仪基本结构

1.载气钢瓶;2.减压阀;3.净化干燥管;4.针形阀;5.流量计;6.压力表;
7.汽化室;8.色谱柱;9.检测器;10.放大器;11.温度控制器;12.记录仪

改变产生机械作用,带动入口或出口处气体的改变,调整载气的压强和流量。

2. 进样系统 进样系统包括进样器和汽化室两部分,将样品充分汽化后,快速而定量地加入色谱柱顶端。

(1)进样器:根据样品的状态不同,采用不同的进样器,气体采用六通阀进样,液体采用微量注射器进样。六通阀由阀座和阀瓣组成,取样状态如图 3-11(a)所示,样品从 1 通道注入经过定量环从 2 通道流出;进样状态如图 3-11(b)所示,阀瓣旋转 60°后,载气从 5 通道流入,携带定量环中的样品从 4 通道进入色谱柱。微量注射器常用的规格有 1 μL、5 μL、10 μL 和 50 μL,填充柱色谱常用 10 μL,毛细管色谱常用 1 μL。目前有新型的全自动液体进样器,能自动完成清洗、取样、进样、换样等过程,一次可放置数十个样品。

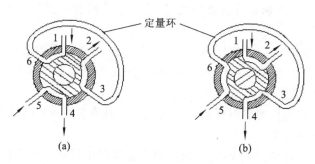

图 3-11 旋转式六通阀

(2)汽化室:汽化室由电加热的不锈钢管制成,其作用是将液体瞬间汽化。汽化室温度要求比所有组分的沸点高出 50~100 ℃,一般也要比色谱柱温度高 10~50 ℃。要求汽化速度要快,以避免汽化过程过长造成样品分解和影响色谱峰形。汽化室外套较大体积的金属块,使之具有较大热容量。汽化室的结构设计还要求死体积小、内壁无催化作用。

3. 分离系统 分离系统主要指色谱柱,是整个气相色谱仪的核心器件,完成样品的分离。常用的色谱柱有填充柱和毛细管柱,填充柱是目前应用较多的色谱柱,由管柱和固定相构成,一般内径 2~4 mm,长度 1~10 m,管柱由不锈钢或玻璃制成 U 形或螺线形。固定相起分离作用,可以是固体或液体。

4. 检测系统 检测系统是依次检测从色谱柱流出的各组分,并将其浓度或质量转换为电信号的一种装置。根据原理不同,检测器有浓度型和质量型。浓度型检测器的电信号与组分的浓度成正比,如热导检测器;质量型检测器的电信号与单位时间内进入检测器组分的质量成正比,如氢火焰离子化检测器。此外,还有热离子检测器和定性检测器等多种类型,应根据待测样品的特点和性质,选择不同的检测器,以获得更好的分析结果。

5. 温度控制系统 色谱仪中需要控制温度的部件有汽化室、色谱柱、检测器,且这三个部分有不同的温度要求。合适的温度是色谱分离的重要条件,直接影响气相色谱仪的分离效果。汽化室温度要求保证液体样品瞬间汽化。检测器温度要保证被分离后的组分不会冷凝。

色谱柱的温度是一个最重要的色谱参数,直接影响分离效果和分析速度。温度太低不能保证样品的状态,温度过高会造成固定液的大量流失,使色谱柱失效,故应在保证分离效果的前提下,尽可能选择较低的柱温。当样品复杂时采用恒定的温度难以实现各组分的完全分离,需采用程序升温方式,即色谱柱的温度按预定程序随时间做线性或非线性改变,这样可兼顾不同沸点的各组分,使其在最佳温度下分离开来,获得良好的色谱峰。

温度控制是通过控制一定体积的恒温箱内部的温度来实现的。温度控制的稳定性直接影响色谱仪分离结果的可靠性。恒温箱通过提供电流的方式加热,用空气浴进行热交换。温度控制器有开关式、比例调节器式和作用调节器式。

6. 记录系统　记录系统能自动记录由检测器输出的电信号,实际上是一种电位差计。若记录系统配有积分仪,可直接将检测结果绘制成色谱图,通过测量峰面积,为定量分析提供准确的数据。新型的色谱仪常配有色谱工作站,安装有辅助软件,能辅助采样、收集检测器信号,进行信号处理、数据分析,提高了自动化操作水平,优化了数据处理结果,方便与质谱仪联用,还可同时鉴定物质成分。

（二）性能指标

1. 灵敏度 S　对单位浓度（或质量）的样品产生的响应信号称为检测器的灵敏度。同类检测器灵敏度越高,性能越好。

2. 检出限 D　当放大检测器输出信号时,电子线路中固有的噪声也被放大,引起基线波动。取基线起伏的平均值为噪声的平均值,用符号 R_N 表示。检出限是指当检测器的响应信号恰好等于 3 倍噪声时,单位时间进入检测器的样品质量,或单位体积载气中的样品含量。一般情况下,检测器的检出限越小,称检测器的敏感度越高。

3. 最小检测量 Q　检测器响应值为 3 倍噪声水平时的样品浓度（或质量）。最小检测量与检出限是两个不同的概念。检出限只用来衡量检测器的性能,而最小检测量不仅与检测器性能有关,还与色谱柱的分离效果有关。

4. 线性范围　线性范围指检测器信号的大小与样品量呈线性关系的范围。一般用线性范围内最大允许进样量与最小进样量之比来表示。不同类型检测器的线性范围差别很大,如氢焰检测器的线性范围可达 10^7,热导检测器的线性范围则在 10^5 左右。

5. 响应时间　响应时间指检测器对样品的响应信号达到真值的 63% 时所需的时间,一般小于 1 s。如果响应时间短,电路系统的滞后现象就小。

6. 死体积　不被固定相保留的流动相的体积,即从进样到出第一个峰之间的载气体积,包括进样器至色谱柱、柱内固定相颗粒间隙、柱出口管路、检测器流动池体积。

（三）操作指南

色谱分析仪器的操作主要有以下几个步骤。

（1）开启载气钢瓶阀门,待减压阀上高压压力表指示出高压钢瓶内贮气压力,旋转减压调节螺杆,使低压压力表指示到要求的数值。载气经净化干燥后,通过稳压环节进入色谱柱。一定要先通载气再加热,以免损坏检测器。

（2）开启主机电源、计算机,打开气相色谱仪工作软件。待色谱工作站与仪器连接成功后,设置仪器参数（载气流量、检测器温度、进样口的温度、色谱柱温度及升温程序等）。

（3）等各区温度上升到设定值后,查看仪器基线是否平稳,待基线平直后,注入样品。

（4）进样后仪器自动测量并绘出色谱图,给出分析结果。

（5）结束工作后,关闭检测器电源,停止加热,等色谱柱、进样口的温度降至 80 ℃以下时,依次关闭色谱仪电源开关、计算机电源,最后关闭载气减压阀及总阀。

（四）维护要点

日常使用仪器时除了要严格依据操作规程外,需要注意的事项如下。

（1）仪器应该良好地接地,且使用稳压电源,避免外部干扰。

（2）使用高纯载气,压缩空气和纯净的氢气,尽量不用氧气代替空气。

（3）经常检测气路系统密封性（包括进样垫）,确保压力充足不漏气。载气的流速要保持恒定,若气源压力过低、气体流量不稳,应及时更换新钢瓶。如发现进样垫漏气,可打开进样口帽,取下进样垫,换上新进样垫,拧上进样口帽。

(4) 进样注射器要经常用溶剂(如丙酮、酒精)清洗。每次进样结束后,应及时清洗,以免被高沸点物质污染。

(5) 新柱子使用前需经老化处理,彻底去除填充物中的残余溶剂,促进固定液均匀牢固地分布在载体表面。老化的做法是把柱子与汽化室相连,与检测器断开,以氮气为载气,选择固定液的最高温度,大约48 h,完成后待仪器温度恢复至室温再连接上检测器。观察基线,若平稳则说明可以使用,否则需继续老化。

(6) 保持汽化室的惰性、清洁,防止样品吸附、分解。每周应检查一次玻璃衬管,如发现污染,可清洗烘干后再使用。

(7) 仪器不能直接分析含酸、碱、盐、水、金属离子的化合物,可经过预处理后再分析。

(8) 在使用微量进样器取样时不可将针芯完全拔出,以防损坏进样器;进样时要避免带有气泡以保证进样重现性。取样前用溶剂反复洗针后,再用待测样品洗2～5次以减少样品间的相互干扰。

(9) 检测器温度要高于进样口温度,否则会使样品凝集污染检测器,进样口温度应高于柱温的最高值,也不能太高以免样品分解。可用酒精、丙酮和专用金属丝清洁、疏通检测器。

三、高效液相色谱仪

高效液相色谱仪(high performance liquid chromatography,HPLC)是在经典液相色谱法的基础上改进而来,填料颗粒小而均匀。小颗粒具有高柱效,但会引起高阻力,故需用高压输送流动相,又称高压液相色谱法,或因分离速度快又称高速液相色谱法。

高效液相色谱仪具有高压、高分辨率、高速、高灵敏度和检测量小等优点,适于分离高沸点有机化合物、高分子和热稳定性差的化合物、具有生物活性的物质等。高效液相色谱仪可以选择多种溶剂作为流动相,改变溶剂的极性、pH、浓度和比例等可调整样品在两相间的亲和性差异,得到更好的分离效果。

(一)主要结构

高效液相色谱仪主要由溶剂输送系统、进样系统、分离系统、温度控制系统、检测系统和数据处理与记录系统组成,如图 3-12 所示。辅助器件有梯度洗脱装置、在线真空脱气机、自动进样器、预柱或保护柱、柱温控制器、自动馏分收集装置等。储液器中的溶剂被输液泵输入系统作为流动相,样品溶液经进样器进入系统被流动相带入色谱柱内,样品中各组分在色谱柱中的分配系数不同,会产生移动速度差异,依次从色谱柱流出,检测器可将检测到的样品浓度或含量转换成电信号,经后续处理以图谱的形式显示或打印出来。

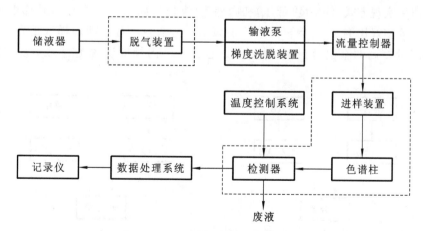

图 3-12　高效液相色谱仪结构框图

1. 溶剂输送系统　又称输液系统,这里的溶剂或液体是指色谱过程中的流动相。该系统由储液器、脱气装置、输液泵、流量控制器及梯度洗脱装置等部件构成,要求具备宽的流速范围和入口压力范围,能有效容纳溶剂并输送到色谱柱。

（1）储液器：用来储存流动相，一般由玻璃、不锈钢或氟塑料材料制成，容量为1～2 L。因溶剂是惰性的，要经常清洗储液器并更换溶剂，以免发霉。

（2）脱气装置：因为流动相中的气泡会影响输液泵的工作、色谱柱的分离效率，影响检测器的灵敏度、基线稳定性，溶解氧在一定条件下还会引起荧光淬灭导致无法进行检测，所以要对流动相进行脱气处理。常用真空脱气机进行在线脱气，流动相经膜过滤器进入脱气装置，经传感器检测，如有气泡则电磁阀打开，真空泵抽取流动相中的气泡。

（3）输液泵：高效液相色谱柱中固定相的颗粒小、阻力高，故需用高压泵才能将流动相注入色谱柱。对输液泵的要求有：①流量稳定；②流量范围宽；③输出压力高而平稳；④泵室容积小，易于清洗；⑤密封性能好，耐腐蚀。

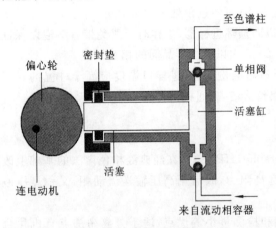

图 3-13　柱塞往复泵

泵的种类很多，按输液性质不同有恒压泵和恒流泵。恒流泵又可分为螺旋注射泵和柱塞往复泵。恒压泵有隔膜泵。而螺旋泵缸体太大，隔膜泵受柱阻影响，流量不稳定，已被淘汰。目前常用的是柱塞往复泵，如图 3-13 所示，活塞向左移动，流动相吸入泵内，活塞向右移动，流动相排出到色谱柱，抽液和排液交替进行，通过调整偏心轮的驱动压力来控制流量。

柱塞往复泵的液缸容积小，可至 0.1 mL，循环快，泵中保留的溶剂很少，易于清洗和更换流动相，特别适合于再循环和梯度洗脱。改变电机转速能方便地调节流量，不受柱阻影响。泵压大，可达 4×10^7 Pa。流量相对稳定，但仍有脉动性，可采用双泵并联或串联来补偿消除。

一般来说并联的流量重现性较好，但易出现故障，价格也较贵。

（4）梯度洗脱装置：高效液相色谱仪对流动相的控制有等度洗脱和梯度洗脱两种方式。等度洗脱在样品的分离过程中始终采用相同的流动相，并保持恒定的流量。等度洗脱对于样品中各组分的分配系数差别不大时，可取得较好的分离效果。

而梯度洗脱类似于气相色谱仪中的程序升温方式，是指在色谱分离过程中，把两种或多种不同极性的洗脱液按时间变换混合方式，如调节溶剂的极性、离子强度和 pH 等，目的是让样品中的各组分在其最佳的分配系数条件下分离出来，获得较好的色谱峰。对于有些复杂样品，各组分的分配系数与任一流动相的差异都很大时，梯度洗脱可缩短分析时间，能得到更好的分离效果。

梯度洗脱有两种实现方式：外梯度（低压）和内梯度（高压），如图 3-14 所示。外梯度是将洗脱液先在常压下通过比例阀调整好比例，混合后再送入输液泵加压进入色谱柱。而内梯度是先用输液泵加压，再用多台高压泵的流量控制调整混合比例，最后注入色谱柱。内梯度洗脱更容易实现程序控制，故应用较多。

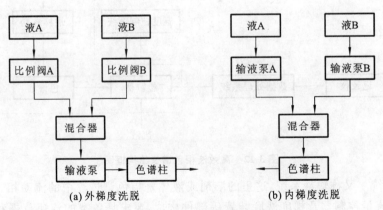

图 3-14　梯度洗脱

梯度洗脱时,因多种溶剂混合,故要避免溶剂互溶析出晶体;溶剂纯度更高、脱气更彻底,以保证良好的重现性;防止梯度洗脱过程中压力超过输液泵或色谱柱能承受的最大压力;梯度洗脱之后需对色谱柱进行再生处理,让 10～30 倍柱容积的初始流动相流经色谱柱,使其恢复到初始状态,让固定相与初始流动相达到完全平衡。

2. 进样系统　对高效液相色谱仪进样系统的要求是能将样品有效地注入色谱柱里,且不影响色谱柱及检测器的流量平衡。进样装置有隔膜式、停流式、进样阀、自动进样器等,以六通进样阀、自动进样器最为常用。

(1)隔膜式进样器:进样时用微量注射器插入色谱柱顶端的隔膜,可在流动相不停留的情况下直接将样品注入色谱柱中心,不进样时用隔膜将注射器和色谱柱断开。死体积几乎等于零,操作方便,价格便宜。但易吸附样品产生记忆效应,进样重复性差。

(2)停流式进样器:需要停止流动相后进样,可避免在高压下进样。但停泵或重新启动时往往会出现"鬼峰",且保留时间不准。

(3)六通进样阀:与气相色谱仪的六通阀一样。由于高效液相色谱仪需要高压下进样,故对进样阀的承压力和密封性要求更高。六通进样阀的进样量准确,重复性好,但死体积较大,峰的扩展也比注射器式严重。

(4)自动进样器:有圆盘式和链式两种。进样阀的取样、进样、复位、清洗和样品盘的转动等都按计算机预置的程序自动进行,适于大量样品的常规分析,重现性好。

3. 色谱柱　色谱柱是高效液相色谱仪的核心器件,有分离效率高、选择性好等要求。填充的微粒种类多,有多孔硅胶、以硅胶为基质的键合相、氧化铝、有机聚合物微球(包括离子交换树脂)、多孔炭等。柱填料对被测组分的分离有重要作用,应根据吸附色谱、离子交换色谱、凝胶色谱及分配色谱等原理,选用合适填料的色谱柱。

色谱柱由柱管、密封垫、过滤片、接头、螺帽等部件组成(图 3-15)。柱管的材料为不锈钢、厚壁玻璃或石英,工作压力较大时必须采用不锈钢柱。柱管的形状有直管柱、螺旋柱,以直管柱更为常用。管内壁要求有很高的光洁度,需经抛光处理,内径均一,以免影响流量。色谱柱两端的接头内装有过滤板,由烧结不锈钢或钛合金材料制成,以免填料漏出,其孔径取决于填料颗粒,多为 $0.2～20\ \mu m$。柱内固定相与两端过滤片要接触严密,以免出现空隙影响分离效果。柱长一般为 $10～30\ cm$,可满足复杂混合物的分离需要。

色谱柱的温度精度要求为 $\pm(0.1～0.5)\ ℃$。温度会影响溶剂的溶解能力、固定相的性能、流动相的黏度等,一般都配置有柱温箱来保证柱温的恒定。

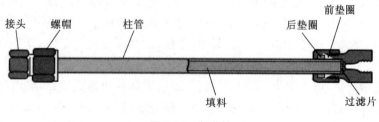

图 3-15　色谱柱

4. 检测器　检测器是高效液相色谱仪的另一关键部件,其作用是检测色谱柱流出的各组分浓度、含量变化,并转换为电信号。与气相色谱仪一样,对检测器的要求有灵敏度高、噪声低、线性范围宽、响应时间短、重复性好、适用范围广等。

检测器种类繁多。按检测原理分,有光学检测器(紫外、荧光、示差折光、蒸发光散射检测器)、热学检测器(吸附热检测器)、电化学检测器(极谱、库仑、安培检测器)、电学检测器(电导、介电常数、压电石英频率检测器)、放射性检测器(闪烁计数、电子捕获、氩离子化检测器)以及氢火焰离子化检测器。按检测方式分为浓度型和质量型,检测器的响应分别与组分的浓度、质量有关。

5. 数据处理和计算机控制系统　高效液相色谱仪的数据处理包括色谱数据的处理、各种信息的处理、数据演算等,主要由积分仪、色谱工作站完成,绘出色谱图,分析保留时间、峰高、峰面积、成分比率等信息,对混合物进行定性、定量分析。积分仪已经逐渐被色谱工作站取代。色谱工作站包括硬件和软件,硬件部分指信号采集单元,将色谱仪输出的电压信号转变为离散数字信号,通过接口传输到计算机。软件部分包括系统软件、控制软件、采样软件和各种数据处理软件包,提供人机窗口界面,可对色谱图进行各种处理。

（二）操作指南

以 agilent 1100 为例,液相色谱仪的操作主要有以下几个步骤。

1. 开机　打开计算机,双击"CAG Boodp server"检查通信情况,几分钟内仪器会自动打开各部件电源开关,各部件连接成功后系统会给出提示音,关闭该窗口。打开"online",仪器自检,进入工作站。

2. 编辑参数及方法　需要选择的参数有仪器参数、收集参数、泵参数、梯度、保留时间、检测器参数、积分参数、运行时间等信息。

3. 运行样品　输入溶剂的实际体积、瓶体积、停泵体积、流速后,开始排除流动相中的气泡,排完气泡后把流速降低,开始绘图走基线,系统自动判断基线平直等信息后指示灯亮提示可以分析样品。编辑样品名、瓶号、数据通道、浓缩因子等信息后,扳动进样阀开始进样。检测结束后,仪器给出色谱图。

4. 分析数据　调出要分析的色谱图,设定斜率、峰宽、最小峰面积、最低峰高等积分参数,系统自动分析出样品信息并显示在屏幕上,也可将分析结果打印出来。

5. 关机　用适当的溶剂或水、甲醇清洗色谱柱、进样器数次后再关泵。退出色谱工作站,关闭计算机和电源。

（三）维护与故障排除

1. 输液泵　腐蚀性溶剂或缓冲液在泵内存放不可过夜,以免腐蚀泵。使用腐蚀性物质后也要先用水后用甲醇冲洗。避免使用挥发性很大的溶剂（戊烷、乙醚等）,以减少系统产生气泡。每次更换溶剂都要记录在案。经常检查压力限制开关,检查流速。避免电机过热,带电机的泵要定期加油。

如果出现无压力指示,压力异常升高、降低或波动大,流量不稳定,可能是因为:泵密封垫圈磨损、气泡进入泵体、管道或过滤器处堵塞、管路泄漏。解决办法有:更换垫圈,用玻璃针筒在泵口空穴处抽气泡,清除异物并彻底冲洗管路,接头螺帽处均以不漏液为度,不宜拧过紧。

2. 进样阀　进样阀注射孔的导管不宜拧得太紧,以免垫圈被挤压过度而封死,导致无法进样。进样阀的管道十分微细,样品须预先处理,同时避免注射浓溶液,以免其在进样阀内析出结晶引起堵塞,导致系统压力异常上升。

3. 色谱柱　开机时流速和柱压要逐渐加强,避免柱顶端出现凹陷。柱头不要拧得太紧,以免损坏接头螺纹引起渗漏。气流和阳光都会使柱子产生温度梯度,造成基线漂移。为了让柱温稳定,可配套使用恒温炉或恒湿水套。在注射样品前色谱系统须平衡,若样品污染柱子,可用适当的溶剂慢慢冲柱子 10 h以上,再用流动相重新平衡柱子至少 30 min。装卸、更换、贮存需挪动柱子时,动作宜轻,不要碰撞,以免内部因震动产生空隙。

如果出现柱压逐步升高,可能因为:①柱子被污染或有固体析出造成管路堵塞;②固定相颗粒破碎或骨架被溶解。解决的办法有:①在分析柱前加一根短保洗柱（内径 4 mm×50 mm）,里面的填料应与分析柱相同;②避免使用碱性强的流动相;③如果柱头部分被污染,可将柱头部分变色的固定相刮去,并补充一些新的固定相。

4. 检测器　检测器常见的故障现象有:异常峰和噪声;基线漂移;紫外吸收响应值改变或出现负峰。可能是因为:检测器光源损坏;流动相被污染或混有气泡;环境温度变化;试剂不纯。故障排除办法有:更换检测器光源或改变光源波长;去除气泡;检查试剂纯度。

四、色谱仪的应用

气相色谱仪作为一种有效的分离分析仪器,可用于生化项目、微生物、药物的检测,如糖类、甾体类化合物、尿酸、胆汁酸、氨基酸、甘油三酯、维生素、脂肪酸、生物胺、厌氧菌的菌属或菌种、"兴奋剂"等,对疾病的诊疗及临床用药提供重要实验室依据。气相色谱要求样品能够汽化,故不能直接分析高沸点和易受热分解的物质,即不能用于直接分离的某些热不稳定的生物样品,可采用化学衍生技术将其转化为可挥发物质再进行检测。

液相色谱仪由于不受样品挥发性、热稳定性及相对分子质量的限制,在生命科学研究和检验医学中得到了比气相色谱仪更广泛的应用,如分析体液或尿液中的有机酸、糖类、无机离子、氨基酸代谢障碍、核糖核酸、抗原抗体、肽、酶、药物代谢、激素水平等。

高效液相色谱紫外检测法可以区分内源性胰岛素和外源性胰岛素,并研究其构型变化。

体内治疗药物的疗效不单受给药剂量影响,更取决于血液中的药物浓度。通过测定血液中药物浓度,能更客观地评价药物疗效,尽量避免或减少药物的毒副作用。这对治疗浓度范围较窄的药物更为重要,如抗癫痫类药物、抗忧郁类药物、某些治疗心血管病药物、巴比妥类药物、免疫抑制剂、抗肿瘤药物等。

生物胺是一类有生物活性的含氮有机物的总称,可分为单胺、多胺,在神经系统信号传导中起着重要作用。色谱质谱联用仪可用于测量血浆、尿液或组织中儿茶酚胺类物质及组胺的代谢浓度变化,为诊断高血压、嗜铬细胞瘤、过敏性疾病提供参考依据。

高效液相色谱仪可分析红细胞膜磷脂成分的变化、糖化血红蛋白水平,为预防和治疗糖尿病血管并发症提供诊断参考依据;测定血浆总胆固醇、脂蛋白,有效避免其他甾醇对测定过程的干扰;分离白血病细胞和慢性粒细胞性白血病细胞中的差异蛋白,帮助诊断白血病;测定血液中的假尿嘧啶核苷,帮助诊断恶性血液病。

第三节 质谱分析仪器

掌握:质谱仪的原理、结构。
熟悉:质谱仪的操作与维护。
了解:质谱仪在检验医学中的应用。

一、质谱仪的基本原理

质谱仪(mass spectrometer,MS)首先将待测物质离子化,即待测化合物分子吸收光、热、电等能量后被电离,生成具有较高能量的离子束,再按自身的碎裂规律分裂生成碎片离子,这些离子在电场和磁场中运动,由于其质荷比差异会产生不同程度的偏转,记录并处理这些信号,并以离子的质荷比为横坐标,以离子峰的强度为纵坐标绘出质谱图(图 3-16),可以分析化合物的组成及含量。

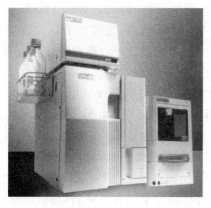
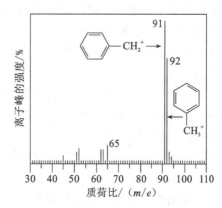

图 3-16 质谱仪和质谱图

二、质谱仪的主要结构与类型

质谱仪(图 3-17)主要包括高真空系统、进样系统、离子源、质量分析器和离子检测器。

1. **高真空系统** 待测物质离子化后需要在真空中存在、运动,以免与周围气体物质碰撞而改变路径

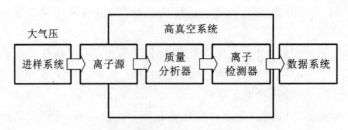

图 3-17　质谱仪主要结构

或碎裂,造成离子源灯丝损坏、本底增高、图谱复杂化等不良影响。为了达到高真空度,现代质谱仪一般先用旋转机械泵预抽真空,再用涡轮分子泵或油扩散泵进一步降低压力至所需真空度。

2. 进样系统　进样系统要求在不改变真空度的前提下将样品高效可重复地引入离子源。为适应不同样品的进样要求,一般质谱仪都配有两种进样方式(图 3-18):间歇式进样和直接式进样。间歇式进样适用于气体及沸点不高、易挥发的液体样品和中等蒸汽压固体,贮存器由玻璃或上釉不锈钢制成,抽真空并加热,使样品汽化为蒸气分子。用微量注射器注入样品,在压力梯度的作用下,通过漏孔以分子流形式渗透入高真空的离子源中。直接式进样适用于单组分、挥发性低或热稳定性差的液体样品、固体,用探针杆直接进样。探针通常是一根直径为几毫米的不锈钢杆,其末端有石英毛细管可以放样品,探针前端可内置加热器。将样品装在探针上,通过真空锁插入离子源内,再快速加热探针使样品受热挥发被离子化。对多组分复杂的样品可经气相或液相色谱预先分离后,再通过接口引入,即色谱质谱联用。

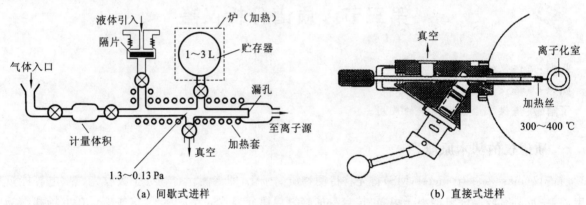

图 3-18　质谱仪中两种进样方式

3. 离子源　离子源又称电离源,是质谱仪的核心部件,其作用是将待测样品分子电离,并会聚成具有一定形状和能量的离子束。电离源的种类很多,有电子轰击离子源(EI)、化学电离源(CI)、解吸化学电离源(DCI)、场致电离源(FI)、场解吸电离源(FD)、快原子轰击离子源、电喷雾离子源、液质联用仪中的电喷雾接口和热喷雾接口等。为了得到样品的分子离子峰,应根据样品分子的热稳定性和电离难易程度来选择合适的离子源。

电子轰击离子源中当汽化的样品分子进入狭缝,由钨或铼做成的灯丝通电后发射电子,并在阳极电压作用下被加速形成高速电子束,轰击样品分子,产生带正电荷的分子离子或碎片离子。在离子源排斥极的作用下,这些正离子进入离子加速区(G3、G4、G5),被加速且聚集成一定形状的离子流通过狭缝进入质量分析器;负离子和电中性分子不被排斥极作用,而被真空泵抽出。

化学电离源是以电子轰击离子源为基础进行的改进,用一种反应气(常用甲烷)作为电离缓冲介质,使其与电子束作用得到能量较低的稳定烷类离子产物,与样品分子结合反应后得到样品离子。这是种较温和的电离方式,多用于不稳定的样品分子,可以改善电子轰击离子化过于激烈使谱峰较弱的不足,降低样品分子与电子的碰撞概率。

4. 质量分析器　质量分析器将离子源中生成的各种离子按质量数和质荷比(m/z)的不同,在时间的先后、空间的位置或轨道的稳定性等方面进行分离分析。根据结构不同,质量分析器有单聚焦、双聚焦、四极杆、离子阱、飞行时间和摆线等类型,如图 3-19 所示。

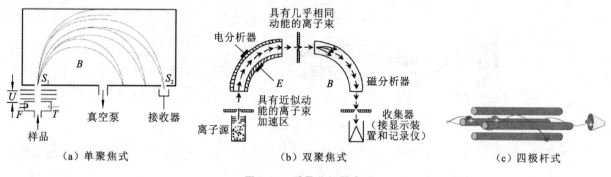

图 3-19 质量分析器类型

5. **离子检测器** 通过采集放大离子信号,经计算机处理,绘制成质谱图,也可用照相底板、电子倍增器、镜像电流感应器、电-光离子检测器等装置收集检测。

质谱仪种类繁多,按分辨率有高分辨、中分辨和低分辨质谱仪;按工作原理分为静态仪和动态仪;按应用范围分为有机质谱仪、无机质谱仪、同位素质谱仪、气体分析质谱仪和离子探针等。还可根据质谱仪所用的质量分析器不同,分为双聚焦质谱仪、四极杆质谱仪、飞行时间质谱仪、离子阱质谱仪和傅立叶变换质谱仪等。或者根据带有不同附件或具有不同功能而分类。还有的质谱仪既可和气相色谱相连,又可和液相色谱相连。

三、质谱仪的性能指标

1. **分辨率** 分辨率(resolution)是指质谱仪把相邻两个质谱峰分开的能力。分辨率几乎决定了仪器的鉴定水平,它受离子源的性质、离子通道的半径、狭缝宽度、质量分析器的类型等因素影响。分辨率约为 500 的质谱仪可完成一般的有机分析任务,若需进行同位素质量、有机分子质量的准确测定,则需要质谱仪的分辨率达到 5000 甚至 10000 以上。

2. **灵敏度** 灵敏度的表示方法可以是绝对灵敏度、相对灵敏度、分析灵敏度等。绝对灵敏度是指产生具有一定信噪比(一般要求大于 10∶1)的分子离子峰所需要的样品量。相对灵敏度是指仪器可以同时检测的大组分和小组分含量之比。分析灵敏度是指仪器在稳定状态下输出信号与样品输入量变化之比。其中,以绝对灵敏度最为常用,如测试样品六氯苯 1 pg,质谱全扫描完成后测定其质荷比(283.8)的信噪比,如果信噪比大于 10,则称该仪器的灵敏度为 1 pg 六氯苯。如果信噪比小于 10,则加大进样量,直到信噪比大于 10 为止,则当时的进样量即为仪器的灵敏度。

3. **质量范围** 质量范围是指质谱仪所能检测到的质荷比范围,采用以 ^{12}C 定义的原子质量单位(1 amu=1 u=1 D)来度量。质量范围取决于质量分析器。可根据样品来选择质量范围。挥发性物质的相对分子质量一般不超过 500。有机质谱仪的测量范围可达几千质量单位,而生物质谱仪的测量范围可达几万甚至几十万质量单位。

4. **质量稳定性** 质量稳定性是指仪器工作时质量稳定情况,常用一定时间内质量漂移的幅度来表示。如某质谱仪的质量稳定性为 0.2 amu/12 h,是指该仪器在 12 h 内的质量漂移度约为 0.2 amu。

5. **质量精度** 质量精度是指质量测定的精确程度,通常用相对百分比表示,是高分辨率质谱仪的一项重要性能指标,而对低分辨率质谱仪意义不大。如某样品的理论质量为 150473 amu,而用质谱仪多次测定的质量与理论值之差小于 0.003 amu,则该仪器的质量精度约为十亿分之二(2×10^{-9})。

四、气质联用仪

气质联用仪(GC-MS)是将气相色谱仪和质谱仪联合起来,同时具备色谱的分离优势和质谱仪的高检测灵敏度,被广泛应用在很多领域对物质进行结构和定量分析。

气质联用仪的主要结构如图 3-20 所示,气相色谱仪分离出样品中不同组分,接口依次将各组分送入质谱仪进行检测,质谱仪成为气相色谱仪的检测器。仪器控制和数据处理系统是中心控制单元,交互地控制气相色谱仪、接口和质谱仪,进行数据的采集、处理和显示。

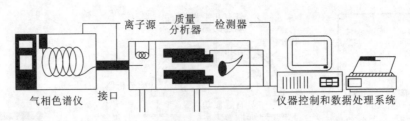

图 3-20　气质联用仪

气相色谱仪的入口端压力高于大气压,以保证样品在载气的带动下进入色谱柱,通常色谱柱出口端的压力为大气压力。被分离的样品依次进入质谱仪,被离子源转化成气态离子,在高真空的条件下进入质量分析器。在质量扫描部件的作用下,检测器记录不同离子流的强度及其随时间的变化。接口技术要解决的问题是气相色谱仪的大气压工作条件和质谱仪的真空工作条件的连接和匹配。接口要尽量除去色谱柱出口端的载气,保留或浓缩待测物,并协调色谱仪和质谱仪的工作流量。实际中总会有一部分载气进入离子源,它们和质谱仪内残存的气体分子一起被电离并构成本底,为了减少本底干扰,一般采用氦气作为载气。

数据处理系统显示的主要信息有:样品的总离子流图、各组分的质谱图、每个质谱图的检索结果(化合物的名称、相对分子质量、分子式、可能的结构、匹配度等)、质量色谱图、三维色谱质谱图、化合物的精确分子质量等。

五、液质联用仪

液质联用仪(LC-MS)是以液相色谱仪为分离系统、质谱仪为检测器的分离鉴定仪器。它可用于分析强极性、难挥发、热不稳定的化合物,这是气质联用仪难以做到的。但液质联用仪比气质联用仪存在更多制造难题,如液相色谱的流动相是液体,如果直接进入质谱仪将破坏质谱的真空环境,干扰样品的分析。直到电喷雾电离(ESI)、大气压化学电离(APCI)等接口的出现,才解决了这一难题。

液质联用仪常由液相色谱仪、接口、质量分析器、真空系统和计算机数据处理系统组成,如图 3-21 所示。样品经过液相色谱仪的色谱柱后被分离成各组分,进入接口部分,被转化成离子,后聚焦于质量分析器中,因质荷比差异而分离,被检测器收集经信号处理得到质谱图。

图 3-21　液质联用仪

电喷雾接口的离子化过程如图 3-22 所示,样品与流动相进入离子源后,在氮气流及强电场下被雾化成带电的液滴,带电液滴不断蒸发,体积缩小,在强电场下发生库仑爆炸形成离子,即离子化过程是在液态下完成的。电喷雾电离是目前最软最温和的离子化方式,可以产生高度带电的离子而不发生碎裂,可将质荷比降低到各种类型质量分析器都能检测到的程度,进而计算离子的真实相对分子质量,解析分子离子的同位素峰,确定带电数和相对分子质量。

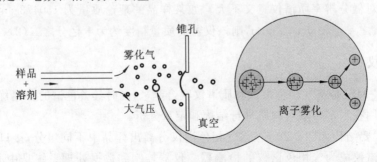

图 3-22　电喷雾接口的离子化过程

六、质谱仪的操作指南

以 Agilent 7890A/5975C 气质联用仪为例，主要操作规程如下。

1. 开机　打开载气钢瓶控制阀，设置分压阀压力至 0.5 MPa。打开计算机，登录进入 Windows 系统。依次打开 7890AGC、5975MSD 电源，等待仪器自检完毕。双击"GC-MS"图标，进入 MSD 化学工作站。进入调谐与真空控制界面，选择真空状态，观察真空泵运行状态，此仪器配置为分子涡轮泵，转速应很快达到 100%，否则，说明系统有漏气，应检查侧板是否压正、放空阀是否拧紧、柱子是否接好。

2. 调谐　开机 2 h 后方可进行。确认打印机已连好并处于联机状态。选择进入调谐与真空控制界面。先进行自动调谐 MSD，并自动打印结果，也可手动保存调谐文件。

3. 样品测定　选择色谱柱及流速、压力设定，设定进样口参数（隔垫吹扫流量）、设定柱温箱温度参数、编辑数据采集方法；编辑扫描方式质谱参数（溶剂延迟时间、倍增器增益系数、全扫描或选择离子扫描数据采集模式、离子参数、驻留时间、分辨率）；采集数据（输入文件名等信息后开始测试）；数据分析（得到本底及单点的质谱图、化合物的名称）；定量分析（与已知化合物的响应对比）。

4. 关机　在调谐和真空控制界面选择放空，等涡轮泵转速降至 10% 以下，同时离子源和四极杆温度降至 100 ℃ 以下，大概 40 min 后退出工作站软件，并依次关闭 MSD、GC 电源，最后关掉载气。

七、质谱仪的应用

质谱仪以灵敏度高、样品用量少、分析速度快、与色谱仪联用可同时进行分离和鉴定等优点，被广泛应用于化合物的相对分子质量测定、化学式与结构式的确定、痕量分析、同位素丰度的测定和混合物的定量分析等，如测定无机离子、单糖类、脂类、小分子含氮化合物等小分子生物标志物，蛋白质、核糖、复合脂类等大分子生物标志物。

1. 小分子生物标志物　质谱仪在检验医学中应用最早最多的是同位素稀释-质谱法，是测定小分子生物标志物的决定性方法，如无机离子、单糖类、脂类、小分子含氮化合物等。同位素稀释-质谱法是在经准确称量的待测样品中加入另一准确称量与待测物为同位素的已知稀释剂混匀，再进行消化、分离、浓缩等处理，用质谱仪测定混合样品中的同位素丰度，最后根据质量守恒定律计算出待测样品的浓度。该方法具有绝对测量性质，无需对待测样品严格定量分离，可测元素种类多，灵敏度及准确度都很高，常用于区别血液中的维生素 D_2 和维生素 D_3。

2. 大分子生物标志物的检测

（1）蛋白质组学研究：蛋白质组是指一个基因组或一个细胞、组织所表达的所有蛋白质。蛋白质组学研究是从整体水平研究细胞或有机体内蛋白质的组成及其活动规律，包括细胞内所有蛋白质的分离、表达模式的识别、鉴定、翻译后修饰的分析、数据库的构建。

（2）基因组学研究：基因组是指一种生物体具有的所有遗传信息总和。基因组学的研究包括以全基因组测序为目标的结构基因组学和以基因功能鉴定为目标的功能基因组学。质谱技术的应用能为一些疾病提供新的诊断依据，如单核苷酸多态性分型、短串联重复序列分析、寡聚核苷酸片段的序列分析、肿瘤标志物的测定等。其中，肿瘤标志物的测定是生物质谱技术在检验医学中最突出最有价值的领域，有望成为肿瘤的早期检测方法。飞行时间质谱对艾滋病、老年痴呆症、乳腺癌等恶性肿瘤疾病的研究取得了前所未有的创新性进展，且对乳腺癌等 12 种肿瘤的血清及尿液检测结果已被证实，灵敏度为 82%～99%，特异度为 85%～99%。

3. 微生物鉴定　对细菌分离物进行质谱分析，可得到每种细菌唯一的肽模式或图谱，因此质谱仪可用于细菌属、种、株的鉴定，如酵母、大肠埃希菌、脂类的脂肪酸、糖类组成等。质谱仪可从单细菌水平发现和确定病原菌及孢子，分析特殊脂质成分以了解病原菌的活力和潜在感染。用同位素质谱的方法也可检测病原菌，如用 ^{13}C 或放射性核素标记的 ^{14}C-尿素呼吸试验和 ^{15}N-排泄试验已成为检测胃幽门螺杆菌的有效方法。

气质联用仪结合了气相色谱和质谱的优点，可同时完成待测物的分离和鉴定，具有灵敏度高、鉴别能力强、分析速度快的特点。由于接口技术的不断发展，接口在形式上越来越简单和小巧，使得气质联用仪在临床分析领域得到非常广泛的应用,如多组分混合物中各组分的定性和定量分析,确定化合物分子结构和相对分子质量,生物样品中痕量待测物的分析等。对挥发性成分可直接分析,对不挥发性成分和热不稳定物质,也可进行适宜的衍生化后再进行分析。

液质联用仪因特异性高、灵敏度高、可检测多种目标物的特点,在新生儿遗传病筛查、激素(维生素)浓度检测、临床疾病标志物研究方面有不可替代的优势,并有望成为药物监测最强有力的手段,可用于几乎所有药物的检测,包括治疗用药、违禁用药、滥用药,如抗癌药、免疫抑制剂、抗生素、心血管药等。现在已经有商业化的检测试剂盒用于液质联用平台,在研发阶段进行了全面验证和反复优化,可为临床检验提供全套解决方案,大多可追溯到参考方法或认证参考物质,最大限度地保证了结果的可靠性。虽然检测试剂盒种类还较少,但已经成为一种发展趋势,不仅避免了临床实验室花费大量时间去验证液质联用方法,还有助于提高不同实验室间液质联用仪检测结果的可比性。

(闫 灿)

本章小结

朗伯-比尔定律是光谱定量分析的基础,它反映了物质的浓度、厚度与其吸光度之间的函数关系。基于吸收光谱的光谱分析仪器有紫外-可见分光光度计、红外光谱仪和原子吸收光谱仪,主要由光源、分光系统、样品池(或原子化器)、检测系统组成。发射光谱分析仪器有原子发射光谱仪、荧光光谱仪、原子荧光分析仪等。吸收光谱分析仪器和发射光谱分析仪器在检验医学领域均有广泛的应用,如微量元素、青霉素、肾上腺素等的定性分析、定量测定等。

色谱分析仪器是对样品进行分离分析的装置,其依据是样品中各组分在固定相和流动相之间存在分配系数差异。气相色谱仪的流动相为气体,样品为气态或液态进行汽化处理。高效液相色谱仪的流动相是液体,样品也是液态,分离过程也可以在室温下进行,适合大多数样品的分析。色谱仪在临床实验室有广泛的应用,多用于分析人体微量元素、各种化合物、代谢物、药物成分及含量鉴定、激素水平等。尤其是与质谱仪联用后已经成为常用的药物浓度分析仪器。

质谱仪是依据不同离子的质荷差异进行定性、定量分析的仪器。与其他仪器的联用,使质谱仪的发展和应用更为广阔,如气质联用仪和液质联用仪,是先将样品分离成各纯组分后再进入质谱仪鉴定成分及含量,充分发挥了色谱的分离特长与质谱的鉴定特长。将色谱仪和质谱仪连接在一起的中间接口是这类仪器的关键部件,要既保证样品的状态又不破坏质谱仪的真空环境。质谱仪具有极高的灵敏度和特异性,在检验医学领域获得日益广泛的应用,如生物标志物检测、微生物鉴定、药物监测等。

测试题

(一)名词解释

1.朗伯-比尔定律 2.单色器 3.光谱分析技术 4.发射光谱 5.吸收光谱 6.色谱图 7.固定相 8.流动相 9.六通阀 10.色谱柱 11.质谱图 12.离子源 13.质量分析器

(二)简答题

1.紫外-可见分光光度计主要由哪几部分组成?

2.说明紫外-可见分光光度计的性能及评价指标。

3.比较荧光光谱仪与紫外-可见分光光度计的异同。

4.原子光谱分析仪有哪几类?简述各类仪器的测定原理、主要结构及特点。

5.使用光谱分析仪器应注意哪些问题?

6.高效液相色谱仪的工作原理是什么?

7.简述高效液相色谱仪的使用步骤。

8.简述气相色谱分析法的分离原理。

9. 试述热导检测器和氢火焰离子化检测器的原理。

10. 气相色谱仪主要包括哪些部件？各有什么作用？

11. 简述质谱仪的基本原理。

12. 比较气质联用仪、液质联用仪有何异同。

13. 质谱仪的主要性能指标有哪些？

14. 质谱仪在检验医学中有哪些应用？

15. 质谱仪操作主要有哪些步骤？

（三）操作题

1. 用分光光度计制作氰化高铁血红蛋白的标准曲线。

2. 在老师的指导下，完成其他各种光谱仪器的操作分析。

3. 在老师的指导下，实际操作一次高效液相色谱仪或气相色谱仪。

4. 在老师的指导下，按流程操作一次质谱仪。

第四章 临床生物化学检验仪器

本章介绍

本章节在介绍各种临床生化分析仪器原理、机械及电子结构、计算机控制系统等基础上,重点阐述了各种生化分析仪、电解质分析仪、血气分析仪以及电泳分析仪器等常用生化分析仪器的主要性能指标、分析方法、操作流程、仪器的校准、维护保养、常见故障处理等。

本章目标

通过本章的学习,掌握常用临床生物化学检验仪器的工作原理、基本类型及主要结构,熟悉仪器的性能指标与评价及临床应用,学会常用仪器的基本操作方法,能够进行仪器的维护、保养和简单故障的排除。

第一节 电化学分析仪器

掌握:电解质分析仪及血气分析仪的工作原理、分类与结构。
熟悉:血气分析仪的的操作与维护。
了解:电化学分析原理。

将化学变化与电现象紧密联系的学科便是电化学,应用电化学的基本原理和实验技术,依据溶液电化学性质来测定物质组成及含量的分析方法,即称电化学分析。溶液的电化学性质是指电解质溶液通电时,其电位、电流、电导和电量等电化学特性随化学组分和浓度而变化的性质。电化学分析技术具有仪器设备简单、灵敏度高、准确度高、选择性好、分析速度快等优点,所以得到广泛应用。临床电化学分析仪器就是利用电化学分析技术而设计的。

传感器是传感技术的基础,它是一类特殊的电子器件。传感器是将外界某种物理量和化学量转化为电信号进行测量的仪器或功能元件。根据转化物理量的不同,分为物理传感器和化学传感器。化学传感器(chemical sensor)是对各种待测化学物质敏感并将其浓度转换为电信号进行检测的仪器。化学传感器必须具有对待测化学物质的形状或分子结构选择性俘获的功能(接收器功能)和将俘获的化学量有效转换为电信号的功能(转换器功能)。按传感方式,化学传感器可分为接触式与非接触式化学传感器。按检测对象,化学传感器分为气体传感器、湿度传感器、离子传感器和生物传感器。

一、电化学分析原理

电化学分析法的基础是在化学电池中所发生的电化学反应。简单的化学电池由两组金属-溶液体系组成。每一个化学电池有两个电极,分别浸入适当的电解质溶液中,用金属导线从外部将两个电极连接起来,构成电流通路。电子通过外电路从一个电极流到另一个电极,最后在金属-溶液界面处发生电极反应,即离子从电极上取得电子或将电子交给电极,发生氧化-还原反应。如果两个电极浸在同一电解质溶液中,这样构成的电池称无液体接界电池(图 4-1(a));两个电极分别浸在半透膜或用烧结玻璃隔开的,或用盐桥连接的两种不同的电解质溶液中,这样构成的电池称为有液体接界电池(图 4-1(b))。

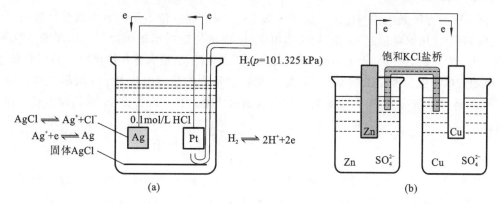

图 4-1　化学电池

在化学电池内,发生氧化反应的电极称为阳极,发生还原反应的电极称为阴极。化学电池可分为原电池和电解池。原电池是将化学能转变为电能的装置,电解池是将电能转变为化学能的装置。化学电池在电化学分析中很有用,就原电池而言,如果知道一个电极的电位,又能测得原电池的电动势,则可计算出另一个电极的电位,这就是电化学分析中用以测量电极的方法,如电位分析法。对电解池而言,电化学分析方法中,有许多都是利用和研究电解池的性质而建立起来的分析方法,如电解分析法、库仑分析法、伏安法等。

（一）参比电极（reference electrode）

参比电极是决定指示电极电位的重要因素,一个理想的参比电极应具备以下条件:①能迅速建立热力学平衡电位,这就是要求电极反应是可逆的。②电极电位是稳定的,能允许仪器进行测量。常用的参比电极有甘汞电极和银-氯化银电极(图 4-2)。

（1）甘汞电极是以甘汞(Hg_2Cl_2)饱和在一定的浓度的 KCl 溶液为电解液的汞电极,其电极反应为:

$$2Hg+2Cl^- \rightleftharpoons Hg_2Cl_2+2e$$

甘汞电极的电极电位随温度和氯化钾浓度的变化而变化。溶液中的电位值(0.2444 V)是最常用的电位值。甘汞电极通过其尾端的烧结陶瓷塞或多孔玻璃与指示电极相连,这种接口具有较高的阻抗和一定电流负载能力,因此甘汞电极是一种很好的参比电极。

（2）银-氯化银电极是浸在氯化钾中的涂有氯化银的银电极,其电极反应为:

$$Ag+Cl^- \rightleftharpoons AgCl+e$$

银-氯化银电极也是随温度和氧化钾浓度的变化而变化。在有些实验中,银-氯化银电极丝(涂有 AgCl 的银丝)可以作为参比电极直接插入反应体系,具有体积小、灵活等优点。另外,银-氯化银电极可以在高于 60 ℃ 的体系中使用,甘汞电极不具备这些优点。

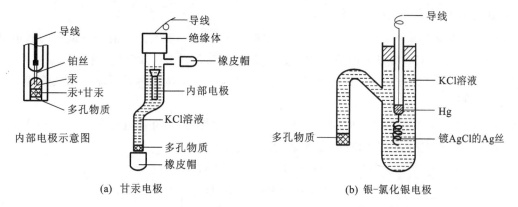

图 4-2　常用的参比电极

（二）pH 测定原理

酸度计测 pH 的方法是电位测定法。通常以参比电极（电极电位不受试液组成变化影响，维持恒定，常用甘汞电极和银-氯化银电极）为正极，以指示电极（电极电位能指示被测离子的活度或浓度的变化，常用 pH 玻璃电极）为负极，组成一个原电池，该电池的电位是指示电极和参比电极电位的代数和，如果温度恒定，这个电池的电位随待测溶液的 pH 变化而变化。最常用的指示电极是 pH 玻璃电极。玻璃电极对溶液的 H^+ 产生选择性响应，主要取决于电极的玻璃膜的成分。在一定温度下，玻璃膜电位与溶液 pH 的线性关系是：

$$E_{玻} = K_{玻} - \frac{2.303RT}{F} pH$$

式中：R 为气体常数；F 为法拉第常数；T 为热力学温度；$K_{玻}$ 在测量条件恒定时为常数。由于各玻璃电极的 $K_{玻}$ 不尽相同，在测定时仪器需用标准缓冲液进行校正。在 37 ℃时，0.05 mol/kg 邻苯二甲酸氢钾溶液的 pH 为 4.02，0.025 mol/kg 混合磷酸盐的 pH 为 6.84。

（三）离子选择电极工作原理

离子选择电极（ion selective electrode，ISE）是一种用特殊敏感膜制成的，对溶液中特定离子具有选择性响应的电极。一般由敏感膜、内参比电极、内参比溶液和电极管四个部分组成（图 4-3）。并且，膜材料和内参比溶液中均含有与待测离子相同的离子。离子选择性电极既可测 pH，也可测 Na^+、K^+、Cl^-、Ca^{2+}、Mg^{2+} 等离子的活度或浓度。

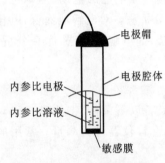

电极帽

电极腔体

内参比电极

内参比溶液

敏感膜

图 4-3　离子选择电极结构

当电极置于溶液中时，电极膜和溶液界面间将发生离子交换及扩散作用，这就改变了两相界面的原有的电荷分布，形成双电层，产生了膜电位。由于内参比电极的电极电位固定，内参比溶液的相关离子活度恒定，所以离子选择性电极的电极电位只随溶液中待测离子的活度变化而变化，并且两者关系符合能斯特方程：

$$E_{ISE} = K \pm \frac{2.303RT}{nF} \ln C_x F_x$$

式中：阳离子选择电极为＋；阴离子选择电极为－；n 为离子电荷数；C_x 为被测离子浓度；F_x 为被测离子活度系数；R 为气体常数；F 为法拉第常数；T 为热力学温度；K 在测量条件恒定时为常数。

该方程表明，在一定条件下，离子选择电极的电极电位与被测离子浓度的对数呈线性关系。

离子选择电极的测量方法是以离子选择电极作为指示电极，饱和甘汞电极作为参比电极，插入被测溶液中构成原电池，通过测量原电池的电动势来求得被测离子的活度或浓度。

ISE 法又分为直接法和间接法。直接法指血清不经稀释直接由电极测量；间接法指血清经一定离子强度缓冲液稀释后由电极测量。

（四）氧分压（PO_2）电极的工作原理

PO_2 电极是氧化还原电极，对氧的测量是基于电解氧的原理实现的。目前用得最多的氧电极是电解式的 Clark 电极，Clark 氧电极是由铂阴极、银/氯化银阳极、氯化钾电解质和透气膜构成。

待测溶液中的 O_2 可以借助电极外表面的 O_2 渗透膜（约 20 μm 的聚丙烯或聚乙烯或聚四氟乙烯），依靠 PO_2 梯度透过膜而进入电极。

当外加直流电压在 0.4 V 以下时，进入电极的 O_2 不发生反应；当外加电压在 0.4～0.8 V 时，O_2 在铂阴极表面被还原，在测定时，O_2 在铂阴极表面发生的反应如下：

$$O_2 + 2H_2O \longrightarrow 2H_2O_2$$

$$H_2O_2 + 2e \longrightarrow 2OH^-$$

当阴极表面附近的氧被消耗后，阴极表面 PO_2 为零。这时，样品中的氧将通过渗透膜向阴极发生浓度扩散。当氧浓度扩散梯度稳定时，就产生一个稳定的电解电流，称之为极限扩散电流。极限扩散电流的大小取决于膜外的 PO_2。因此，通过测定电流变化即可知道血液标本中的 PO_2。

当外加电压超过 0.8 V 时,即使 PO_2 为零,水本身也会被电解而产生电流。所以,外加工作电压通常为 0.65 V。

(五)二氧化碳分压(PCO_2)电极的工作原理

PCO_2 电极是气敏电极,是 pH 玻璃电极和银-氯化银电极组装在一起的复合电极。复合电极装入有机玻璃圆筒中,塑料套上有气体渗透膜,内装有 PCO_2 电极外缓冲液(含 $NaHCO_3$-NaCl),它的 pH 可随血液 PCO_2 而改变。样品液中 H^+ 和其他带电荷的离子不能进入膜内,而 CO_2 分子可以通过,CO_2 分子在缓冲液中溶解、水化,并建立电离平衡,使 H^+ 浓度增加,溶液的 pH 下降。

待测液中 pH 与 $lgPCO_2$ 呈线性关系,所以可由 pH 电极测得的 pH 变化量,经反对数放大器转换为 PCO_2,再用数字显示。

二、电解质分析仪的应用

电解质测定方法有许多,如离子色谱法、同位素稀释法、等离子体发射光谱法、质谱法、原子吸收光谱法、火焰光度法、化学分析法、离子选择电极法等。离子选择电极法具有良好的准确度、精密度,操作简单,测定快速,可用于自动分析,已成为临床生化检验电解质测定的常规方法。以离子选择电极为基础的多功能、多组合的电解质分析仪已在临床生化检验中得到广泛应用(图 4-4)。

电解质分析仪是采用离子选择电极测量技术来实现生物标本如血清、血浆、全血及稀释尿液中电解质检测的设备。该仪器装有钠、钾、氯、离子钙、锂等指示电极和参比电极,通过检测一个已知离子浓度的标准溶液获得校准曲线,从而检测样本中的离子浓度。电解质分析仪具有设备简单,操作方便,对任何样品所测的结果精确、可靠、快速,样品微量,不破坏测试样品和不用复杂预处理样品等优点。特别是 ISE 可实现微量和连续自动测定,可与自动生化分析仪等联合进行检测。目前,电解质分析仪已成为临床检测仪器的重要组成部分。

图 4-4 电解质分析仪

1. 电解质分析仪的分类

(1)按检测项目分类:可分为电解质分析仪、含电解质分析仪的血气分析仪和含电解质的自动化生化分析仪三大类。电解质分析仪主要检测 K^+、Na^+、Cl^-、Ca^{2+},部分仪器尚可检测 Mg^{2+}、Li^+ 等。含电解质分析仪的血气分析仪增加了 pH、PCO_2、PO_2 等血气分析项目,特别适用于急诊检验。含电解质的自动化生化分析仪通常与自动生化分析仪相配套,实现了常规生化项目与电解质分析的同时检测,方便了临床应用。

(2)按自动化程度分类:可分为半自动电解质分析仪和全自动电解质分析仪。半自动电解质分析仪可自动进行校准、进样、测试、测量、冲洗、显示及打印结果。每次进样都需有专人看守检测,每检测完一份样品需人工操作再放入另一份样品进行检测。全自动电解质分析仪可自动进行校准、进样、测试、测量、冲洗、显示及打印结果。只需一次进样,即可同时测定血液中的 K^+、Na^+、Cl^- 等。

(3)按工作方式分类:可分为湿式电解质分析仪和干式电解质分析仪。湿式电解质分析仪是将离子选择电极和参比电极插入待测样品中组成原电池,通过测量原电池电动势进行测试分析。干式电解质分析仪常采用差示电位法进行测试分析,此类干片包括两个完全等同的离子选择电极,两者以一纸盐桥相连,通过加入特定量的样本和参比液,测量差示电位而得到待测物的浓度。

2. 电解质分析仪的基本结构

(1)湿式电解质分析仪:湿式电解质分析仪主要由离子选择电极、参比电极、分析箱、控制电路、测量电路、驱动电机和显示器等组成,可分为电极系统、液路系统、电路系统、板面系统和软件系统五个系统。

(2)干式电解质分析仪:基于直接电位法的干式电解质分析仪具有两个多层膜片。多层膜片均由离子选择敏感膜、参比层、氯化银层和银层组成,并用一纸盐桥相连。左边为样品电极,右边为参比电极。测定时,分别将待测血清和参比液加入两个加样孔内,即可测定二者的差示电位。通常每测一个项目需要用一个干片,每个干片上带有条形识别码,仪器自动识别所进行的测定项目。

3. 电解质分析仪的校准　电解质分析仪通常用一套校准品进行校准,校准品需用一套可溯源至国际或国家的参考物质进行定值。与电解质有关的标准物质的研制以美国国家标准和技术研究院(NIST)为代表。NIST 通过 260 系列出版物公布其标准物质的制备、测量、定值和正确使用等信息。从 1964 年至今其研制的电解质标准物质有:1978 年 8 月公布的 260-60 血清中钠测定的参考方法;1979 年 5 月公布的 260-62 血清中钾测定的参考方法;1979 年 11 月公布的 260-67 血清氯化物测定的参考方法;1980 年 7 月公布的 260-69 血清中锂测定的参考方法。

4. 电解质分析仪的质量控制　在手工操作年代,检验的试剂配制、加样、比色、计算和报告等全过程都是在操作人员的随时监控下进行,必要时可进行调整和修改。在使用自动化仪器后,样品的检测由仪器自动完成,出错也难及时发现和处理。因此对仪器的质量控制就显得尤为重要。电解质分析仪的质量控制常包括以下几点。

(1) 电解质分析仪的准确度:测量仪器准确度是指测量仪器给出接近于真值的响应能力,是表征测量仪器品质和特性的最主要性能,在电解质分析仪的实际应用中用测量仪器的示值误差来表示,即测量仪器示值与对应输入量的真值之差。由于真值不能确定,在临床应用中常用约定值或实际值来代替。为确定测量仪器的示值误差,当其接受高等级的测量标准器检定或校准时,标准器复现的量值即为约定真值。临床实验室通常通过参加实验室外部组织的质量评价活动,如室间质评来客观地评价仪器的准确度。

(2) 精密度仪器在正常工作条件下按常规测试程序先行校正,然后对定值质控液连续测定 11 次,分别求取测试液内各分析元素输出测定值的均值(x)和标准差(SD),计算各分析元素的变异系数即为仪器的精密度(CV)。

(3) 由于各个厂家生产的定标冲洗液和斜率校正液的生产工艺和流程各不相同,而且与仪器安装的软件不匹配等,均会直接影响仪器测量结果的准确性。为此,应采用厂家配套生产的定标冲洗液和斜率校正液,以确保仪器测量结果的准确性。

(4) 电解质分析仪需要进行定期的维护,操作人员应严格执行仪器的维护程序且按规定的操作规程进行操作,才能确保仪器始终良好运行,避免人为误差的发生。另外,仪器的定期质控和仪器的每次维修后都应进行质控测试,测试的详细内容可参照仪器说明书提供的方法进行,并做好相应的记录,以保证仪器测量结果的准确和可靠。

三、血气分析仪的应用

血气酸碱分析(简称血气分析)主要用于人体呼吸功能和血液酸碱平衡状态的判断,是近年来发展较快的医学检验技术之一。血气是指血液中所含的 O_2 和 CO_2 气体,血气分析是评价机体呼吸、氧化功能及血液酸碱平衡状态的必要指标。血气分析技术是利用血气分析仪直接测定血标本中 pH、PO_2 和 PCO_2 三项基本数据后,按有关公式计算出其他参数指标的临床实验诊断技术。血气分析仪的性能经过不断发展完善,应用逐渐扩大到临床各科,已成为大中型医院临床检验,特别是重危患者救治中必不可少的医疗设备之一。

(一) 血气分析的基础理论

生命的基本特征是不断地从环境中摄入营养物、水、无机盐和 O_2,同时又不断地排出废物、呼出 CO_2。O_2 被机体利用的过程中,CO_2 不断产生并排出体外,这种消耗 O_2、产生 CO_2 的过程有赖于机体的气体交换系统,血液在气体交换中起着重要的作用。

1. 血氧及氧离解曲线

(1) 氧的运输:血液中大部分 O_2 以血红蛋白(hemoglobin,Hb)为载体在肺部和组织之间往返运送,只有极少量 O_2 以物理溶解形式存在。尽管物理溶解的 O_2 在氧的运输中不起主要作用,但物理溶解量所产生的氧分压(partial pressure of oxygen,PO_2)可直接影响 Hb 与 O_2 的可逆结合及离解程度。当 PO_2 升高时，促进 O_2 与 Hb 结合；PO_2 降低时，O_2 与 Hb 离解。血液与不同 PO_2 的气体接触，待平衡时，其中与 O_2 结合成为氧合血红蛋白（oxyhemoglobin，O_2Hb）的量也不同，PO_2 越高，变成 O_2Hb 的量就越多，反之亦然。

Hb 携带 O_2 的最大能力称为氧容量（oxygen capacity），血液中 Hb 结合的氧量与 Hb 氧容量之比称为 Hb 氧饱和度（oxygen saturation，O_2Sat）。PO_2（O_2）越高，O_2Hb 越多，则 O_2Sat 越高。当 PO_2 为 20 kPa（150 mmHg）时，O_2Sat 达 100%，亦称氧饱和。氧饱和时 Hb 结合氧量等于氧容量。

（2）氧离解曲线：

①以 PO_2 值为横坐标、O_2Sat 为纵坐标作图，得到血液中 Hb 的氧离解曲线，称为氧离解曲线（oxygen dissociation curve，ODC）。O_2Sat 达到 50% 时相应的 PO_2 称为 P_{50}，P_{50} 是表明 Hb 对 O_2 亲和力的大小或对 O_2 较敏感的氧离解曲线的位置。

②影响氧离解曲线的因素：

a. pH 和 PCO_2：血液 pH 降低或 PCO_2 升高，Hb 与 O_2 的亲和力降低，氧离解曲线右移，释放 O_2 增加；反之曲线左移。这种因酸碱度改变而影响 Hb 携带 O_2 能力的现象称为波尔效应（Bohr effect）。波尔效应的机制与 pH 改变时 Hb 的构象发生变化有关。

b. 温度：当温度升高时，Hb 与 O_2 亲和力降低，氧离解离曲线右移，促进 O_2 的释放；当温度降低时，Hb 与 O_2 结合更牢固，氧离解曲线左移。

c. 2,3-双磷酸甘油酸（2,3-bisphosphoglycerate；2,3-BPG）：是红细胞糖酵解的产物，其浓度高低直接导致 Hb 的构象变化，从而影响 Hb 与 O_2 的亲和力。

2. 血液 CO_2 血液中 CO_2 的运输有三种形式：①物理溶解形式，其产生的压力即为 CO_2 分压（partial pressure of carbon dioxide，PCO_2）。②HCO_3^- 结合形式，主要在血浆中。③与 Hb 结合成氨基甲酸血红蛋白，主要在红细胞中。物理溶解形式存在的 CO_2 仅占很少一部分，大部分以结合形式运输。

组织细胞代谢过程中产生的 CO_2 进入血液，使其 PCO_2 升高，大部分 CO_2 又扩散入红细胞，在红细胞内碳酸酐酶（carbonic anhydrase，CA）的作用下，生成 H_2CO_3，再离解成 H^+ 和 HCO_3^- 形式随循环进入肺部。因肺部 PCO_2 低，PO_2 高，$HCO_3^- + H^+ \rightarrow H_2CO_3 \rightarrow O_2 + H_2O$，并通过呼吸排出 CO_2。

3. 血液 pH 血液 pH 恒定在较狭窄的正常范围内，主要依赖于体内一整套调节酸碱平衡的措施，首先是血液的缓冲作用。血液缓冲体系很多，以血浆中 $[HCO_3^-]/[H_2CO_3]$ 体系最为重要。据 Henderson-Hasselbalch 提出的酸碱平衡的基本方程式（H-H 公式）运算：$pH = pK_a + \lg([HCO_3^-]/[H_2CO_3])$（37 ℃，$pK_a$ 值为 6.1）。而血浆中 H_2CO_3 可通过 PCO_2 进行运算：$[H_2CO_3] = a \times PCO_2$（$a$ 为 CO_2 溶解常数，37 ℃ a 为 0.03 mmol・L^{-1}）。所以 H-H 公式可写作：$pH = 6.1 + \lg([HCO_3^-]/(PCO_2 \times 0.03))$。

已知上式中 pH、$[HCO_3^-]$、PCO_2 的任意两个数据，即可计算出另一个数据。这也成为血气分析检测数据可靠性校验的一个依据。

（二）血气分析仪的工作原理

在实际工作中，单凭血气分析结果就对酸碱失衡做出正确的判断是有困难的，它必须结合电解质测定、代谢物的测定、血液氧合状态的测定才能明确诊断。近年来血气分析仪多附加测定离子、尿素氮、肌酐、葡萄糖、乳酸等代谢物及血氧系统定量，因此现代血气分析仪又称为全自动血气/电解质/代谢物/血氧分析仪（图 4-5）。

目前，在国内使用较多的有丹麦雷度 ABL 系列、瑞士 Roche 系列、美国 NOVA 系列、德国 Bayer 系列等。时至今日，电化学传感器仍在血气分析仪中占主导地位。血气分析仪生产厂家的型号很多，自动化程度也不尽相同，但其工作原理及结构组成基本一致。

现代血气分析仪型号较多，自动化程度各异，但其基本结构原理相同。主要由传感系统（pH、PCO_2 和 PO_2 三支测量电

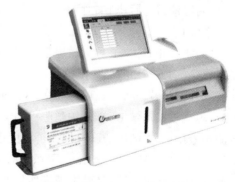

图 4-5 血气分析仪

极和一支参比电极)、恒温系统、管道系统、电子控制系统、数字显示原件、电磁阀、蠕动泵、气体混合器和打印机等组成。检测时待测血液样品在管路系统蠕动泵的抽吸下,进入样品室内的测量毛细管中,充满四个电极表面并被感测。三支测定电极分别产生对应于 pH、PCO_2 和 PO_2 三项参数的电信号。这些电信号分别经放大、模数转换后送到微处理机,也可按有关公式计算其他参数。

电极的电信号对温度变化非常敏感,因此测量室温度的控制非常重要,必须是一个恒温系统。通常测量室的温度被控制在(37±0.1)℃。恒温装置以前测量室较多采用水浴式、空气浴式等,但恒温速度慢、热稳定性较差,现在使用较多的是固体恒温式装置,固体恒温式装置具有加热速度快、热均匀性比较好、恒温精度较高的优点。

目前,血气分析仪的自动化程度很高,血气分析仪具备比较复杂的管路系统以及配合管路工作的泵体和电磁阀泵。电磁阀的转、停、开、闭,温度的高低,定标气及定标液的有、无、供、停等均由计算机控制并监测。血气分析仪还有可自动完成对样品的定标、测量和冲洗等功能。

血气分析方法是一种相对测量方法,因此在测量样品之前,需用标准液及标准气体来确定 pH、PCO_2 和 PO_2 三套电极的工作曲线。这个过程通常叫作定标或校准。一般每种电极都要有两种标准物质来进行定标,为建立工作曲线提供至少所需要的两个工作点。

血气分析仪的标准物质、pH 系统使用 pH 分别为 7.383 和 6.840 的两种标准缓冲液来进行定标。氧和二氧化碳系统用两种混合气体来进行定标。第一种混合气体中含 5% 的 CO_2 和 20% 的 O_2;第二种含 10% 的 CO_2,不含 O_2。少部分分析仪是将上述两种气体混合到两种 pH 缓冲液内,然后对三种电极一起进行定标。

目前,血气分析仪种类型号很多,但基本结构可分电极、管路和电路三大部分。新的生物传感器技术的发明和改进带动了血气分析仪的发展。因此,我们在使用血气分析仪前有必要介绍电极的原理和基本结构。下面简单介绍 pH 电极、PCO_2 电极、PO_2 电极的基本结构。

(三)血气分析仪的基本结构

1. 测定电极

(1) pH 电极:由 pH 玻璃电极和参比电极组成,用于测量溶液的酸碱度。pH 玻璃电极毛细管由钠玻璃或锂玻璃熔融吹制而成,直径约为 0.5 mm,膜厚 0.1 mm 左右。参比电极为甘汞电极或银-氯化银电极。玻璃电极与银-氯化银参比电极一起被封装在充满磷酸盐氯化钾缓冲液的铅玻璃电极支持管中。整个电极与测量室均控制恒温 37 ℃。当样品进入测量室时,玻璃电极和参比电极形成一个原电池,其电动势的大小主要取决于样品的 pH,随样品 pH 的变化而变化,而电极导线将内部电极引出的电位值传输到放大器(图 4-6)。

(2) PCO_2 电极:是一种气敏电极。主要由特殊玻璃电极和银-氯化银参比电极及电极缓冲液组成,玻璃电极和参比电极被封装在充满碳酸氢钠、蒸馏水和氯化钠的外电极壳里。特殊的玻璃电极是对 pH 敏感的玻璃膜外包一层碳酸氢钠溶液,溶液的外侧再包有一层气体可透膜,此膜可选择性地让电中性的 CO_2 通过,带电荷的 H^+ 及带负电荷的 HCO_3^- 不能通过。CO_2 则扩散入电极内,与电极内的碳酸氢钠发生变化,内溶液酸化后使 pH 下降,产生电位差,而后被电极内的 pH 电极检测,pH 的改变与 PCO_2 数值呈线性关系(图 4-7)。

(3) PO_2 电极:是一种气敏电极,对氧的测量是基于电解氧的原理实现的,由铂丝阴极与银-氯化银阳极组成,称为 Clark 电极。铂丝封闭在玻璃柱中,前端暴露作为阴极,后端引出导线。银-氯化银电极围绕在玻璃柱的后端。将此玻璃柱装在一个有机玻璃套内,套的一端覆盖着 O_2 渗透膜,套内空隙充满 PO_2 缓冲液,玻璃柱的前端磨砂,使铂丝阴极与 O_2 渗透膜之间保持一薄层缓冲液。膜外为测量室检测待测溶液。待测溶液中的 O_2 借渗透膜内外 PO_2 梯度透过膜进入电极。铂丝阴极和银-氯化银阳极间加有稳定的极化电压(0.4~0.8 V,一般选 0.65 V),使 O_2 在阴极表面被还原,产生电流。其电流大小决定于渗透到阴极表面的 O_2 的多少,后者又取决于膜外的 PO_2(图 4-8)。

(4) 甘汞参比电极:此电极由汞芯、盐桥(KCl)、导线等组成。在一定温度下甘汞的活度为一常数,其电极电位取决于 Cl^- 的浓度,当其浓度一定时,甘汞参比电极电位也是一个常数。在测定时,KCl 液不断

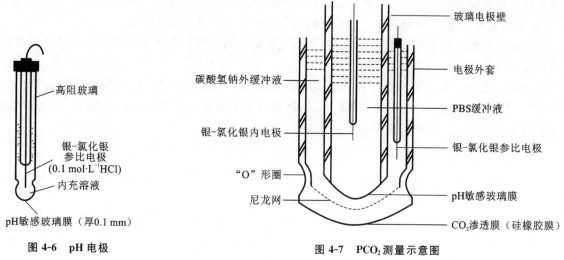

图 4-6　pH 电极

图 4-7　PCO_2 测量示意图

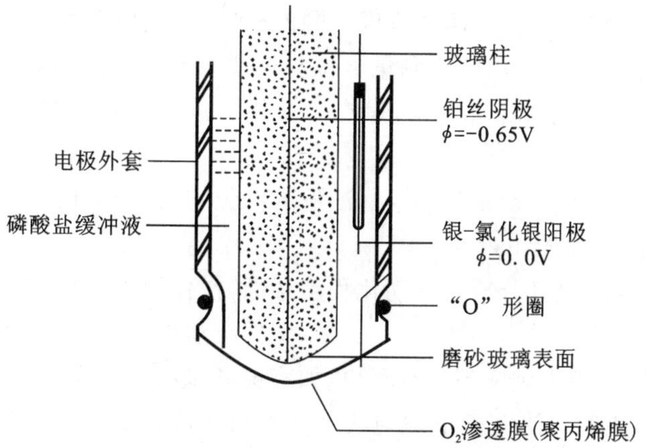

图 4-8　PO_2 结构示意图

流过而提供电极的基准电位,并使各测量电极与参比电极之间构成回路以达到测定电极电位的目的。国际公认的参比电极是标准氢电极,但最常用的是甘汞参比电极。

2. 管路系统　血气分析仪自动定标、自动测量、自动冲洗等功能是由一套较为复杂的管路系统所完成的。管路系统是血气分析仪很重要的组成部分,由气瓶、溶液瓶、连接管道、电磁阀、正压泵、负压泵和转换装置等部分组成。在检测过程中,该系统出现的故障最多。

(1)气路系统:气路系统用来提供 PCO_2 和 PO_2 两种电极定标时所用的两种气体。每种气体中含有不同比例的氧和二氧化碳。气路系统可分为两种类型,一种是压缩气瓶供气方式(常用),又叫外配气方式;另一种是气体混合器供气方式,又叫内配气方式。压缩气瓶供气方式通过外配的两个压缩气瓶供气,一个含有 5% 的二氧化碳和 20% 的氧,另一个含 10% 的二氧化碳,不含氧。经过气瓶上装有减压阀减压后输出的气体,首先经过湿化器饱和湿化后,再经阀或转换装置送到测量室中,对 PCO_2 和 PO_2 电极进行定标。气体混合器供气方式是通过仪器本身的气体混合器产生定标气,对 PCO_2 和 PO_2 电极进行定标。

(2)液路系统:液路系统具有两种功能,一是提供 pH 电极系统定标用的两种缓冲液,二是自动将定标和测量时停留在测量毛细管中的缓冲液或血液冲洗干净,因此,一般至少需要四个盛放液体的瓶子,其中两个盛放缓冲液 1 和缓冲液 2,第三个盛装冲洗液,第四个盛放废液。此外,有的仪器还配有专用的清洗液,在每次总定标之前,先要用清洗液对测量室进行一次清洗。对于这样的仪器,还需配备有一个盛装清洗液的小瓶子。

血气分析仪利用内部的真空泵和蠕动泵两个泵来完成仪器的定标、测量和冲洗。利用电磁阀控制流体的流动速度,当用缓冲液定标与测量,或样品未到达测量室时,蠕动泵快速转动;当样品到达测量室内时,蠕动泵变为慢速转动,以确保样品能够充满测量室而且没有气泡。在计算机的控制下,转换装置让不同的流体按预先设置好的程序进入测量室。转换装置一边接有各种气体与液体管路,另一边是流体的出口,在微机的控制下,某一时刻只有一个流体出口与测量毛细管的进入口相接。

有的血气分析仪的定标方式和上述有所不同。它们是先将两种比例不同的定标气混合到定标液内,而后再对电极进行定标。

3. 电路系统 不同的血气分析仪电路系统结构有所不同,其功能是将仪器测量信号进行放大和模数转换,对仪器实行有效控制、显示和打印结果,通过键盘输入指令。近年来血气分析仪的进展主要体现在计算机技术和电子线路系统的技术进步上。

(四)血气分析仪的操作

血气分析仪检测结果是否准确是判断酸碱平衡紊乱的先决条件,要保证结果的质量,关键是对仪器的定标、样品的正确收集、检测时规范的操作及质量控制。

1. 仪器的定标 样品中相关物质的浓度的检测是通过测定膜电位得到的,但由于整个过程并非在理想状态进行,测得的膜电位受许多因素影响。因此,在实际工作中必须对电极的传感性能经常进行标化及监控,这就是操作者所熟悉的"两点标化"及"一点校正"。

(1)两点标化:执行两点标化是指用两个浓度不同的标准液(或标准气体),分别测量其电位。其目的在于确定测量电极的实际斜率(s),从而建立测量电位与被测物质浓度间的数学关系,供样本测量时计算使用。与仪器配套的标准试剂(包括标准气体)是专为此用的。当仪器开机时,必须进行此项工作,否则不能进样检测。

(2)一点定标:是每隔一定时间测量某一个标准液的电位,其目的为检查电极偏离工作曲线的情况并且用于实际测量中相应物质浓度的计算。

2. 检测操作 虽然现在的血气分析仪自动化程度很高,操作简单,但规范化操作仍很重要,日常操作人员应严格按照操作规程进行。

(1)进样前:接收血样后,检查血样是否有凝块,如有凝块应要求重新抽样送检,检查标本后,操作人员应立即将其混匀(可搓动注射器使血样呈均匀状态),然后拔除针头,将注射器前端套针头部位的血液或气泡排出,准备进样。

(2)进样操作:目前血气分析仪进样方式一般采用探针吸入式或血样注入式。无论哪种进样方式,在进样时应注意血样中不能有凝块或气泡。否则,会导致进样失败或管道阻塞。

①探针吸入:例如 NOVA-5 血气分析仪,在仪器上选择吸样,待进样孔中探针完全伸出后,使探针伸入注射器内血样中(注意不要与注射器内壁和活塞接触),再按"ENTER"键,仪器自动吸样,吸样完毕,探针自动回缩,进行探针清洗,检测自动进行。

②血样注入式:例如 AVL-990 血气分析仪,在仪器上选择吸样,在进样孔被打开后,将注射器前端尖头插进进样孔,然后轻缓将血样注入,直至提示进样完成为止,移走注射器,按"开始",进样孔自动关闭后自动检测。

3. 质量控制 与其他检测仪器一样,为了保证检测结果的准确性,客观真实地反应患者的当时情况,我们应从样品的采集、检测过程、分析仪的状态等方面进行严格控制。

(1)样品采集、运送和保存:血气分析中标本收集与处理不当所引起的误差远远大于仪器测定产生的误差,血气分析标本的正确采集、运送和保存对保证检测结果的准确非常重要。

①标本的采集:血气分析一般采用动脉血,特别是 O_2 及其相关项目的检测,采集动脉血的部位可选择肱动脉、股动脉、前臂动脉及其他任何部位的动脉,但不要用止血带。也可采集毛细血管血如耳垂或婴儿的手足、拇指等。用 45 ℃水热敷局部,使其充分动脉化,穿刺要深,使血液自然流出,弃去第一滴血后取样。注意不能挤压,不能在循环不好或局部水肿的部位取血。若采集静脉血,则检测结果不能真正反应 O_2 在体内的运输情况,pH、PCO_2 检测也必须采用动脉血。采集过程中要注意患者是否处于安静、呼吸稳定的状态,是否在输液同侧抽血,抗凝剂的选择情况,避免样品与空气接触。

②血气标本送检:原则上采血后应立即测定,一般要在采集后 30 min 内检测完毕,若不能及时检测应将标本保存于 4 ℃冰箱中,一般不超过 2 h,这是因为血细胞在采集后断续代谢而消耗氧气、产生二氧化

碳和乳酸的缘故。应注意标本运送设备是否具有温度和湿度装置。

（2）人员：使用操作人员一定要有高度的责任心并熟悉仪器的测定原理、各部件的工作性能，操作严格按仪器使用说明书进行。经常按要求对仪器进行定期保养和维护。

（3）室内质控：室内质控是目前各个临床检验实验室最常用的，主要对血气分析仪分析精密度进行监测。

①质控品：可以是商品化的血液制品或者是水溶液，用于 pH、PCO_2、PO_2 的质量控制。

它通常是由提供血气分析仪的厂家定期供给，也可向一些生产质控品的公司购买。一般有三种规格：酸中毒型、正常型、碱中毒型。

②质控程序：a. 每天至少做一次质控，每次至少用两个水平的质控物。b. 在质控图上标绘质控测试结果。一般用均值-标准差质控图，亦可使用多规则 Shewhart 图。以 pH、PCO_2、PO_2 测量值作图，必要时可加上 Hb 或 HCT。至于其他，因是计算值不作考虑。c. 出现警告、失控时要查找误差原因并排除。d. 每周至少进行一次全血 pH、PCO_2、PO_2 的测量，检查仪器的可靠性。e. 注意标本测量值的合理性，结合临床诊断判别仪器的可靠性。每次维修后，应分析三个水平的质控物。

（五）血气分析仪的维护和保养

血气分析仪的正常运行和寿命取决于操作人员对仪器的熟悉程度、使用水平以及日常的精心保养和维护。

1. 仪器的日常保养　应包括以下几个方面。

（1）每天检查大气压力、钢瓶气体压力。

（2）每天检查定标液、冲洗液是否过期，检查气泡室是否有蒸馏水。

（3）每周更换一次内电极液，定期更换电极膜。

（4）每周至少冲洗一次管路系统，擦洗分析室。

（5）若电极使用时间过长，电极反应变慢，可用电极活化液对 pH、PCO_2 电极进行活化，对 PO_2 电极进行轻轻打磨，除去电极表面氧化层。

（6）仪器避免测定强酸强碱样品，以免损坏电极。若测定偏酸或偏碱液时，可对仪器进行几次一点校正。

（7）保持环境温度恒定，避免高温，以免影响仪器准确性和电极稳定性。

2. 电极的保养　电极是十分贵重的部件，应注意保养，尽量延长其寿命。

（1）pH 电极的保养：pH 电极不管是否使用，其寿命一般都为 1～2 年，所以在定购时应注意生产日期，以免过期失效，也不要备用太多。因为血液中的蛋白质容易黏附在 pH 电极表面，所以应经常清洗，必须经常按血液→缓冲液（或生理盐水）→水→空气的顺序进行清洗。如发现灵敏度下降，可用随机附送的含蛋白水解酶的清洗液或自配的 0.1% 胃蛋白酶盐酸溶液浸泡 30 min 以上，用缓冲液洗净后浸泡备用。若清洗后仍不能正常工作，应更换电极。此外，应避免电极的绝缘性能受到破坏。不能使用有机溶剂擦拭玻璃表面，避免电极表面绝缘的硅油被溶解而出现漂移现象。

（2）参比电极保养：参比电极一般用甘汞电极，参比电极的内电极部分不需要保养。每次在更换盐桥或电极内的 KCl 溶液时，加入室温下饱和的 KCl 溶液外，还需要加入少许的 KCl 结晶，使其在 37 ℃ 恒温条件下也达到饱和。同时防止气泡产生，否则会严重影响电极的功能。有的参比电极由陶瓷砂芯将盐桥分隔，会因血液蛋白膜等附着而出现 pH 不稳定现象。参比电极套需要定期更换。如果一天做 100 个样品，每周应更换一次，在样品较少时，可视具体情况延长更换时间。

（3）PCO_2 电极保养：PCO_2 电极是由半透膜、尼龙网和外缓冲液组成，影响因素较多。半透膜应保持平整，清洁，无皱纹、裂缝及针眼。半透膜及尼龙网应紧贴玻璃膜，不能产生气泡，否则会因反应速度下降而导致测量误差。电极要经常用专用清洁剂清洗，如果经清洗、更换缓冲液后仍不能正常工作时，应更换半透膜。电极用久后，阴极端的磨砂玻璃上会有 Ag 或 AgCl 沉积。可用预先用缓冲液润湿的细砂纸轻轻磨去沉积物，再用外缓冲液洗干净。电极要经常用专用清洁剂清洗，在清洗、更换缓冲液后仍不能正常工作时，应更换半透膜。不同的半透膜反应速度不一样，硅橡胶膜反应速度最快，不同批号的膜也有一定的批间差,使用时应注意。

(4) PO_2电极的保养:PO_2电极中干净的内电极端部和四个铂丝点应该明净发亮。每次清洗时,都应该用电极膏对PO_2电极进行研磨保养。但要注意,一是在研磨时要用电极膏将该电极的阳极,即靠电极头部1 cm处的银套一并擦拭干净;二是氧电极内充的是氧电极液,不要弄错。

在进行PCO_2电极和PO_2电极维护保养后,应进行两点标化,执行质控,确保仪器状态稳定,质控在控才能进行检测。

第二节　自动生化分析仪

掌握: 自动生化分析仪的分类与功能、基本结构和工作原理。
熟悉: 自动生化分析仪的性能和评价、参数设置。
了解: 自动生化分析仪的基本操作、维护保养。

国内外自动生化分析仪种类繁多、规格各异,应用最多的是分立式自动生化分析仪和干化学式自动生化分析仪,这两类生化仪自动化程度高。目前生化分析仪应用领域不仅局限于临床生化检测领域,还广泛应用于特种蛋白质、激素、肿瘤标志物的检测,甚至药物浓度的检测。

本节主要介绍自动生化分析仪的分类与功能、基本结构、工作原理、性能和评价、参数设置、基本操作以及维护保养等内容,重点介绍分立式自动生化分析仪和干化学式自动生化分析仪。

一、自动生化分析仪的分类与功能

自动生化分析仪根据不同分类标准,可分成不同的种类。按其不同功能可进行以下几种分类。

(1) 按自动化程度不同分类:分为全自动及半自动生化分析仪。
(2) 按反应装置结构不同分类:分为连续流动式、离心式、分立式和干化学式等自动生化分析仪。
(3) 按反应载体不同分类:分为普通(液体)和干化学式自动生化分析仪。
(4) 根据选择方式分类:分为随机任选式和固定式自动生化分析仪。
(5) 按同时可测项目的数目分类:分为单通道和多通道自动生化分析仪。
(6) 根据仪器的功能及复杂程度分类:分为小型、中型、大型及超大型自动生化分析仪。

目前,随着临床实验室全系统化和流水线发展,自动生化分析仪模块化组合可使检测高达每小时几千甚至上万测试。

1. **连续流动式自动生化分析仪**　按Skeggs在1957年提出的设计方案而生产的单通道、连续流动式自动比色仪是最早的生化分析仪,这种生化分析仪只能报告被测定物质的光密度值。这种仪器的分析过程是在管道内连续流动的过程中完成,整个检测包括吸入样品、试剂流都是在管道中连续向前流动,进行混合、反应、保湿,然后被测定,因此又称管道式自动生化分析仪。

这类仪器可分空气分段式系统和非空气(试剂)分段式系统。空气分段式系统的原理是根据"气泡隔离连续分析"原理,反应液之间由气泡间隔开,而试剂分段式系统是用试剂空白或缓冲液来间隔。空气分段式系统包括样品盘、比例泵、混合器、透析器、恒温器、比色计和记录器。

2. **离心式自动生化分析仪**　离心式自动生化分析仪是1969年Anderson设计的一种机型,其检验过程是将样本和试剂放在特制的圆盘内,圆盘放在一个类似离心机转头上,在离心作用下进行混合、反应和测定。离心式自动生化分析仪由加样部和分析部两个部分组成。加样部分包括样品盘、试剂盘、吸样臂、试剂臂和电子控制部分;分析部分包括离心转盘、温控系统、光学检测系统、计算机信息处理系统和显示系统。其具体的工作原理是将样品和试剂放在特制圆形反应器不同圈的比色槽内,当离心机开动后,圆形反应器内的样品和试剂在离心力的作用下进行混合而发生反应,经过温育后,反应液最后流入圆形反应器外圈的比色槽内,通过比色计检测,最后计算机对所得的吸光度进行计算,显示结果并打印。这类分析仪的特点是在整个分析过程中,样品与试剂的混合、反应和检测等每一步骤几乎同时完成,属于"同步分析"的原理。

3. 分立式自动生化分析仪 目前国内外应用最多、最广泛的自动生化分析仪是分立式自动生化分析仪,这类自动生化分析仪问世于 20 世纪 60 年代。其特点是能够完全模仿并替代手工操作,按手工操作的方式编排程序,然后由微机控制的机械操作代替手工操作,加样探针将样品加入各自的反应杯中,试剂探针根据不同反应原理按一定时间自动定量加入试剂,然后经搅拌器充分混匀后,在一定条件下反应。这类仪器的反应杯兼做比色杯进行比色测定,在检测过程中比色杯不断地进入光路,可以在不同的时间内记录吸光度变化而进行测定。

分立式自动生化分析仪与通道式自动生化分析仪的不同在于结构上。分立式自动生化分析仪每个检测都是在独立的试管(反应杯)中起反应,用采样器和加液器组成的稀释器来取样和加试剂;而后者是在同一通道中起反应,采用比例泵将样品和试剂泵入管中进行反应。分立式自动生化分析仪由于各个项目是在各个独立的试管(反应杯)中进行,彼此分离,因此交叉污染比通道式低(图 4-9)。

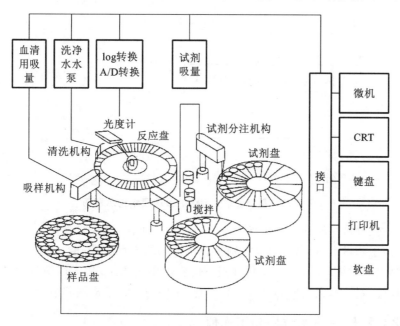

图 4-9 分立式自动生化分析仪示意图

分立式自动生化分析仪应用最多的是反应杯转盘式或轨道式分立式自动生化分析仪,还有一种袋式分立式自动生化分析仪,所谓的"袋式"是试剂装在均匀透明的塑料夹中形成特殊的测试管,每个检测项目一袋,由于袋式分立式自动生化分析仪采用一袋一检测项目,因此其污染少、检测结果准确。但袋子一次使用成本较高,目前使用普遍是反应杯转盘式或轨道式分立式自动生化分析仪(图 4-10)。

图 4-10 BECKMAN AU680 分立式自动生化分析仪

4. 干化学式自动生化分析仪 所谓的"干化学"是与传统的"湿化学"相比较而言的。干化学又称固相化学,是指将一项测定所需的全部或部分试剂预固定在具有一定结构的反应装置——试剂载体中。将待测液体样品直接加到已固化于特殊结构的试剂载体上,以样品中的水将固化于载体上的试剂溶解,再与样品中的待测成分发生化学反应,干片的背面产生颜色反应,用反射光度计检测即可进行定量。干化学式自动生化分析仪是集光学、化学、酶工程学、化学计量学及计算机技术于一体的新型生化检测仪器。

干化学式自动生化分析仪多采用以 Kuvelka-Munk 理论或 Williams-Clapper 方程为基础的多层薄膜固相试剂技术,测定方法多为反射光度法和差示电位法。反射光度法用于比色法测定或速率法测定,是指显色反应发生在固相载体,对透射光和反射光均有明显的散射作用,不遵从朗伯-比尔定律,并且固相反应膜的上下界面之间存在多重内反射,应使用 Kuvelka-Munk 理论或 Williams-Clapper 方程予以修正。差示电位法用于测定无机离子,是基于传统湿化学分析的离子选择电极原理的差示电位法,由于多层膜是一次性使用,既具有离子选择电极的优点,又避免了通常条件下电极易老化以及样品中蛋白质干扰的缺点,但成本较高。

根据多层膜的测定方法不同,可将多层膜分为三种类型,一种是基于反射光度法的多层膜(图 4-11),一种是基于差示电位法的离子选择电极(ISE)多层膜,还有一种是最近发展起来的基于荧光技术和竞争免疫技术的荧光反射光度法的多层膜。

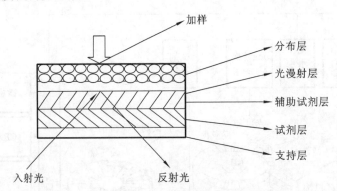

图 4-11　基于反射光度法的多层膜结构示意图

干化学式自动生化分析仪的特点与传统的分析方法完全不同,相应批次的试剂所包含的所有测定参数均存储于仪器的信息磁盘中,仪器可自动识别带有条形码的试剂包,一般配有原装校准品,可进行自动校准。操作简便、测定速度快,并且整个检测过程不需要使用去离子水、无需清洗系统,使用后的废弃试剂盒易于处理、对环境污染少,灵敏度和准确性高,目前主要用于急诊检测和微量检测。

二、自动生化分析仪的基本结构和工作原理

这里我们主要以目前国内、外应用最多的分立式自动生化分析仪为代表介绍自动生化分析仪的基本结构和工作原理。

1. 自动生化分析仪的基本结构　自动生化分析仪由分析部分和操作部分组成,包括加样系统、检测系统和计算机系统。加样系统包括样品架、试剂仓、取样单元(样品和试剂)、搅拌器;检测系统由光源、分光装置、比色杯、恒温装置、清洗装置等组成;计算机系统与仪器结合在一起,构成自动生化分析仪的核心。

2. 自动生化分析仪的工作原理

(1)加样系统:

①样品转盘或样品架:每个转盘或样品架可放置小型塑料样品杯数个或试管十个或五个。目前很多仪器可直接将原始试管放置于试管架或转盘上,结合条形码信息管理系统,检测时仪器上条形码阅读装置可进行扫描读取样品信息如检测项目等,计算机根据相应信息控制分析仪进行检测。在无条形码情况下也可手工录入,或条形码与手工录入同时进行。

②试剂仓:用来放置试剂,试剂仓大小及数量取决于不同型号分析仪的配置需要,大型仪器或模块化仪器一般都有两个或多个试剂仓,可将第一、第二试剂分开放置。一般带有冷藏装置使试剂保存在 5~12 ℃,同时可保持一定的湿度,从而避免试剂蒸发。试剂室能同时放置的不同试剂有 20 到 50 余种不等。试剂仓带有条形码装置者通过条形码阅读装置自动扫描读取试剂信息,这种试剂盒可任意放置,也可不扫描条形码人工进行试剂仓位设置。

③取样单元:加液系统由加样臂、加样针、加样注射器、步进马达(或油压泵、机械螺旋传动泵)组成。

加样针一般前端有液面传感器,其感应液面原理是通过电阻或是测定电容电流,通过电阻或电容电流变化感应液面。改进后的智能化探针系统,除了感应液面外还具有防止阻塞和自动反冲功能,当探针遇到纤维蛋白块或血凝块堵塞时,会移动到冲洗池,针内有一强压水流向下冲,可将阻塞的纤维蛋白或血凝块排出。其还具有防碰撞自我保护功能,当探针遇到碰撞后能自动停止并报警,以保护探针。加样注射器是由特殊的硬质玻璃制成的,现代的定量吸取技术是采用脉冲数字步进电机定位,具有加样准确,且故障率低的优点。

(2) 检测系统:

① 光源:自动生化分析仪的光源多采用卤素灯和闪烁氙灯,使用最多是卤素钨丝灯,工作波长为325~800 nm,其使用寿命一般在5000 h以上。如需紫外光检测的项目,可用氙灯,其工作波长为285~750 nm。理想的光源发出的光谱波长应覆盖常规检测所需波长范围且发光强度均匀稳定。

② 光路和分光装置:光路系统包括一组透镜、聚光镜、比色杯和分光元件。有直射式光路和集束式光路及前分光和后分光。前分光的光路与一般分光光度计一样,为光源→分光元件→样品→检测器,如图4-12所示。后分光的光路为光源→样品→分光元件→检测器,如图4-13所示。后分光与传统的前分光的光路不同在于后分光是将一束白光(混合光)先照射到样品杯,通过样品杯的光再经过光栅分光,然后用检测器检测所需波长的光吸收量。采用后分光技术可以在同一体系中测定多种成分,而无需移动仪器的任何部分,稳定性好。如选用双波长或多波长进行测定,还可大大降低"噪声",提高了分析准确度,因此后分光具有在同一体系中同时得到多组分结果、速度快、噪声低、分析精确度和准确度高、故障少的优点。分光元件一般采用干涉滤光片或光栅。光栅与干涉滤光片相比使用寿命长,无需任何保养。光栅分为全息反射式光栅和蚀刻式凹面光栅两种,前者是在玻璃上覆盖一种金属膜后制得,有一定相差,且易被腐蚀;后者是将所选波长固定刻在凹面玻璃上,无相差,抗腐蚀,耐磨损。目前大部分自动生化分析仪使用的是后分光光路系统和蚀刻式凹面的全息光栅。

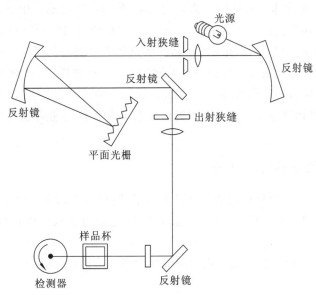

图 4-12　前分光结构示意图

③ 比色杯:分立式自动生化分析仪一般都采用一定厚度的比色杯进行比色,比色杯的光径有0.5 cm、0.6 cm和1 cm三种,由于0.5 cm光径的比色杯可节省试剂,使用更为广泛。分立式自动生化分析仪一般采用比色杯转盘,可放比色杯数量不等,一般有100只以上;大型的分析仪或模块化分析仪可有双圈多个比色杯转盘。检测过程中比色杯转盘带动比色杯做圆周运动,在特定的时间静止,进行加样品、试剂及搅拌,加样后在慢速旋转中测吸光度,比色杯越多,检测速度越快。目前,大多数的生化分析仪使用的比色杯有自动冲洗和吸干功能,并自动做空白检查,检测合格的比色杯可循环使用。如自检不合格者,分析仪会自动报警,提示更换比色杯。也有少部分生化分析仪采用一次性塑料比色杯,具有免清洗、交叉污染少的优点,但成本较高。

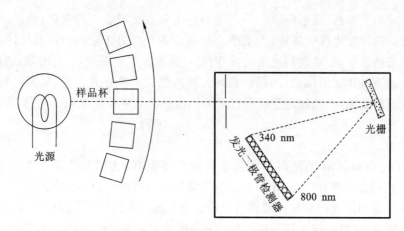

图 4-13 后分光结构示意图

④恒温装置:生化反应特别是酶类对反应温度要求较高,因此自动生化分析仪通过温度控制系统保证反应在恒温环境下进行。全自动生化分析仪一般都设有 30 ℃和 37 ℃两种温度,并控制误差在±0.1 ℃,在我国使用最多的温度是 37 ℃,少部分仪器两种温度能够转换。恒温装置主要有空气浴、水浴、油浴及金属浴等。

⑤清洗装置:一般包括吸液针、吐液针和擦拭块。可有五至六段清洗。清洗装置对防止交叉污染很重要,目前有的自动生化分析仪采用激流式和多步骤冲洗。清洗的工作流程为吸取反应液→注入清洗液→吸取清洗液→注入洁净水→吸取洁净水→吸水→擦干等步骤。有的生化分析仪还能进行风干。清洗液有酸性和碱性两种,不同分析仪可根据需要选择,可交替使用。正确维护保养管道、比色杯和探针,能够有效地减少交叉污染,保护管道,从而保证检测的精密度和准确性。

(3)计算机系统:计算机技术广泛应用于临床实验室,使新一代自动生化分析仪自动化程度更高。目前许多临床实验室采用实验室信息化管理系统(LIS)与仪器相结合,进行条形码管理,计算机和分析仪可进行条形码读取样品和试剂信息,并将相应的样品的信息和需要测定的项目以及试剂信息自动录入计算机,并给仪器发送相应的指令,控制分析仪进行相应的动作,包括加样、加试剂、混合、保温比色、清洗等,直至报告结果并打印。实验室信息化管理系统应用于临床实验室后,可与临床科室进行联网管理,实行双向通信,检测结果可与临床科室实时共享。有的大型自动分析仪还能通过互联网进行远程诊断和故障排除。

三、自动生化分析仪的性能和评价

如何正确评价仪器的性能,合理选用适合自己实验室的仪器,对每个实验室来说,都非常重要。特别是现在自动生化分析仪的型号规格很多,生产厂家也很多,进行分析仪性能评价是选择合适的生化分析仪的重要环节。

1. 自动生化分析仪的性能　自动化生化分析仪的性能可从自动化程度、分析效率、分析准确度、应用范围几个方面进行评价。

(1)自动化程度:自动化程度指仪器能够完全替代手工完成生物化学检测操作程序的能力。生化分析仪自动化程度的高低,取决于仪器的计算机处理功能和软件的智能化程度,体现在:①自动处理能力:如处理样品、加样、清洗、开关机等方面。②分析项目的数量和检测速度。③其他辅助功能:如样品针和试剂针的自动报警功能、探针的触物保护功能、试剂剩余量的预示功能、故障提示功能等。不同的实验室可根据实际标本量、开展的项目数量、检验结果回报速度的要求以及本实验室发展前景等选择合适的生化仪。标本量大、检验项目多的综合性大医院可选用大中型或模块组合大型全自动生化分析仪;标本量小、检验项目少的小医院或单位,可以先用小型自动生化分析仪或半自动生化分析仪。

(2)分析效率:全自动生化分析仪的分析效率是指在分析方法相同的情况下分析速度的快慢,这取决于一次测定中可测样品的多少和可测项目的多少。不同类型的自动生化分析仪,分析效率差别很大。单通道自动生化分析仪,每次只能检测一个项目,分析效率较低;离心式自动生化分析仪采用同步分析原理,加样部分和分析部分可独立工作,分析效率较高但同时只能检测同一项目。因此,单通道和离心式自动生化分析仪应用已经满足不了现代临床实验室发展的需要。目前生化分析仪应用多通道自动生化分析仪,可同时检测多个项目,分析效率较高。小型自动生化分析仪使用同一加样针加样和加试剂,速度较慢,分析效率较低。先进的全自动生化分析仪使用样品针和试剂针分别加样和加试剂。模块组合的生化仪,可有多套样品针和试剂针,使分析效率大大提高。模块化组合还可以随着实际标本量的增加而增加模块,提高检测速度。

(3)分析准确度:分析准确度是临床检验分析中保证实验检测结果的精密度和准确度的基础,其取决于分析方法的选择以及仪器各部件(探针、温控装置、分光元件、比色系统、光路系统等)的加工精确度和精确的工作状态。如自动生化分析仪采用先进的液体感应探针和步进马达,进行准确吸样。恒温装置可保证温控稳定准确。搅拌装置采用具有特殊的不粘特氟隆涂层的搅拌棒,采用旋转的搅拌方式,既可使混匀充分,又可以极大地减少样本间交叉污染。

(4)应用范围:目前生化分析应用范围包括多种临床生化检验指标、药物监测、各种特异蛋白的分析、微量元素测定等。分析方法有分光光度法、浊度比色法、离子选择电极法、荧光法等测定,既能用终点法,又可用动态法测定。现代生化分析仪采用了双波长光路设计,可消除“背景噪声”,排除样品中溶血、脂血及胆红素等成分的干扰。双试剂功能可消除样品内源性物质的干扰。选择时应注意的是应用范围是衡量自动生化分析仪的一个综合指标,与仪器的设计原理及结构有关。

(5)其他性能:自动生化分析仪的其他性能如取液量、最小反应体积、仪器的维修保养和途径、消耗品及零配件的供应、配套试剂盒的供应以及试剂是专用试剂还是开放式试剂等,也是我们评价仪器的指标,在选用时都应一并考虑,以使选用的自动生化分析仪能够真正地符合实验室实际需要,同时有较高的性价比。

2. 自动生化分析仪的评价指标 现代自动生化分析仪设计完善,高度自动化,精密度、准确度都很高,在仪器出厂前已做好校准。但临床检验实验室在开始使用前仍需对自动生化分析仪的常用性能评价指标进行评价,如精密度、互染率、波长的准确性和线性、与其他仪器的相关性等。

(1)精密度:主要有批内重复性和总精密度两方面。批内重复性就是对样品的某一个或几个项目各重复测定20次,计算变异系数,然后与厂家的该项技术指标进行比较。总精密度的计算是通过选择某一常规临床生化检验项目的一高一低两个浓度,通常为医学决定水平的正常值和异常值,每天做室内质量控制,计算总精密度。

将计算好的批内精密度和总精密度与厂商估计的精密度或临床实验室相关要求的精密度用统计学方法进行比较,观察两者差异有无统计学意义。

(2)互染率:互染率的测定方法是选择在任一波长有特异吸收的溶液,如配制浓度相差5至10倍的两个不同浓度的重铬酸钾溶液,在300 nm处比色。在用蒸馏水调零后,先用低浓度的连续比色三次(L_1, L_2, L_3),然后用高浓度的比色三次(H_1, H_2, H_3),再用低浓度的比色三次(L_4, L_5, L_6)。

互染率计算方法:

$$[(H_3 - H_1)/H_3] \times 100\% = 互染率\%(高浓度对低浓度)$$
$$[(L_4 - L_6)/L_6] \times 100\% = 互染率\%(低浓度对高浓度)$$

互染率越小越好,应小于厂商估计的互染率,目前自动生化分析仪的互染率一般都小于1%,有些近乎于0%。

(3)波长的准确性和线性:波长检查包括选用波长的准确性和线性。线性检查方法是用系列标准溶液在最大吸收处读取吸光度,然后绘制标准曲线或用回归法计算线性相关。准确性可通过两种方法检查:①用已知准确摩尔浓度和摩尔消光系数的溶液,测定其特定波长处的吸光度(A),计算$e = A$值/摩尔浓度,然后与标准e比较。②与已经通过波长校正的仪器比较,如有漂移,应进行适当校正。

(4)与其他仪器的相关性和室间比对:相同项目用不同仪器测定的结果必然存在差别,不同仪器的测定结果存在着一定的差异,为了取得一致的结果,拥有两台仪器以上(比如急诊生化仪与常规生化仪)的实验室有必要进行仪器之间的相关性校正。同时也要参加实验室间的结果比对,如参加各个省临床检验中心组织的室间质评或国家卫生与计划生育委员会临床检验中心组织的室间质评。为使不同实验室的检验结果具有可比性,也可以用参考实验室的仪器进行校正。

四、自动生化分析仪的参数设置、操作和维护保养

1. 自动生化分析仪的参数设置　在仪器开始正常运行前应根据所需检测的项目及所采用的试剂进行参数的设置,设置内容包括波长、温度、样品量和试剂量、分析方法、校正方法、分析时间、线性范围的设置、参考范围设定等。目前有部分厂家自动生化分析仪采用的是专用的配套试剂,其参数是封闭式、已由厂家出厂前设定好了的,无需人为设置。

(1)波长的选择:一般自动生化分析仪可根据待测项目和选用的试剂盒进行单波长或双波长设置。单波长是用一个波长检测物质的光吸收强度的方法。单波长主要用于测定体系中只有一种组分或混合溶液中待测组分的吸收峰与其他成分的吸收峰无重叠时。自动生化分析仪常用双波长,根据光吸收曲线选择最大吸收峰作为主波长,副波长的选择原则是选择干扰物在主波长的吸收与副波长吸光度尽可能接近的波长,测定时主波长的吸光度减去副波长的吸光度可消除溶血、浊度等干扰物的影响,从而保证测定结果的准确性。

(2)温度的选择:自动生化分析仪通常设有 25 ℃、30 ℃、37 ℃三种温度,目前国内大部分实验室采用 37 ℃。

(3)分析方法的选择:自动生化分析仪一般都具备一点终点法、两点终点法、连续监测法、比浊测定法等,可根据需要进行设置,现在使用的商品化试剂,一般在试剂盒里会提供相应的分析方法。

(4)样品量和试剂量:样品与试剂量的确定一般按照试剂说明书上的比例,并结合仪器的样品和试剂的最小加样量及加量范围、最小反应液的体积等特性进行设置。

(5)分析时间的选择:分析时间的选择和设定因分析方法的不同而异。如一点终点法的分析时间应设在待测物质反应将完成时,过早则反应未达到终点而影响结果的准确性,过迟则易受其他反应物质干扰。两点终点法应设定合适的第一试剂和第二试剂加入时间,以消除标本空白和内源性物质干扰。连续监测法的分析时间应选择在零级反应期,以保证检测结果的准确性。

(6)校正方法:仪器内设置的校正方法一般包含两点校正、多点校正、线性校正、非线性(对数法、指数法、量程法)校正等。两点校正是指用一个浓度的标准品和一个试剂空白进行校正的方法,该法要求反应必须符合朗伯-比尔定律,即标准(工作)曲线呈直线。多点校正是多个具有浓度梯度的标准品用非线性法进行校正,适用于标准(工作)曲线呈各种曲线形式的项目,如多数的免疫浊度法。非线性校正包括各种对数和指数校正及量程法校正,标准曲线呈对数或指数曲线特征的项目选择对应的方法进行校正。量程法则是根据标准曲线上每两点间浓度与吸光度的关系计算待测物的浓度。

2. 自动生化分析仪的操作　目前许多自动化生化分析仪自动化程度很高,其智能功能能够自动开机、开机后自动清洗、进行比色杯校正等,关机时冷藏装置仍可正常运行,试剂仓制冷保温功能正常运行。实验室应根据每台仪器的工作原理制订相应的标准化操作规程(SOP 文件),下面介绍一般自动生化分析仪的操作流程。

(1)工作前检查:对仪器的状态进行检查,检查样品针、试剂针、搅拌棒是否沾有水滴、有没有沾附纤维蛋白,注射器是否有渗漏,各清洗槽是否脏污或堵塞。检查试剂和清洗液,不足时添加。检查废液排出是否通畅,清理废液桶。确认仪器台面是否整洁。检查纯水机工作是否正常及产水的质量是否符合要求。更新工作列表,如试剂换新批号应及时进行定标。进行校准品和质控品的复溶。

(2)工作前维护:正常工作前一般要进行一次比色杯清洗,必要时进行比色杯吸光度检查;灯泡如发光衰减必要时应更换,更换灯泡待光源稳定后进行比色杯吸光度校正。

(3)执行校准操作程序和质控操作程序,确认校准通过和质控在控后进行样品检测。

(4)结束工作并做好记录:检验完毕后,对仪器进行清洗保养。样品按要求保存。按要求做好各种记录,包括日工作记录表、维护保养记录表、日校准记录表、校准结果记录表、室内质控记录表。做好实验室清洁工作。

3. 自动生化分析仪的维护保养　自动生化分析仪良好的维护保养是仪器状态稳定、检测结果准确的保证。按维护保养的频率可分日维护保养、周维护保养、月维护保养和必要时保养。

（1）日维护保养：检查仪器工作环境的温度和湿度。实验室室温恒定于 20～25 ℃。湿度应控制在 45％～60％。检查样品针和试剂针的分配器是否渗漏，检查清洗样品针、试剂针、搅拌棒。

（2）周维护保养：除日维护保养外用酸性清洗液或碱性清洗液进行比色杯、搅拌棒和废液管道清洗。清洗完后进行比色杯光电校正。如试剂瓶是重复使用应清洗并干燥后再添加试剂。

（3）月维护保养：除日维护保养和周维护保养内容外，应进一步清洗样品针、试剂针和搅拌棒的冲洗池，清洗仪器的冲洗头，清洗去离子水的过滤器和加样针的过滤器。

（4）必要时保养：指在有需要时进行的保养，如更换灯泡、更换比色杯等，仪器故障维修后需进行相应保养来保证仪器状态稳定。

第三节 电 泳 仪

掌握：电泳仪的基本结构、技术指标、常用电泳方法。

熟悉：电泳仪的使用、安装与常见故障排除。

了解：电泳原理与影响电泳的因素。

自从 1946 年瑞典物理化学家 Tiselius 教授研制的第一台商品化移界电泳系统问世以来，电泳分析所用仪器在近半个多世纪的时间里发展极其迅速。特别是电泳所用支持介质由流动相改为固相后，为适应不同临床、教学和科研工作的需要，各种各样的电泳分析装置不断推出。随着科学技术的发展和进步，蛋白质电泳技术在生物学、分子生物学和医学领域内不断完善，已成为临床检验和分析研究中不可缺少的一项技术。早期的电泳技术是由瑞典 Uppsala 大学物理化学系 Svedberg 教授提出，带电粒子在电场中移动的现象称其为电泳（electrophoresis），带负电荷的粒子向电场的正极移动，带正电荷的粒子向电场的负极移动。1937 年，Tiselius 教授利用电泳现象，发明了最早期的移动界面电泳（移界电泳，moving boundary electrophoresis），用于蛋白质分离的研究，开创了电泳技术的新纪元。此后，各种电泳技术及仪器相继问世，先进的电泳仪和电泳技术的不断发展，使其在生物化学实验技术中占重要地位，在临床检验中应用广泛：有不用支持介质的自由电泳技术和用支持介质以水平方向或垂直方向进行分离的区带电泳技术；在分离方法上还有双向电泳、交叉电泳、连续或不连续电泳和与层析法相结合的层析技术等。

一、电泳原理与影响电泳的因素

（一）基本原理

任何质点在溶液中解离或吸附带电离子，在电场作用下都会向其电性相反的电极移动。许多生物分子，如蛋白质、氨基酸、核酸等，都带有可电离基团，在一定的 pH 条件下，它们或带正电或带负电，在直流电场中将会受到电性相反的电极吸引而发生移动。

不同性质的质点，由于带电性质及电荷量不同，在一定电场强度下移动的方向和速度亦不同。蛋白质分子为两性电解质，在特定的 pH 溶液中所带正电荷数恰好等于带负电荷数，即分子的净电荷等于零，此时蛋白质在电场中不再移动，溶液的这一 pH，称为该蛋白质的等电点（isoelectric point，pI）。若溶液呈酸性，即 pH<pI，则蛋白质质点带正电荷，它就向电场的负极移动；若溶液呈碱性，即 pH>pI，则蛋白质质点带负电荷，它就向电场的正极移动。

不同的物质由于其带电性质、颗粒形状和大小不同，它们在一定的电场中移动方向和移动速度也不同，因此可使它们分离（图 4-14）。

（二）影响因素

根据电泳的原理可以看出，电泳的影响因素很多，其主要包括被分离物质的颗粒大小、形状和带电荷量，电场强度，溶液的 pH 和离子强度及支持介质的理化性质等，后者主要指介质的电渗作用和分子筛效应。

1. 溶液的 pH　溶液 pH 决定带电颗粒的离解程度，也即决定其带净电荷的量。对蛋白质而言，溶液

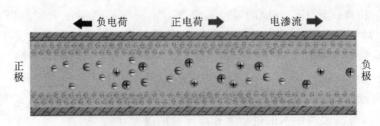

图 4-14 电泳现象和电渗流现象

的 pH 离其等电点越远,则其带净电荷就越多,从而泳动速度就越快;反之,则越慢。

2. 电场强度   电场强度是指每 1 cm 的电位降,亦即电位梯度或电势梯度。电场强度对颗粒的运动速度起着十分重要的作用。电场强度越高,带电颗粒的泳动速度越快;反之,则越慢。根据电场强度大小,又将电泳分为常压电泳和高压电泳,前者电场强度为 2 ~ 10 V·cm^{-1},后者为 70 ~200 V·cm^{-1}。用高压电泳分离样品需要的时间比常压电泳短。

3. 溶液的离子强度   溶液的离子强度在 0.02~0.2 之间时,电泳较合适。若离子强度过高,则会降低颗粒的迁移率。其原因是,带电颗粒能把溶液中与其电荷相反的离子吸引在自己周围形成离子扩散层。这种静电引力作用的结果,导致颗粒迁移率降低。若离子强度过低,则缓冲能力差,往往会因溶液 pH 的变化而影响迁移率的速率。

4. 电渗作用   当支持物不是绝对惰性物质时,常常会有一些离子基团如羧基、磺酸基、羟基等吸附溶液中的正离子,使靠近支持物的溶液相对带电。在电场作用下,此溶液层会向负极移动。反之,若支持物的离子基团吸附溶液中的负离子,则溶液层会向正极移动。溶液的泳动现象称为电渗。因此,当颗粒的泳动方向与电渗方向一致时,则加快移动颗粒的泳动速度;当颗粒的泳动方向与电渗方向相反时,则降低颗粒的泳动速度。

5. 焦耳热   在电泳过程中,电流与释放出热量(Q)之间的关系可列成下式:

$$Q=I^2Rt$$

式中:R 为电阻;t 为电泳时间;I 为电流。公式表明,电泳过程中释放出的热量与电流的平方成正比,当电场强度或电极缓冲液中离子强度增高时,电流会随着增大。这不仅降低分辨率,而且在严重时会烧断滤纸或熔化琼脂糖凝胶支持物。

6. 粒子的迁移率   迁移率为带电粒子在单位电场强度下的移动速度,常用 μ 来表示。主要与颗粒直径、形状以及所带的净电荷量等有关。一般来说,颗粒带净电荷量越大或其直径越小,其形状越接近球形,在电场中的泳动速度就越快;反之,则越慢。

7. 吸附作用   即介质对样品的滞留作用,是导致样品出现拖尾现象的主要因素,能显著降低分辨率。

二、电泳仪的基本结构及技术指标

(一)主要部件

通常所说的电泳仪可分为主要设备(分离系统)和辅助设备(检测系统)。主要设备指电泳仪电源、电泳槽(图 4-15)。辅助设备指恒温循环冷却装置、伏时积分器、凝胶烘干器等。有的还有分析检测装置。

目前临床常规使用的自动化电泳仪一般分为两个部分:电泳可控制单元(包括电泳槽、电源和半导体冷却装置)和染色单元。有的仪器电泳过程包括点样、固定、染色和脱色等步骤全部由计算机自动化控制,操作简便、快速,保证了检测结果的准确性和可重复性。

(二)技术指标

1. 输出电压   电泳仪电源输出的直流电压范围(0~6000 V),同时给出精度。

2. 输出电流   电泳仪电源输出的直流电流范围(1~400 mA),同时给出精度。

3. 输出功率   电泳仪电源输出的直流功率范围(0~400 W),同时给出精度。

4. 电压稳定度   电泳仪电源输出电压的变化量与应输出电压的比值,稳定度越小越好。

5. 电流稳定度   电泳仪电源输出电流的变化量与应输出电流的比值,稳定度越小越好。

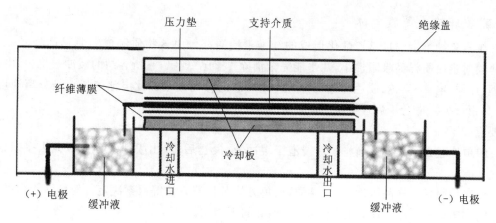

图 4-15 平卧式电泳槽装置示意图

6. 功率稳定度 电泳仪电源输出功率的变化量与应输出功率的比值,稳定度越小越好。

7. 输出组数 电泳仪电源可同时为几个电泳槽提供输出。

8. 连续工作时间 电泳仪可连续稳定工作的时间。

9. 保护措施 电泳仪电源电路的自我保护方式,有的给出限定值。

10. 显示方式 对工作电流、电压的显示方式,有指针式仪表和数字式显示。

11. 定时方式 电泳时间控制方式,常有电子石英钟控制,还可用预设的功率值控制,当电泳功率达到预定值时即可断电。

12. 电源电压 供电电源的额定电压。

13. 电源频率 供电电源的频率。

对于复杂的电泳仪还有温度控制、制冷和加热性能等指标。

三、电泳技术的分类

电泳技术的分类通常可按照电泳实验条件的某一特征,如工作原理、所用载体、使用目的、工作方式、电源控制等来进行。

1. 根据工作原理的不同分类 可分为移界电泳、区带电泳、等速电泳、等电聚焦电泳等。

2. 根据有无固体支持物分类 可分为自由电泳(无固体支持物)和支持物电泳(有固体支持物)两大类。

3. 根据支持载体的位置或形状分类 可分成水平电泳、垂直电泳、板状电泳、柱状电泳、U 形管电泳、倒 V 字形电泳、毛细管电泳等。

4. 根据电源控制的不同分类 一般可分为以下三类。

(1)恒压电泳:包括超高电压(大于 5000 V)、高电压(1500～5000 V)、中电压(500～1500 V)和低电压(小于 500 V)电泳。

(2)恒流电泳:包括大电流(大于 0.5 A)、中电流(0.1～0.5 A)和小电流(小于 0.1 A)电泳。

(3)恒功率电泳:包括大功率(大于 200 W)、中功率(60～200 W)和小功率(小于 60 W)电泳。

5. 根据自动化程度的不同分类 可分为半自动和全自动型电泳。

6. 根据其功能的不同分类 可分为制备型、分析型、转移型、浓缩型等电泳。

7. 根据不同的使用目的分类 可分为核酸电泳、血清蛋白电泳、制备电泳、DNA 测序电泳等。

四、常用电泳方法

(一)纸电泳

纸电泳是指用滤纸作为支持载体的电泳方法。该法是最早使用的区带电泳,由于操作简单方便,因此在很多领域得以广泛应用。由于纸的吸附作用明显,自从 1957 年 Kohn 首先将醋酸纤维素薄膜用作电泳支持物以来纸电泳已被醋酸纤维素薄膜电泳所取代。

（二）醋酸纤维素薄膜电泳

醋酸纤维素是纤维素的羟基乙酰化形成的纤维素醋酸酯。由该物质制成的薄膜称为醋酸纤维素薄膜。这种薄膜对蛋白质样品吸附性小，几乎能完全消除"拖尾"现象，它所容纳的缓冲液也少，电泳后经过膜的预处理、加样、电泳、染色、脱色与透明即可得到满意的分离效果。此电泳的特点是分离速度快、电泳时间短、样品用量少。适合于病理情况下微量异常蛋白的检测（图4-16）。

操作要点如下。

（1）膜的预处理必须于电泳前将膜片浸泡于缓冲液，浸透后，取出膜片并用滤纸吸去多余的缓冲液，不可吸得过干。

（2）加样样品用量依样品浓度、本身性质、染色方法及检测方法等因素决定。对血清蛋白的常规电泳分析，每厘米加样线不超过 $1\ \mu L$，相当于 $60\sim80\ \mu g$ 的蛋白质。

（3）电泳可在室温下进行，用电流强度为 $0.4\sim0.5\ \mathrm{mA \cdot cm^{-1}}$ 的宽膜为宜，一般电泳 $45\sim60\ \mathrm{min}$ 即可。

（4）染色：一般蛋白质染色常使用氨基黑和丽春红，糖蛋白用甲苯胺蓝或过碘酸-Schiff试剂，脂蛋白则用苏丹黑或品红亚硫酸染色。不宜选择醇溶性染料，以免引起薄膜溶解。

（5）脱色与透明：透明前薄膜应完全干燥。透明液应临用前配制，避免透明液挥发影响透明效果，对水溶性染料最普遍应用的脱色剂是5%醋酸水溶液。为了长期保存或进行光吸收扫描测定，可浸入 $V_{冰醋酸}:V_{无水酒精}=30:70$ 的透明液中。

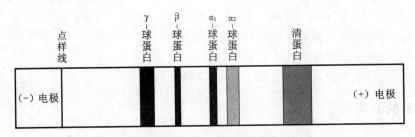

图4-16 血清蛋白醋酸纤维素薄膜电泳示意图

（三）凝胶电泳

由区带电泳中派生出一种用凝胶物质作支持物进行电泳的方式，被称为凝胶电泳。普通的凝胶电泳在板上进行，以凝胶作为介质。电泳中常用的凝胶为葡聚糖、聚丙烯酰胺和琼脂糖凝胶。这种介质具有多孔性，因此它有类似于分子筛的作用，流经凝胶的物质可按照分子的大小逐一分离。

琼脂糖是由琼脂分离制备的链状多糖。由于琼脂糖中 SO_4^{2-} 含量较琼脂少，电渗影响减弱，因而使分离效果显著提高。琼脂糖凝胶电泳适合于免疫复合物、核酸与核蛋白的分离、鉴定及纯化。在临床生化检验中常用于 LDH、CK 等同工酶的检测。

聚丙烯酰胺凝胶是一种人工合成的凝胶，是丙烯酰胺与 N,N'-甲叉双丙烯酰胺的共聚物，孔径较小，具有明显的分子筛效应，能使较小的蛋白也得到非常精密的分离。可用于蛋白质、核酸等分子大小不同的物质的分离、定性和定量分析。还可结合去垢剂十二烷基硫酸钠（SDS），以测定蛋白质亚基的相对分子质量（图4-17）。

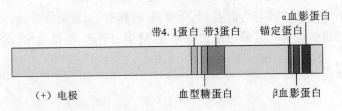

图4-17 人红细胞膜蛋白 SDS-聚丙烯酰胺凝胶电泳图

（四）等电聚焦电泳

等电聚焦电泳是一种利用有 pH 梯度的介质，分离等电点不同的蛋白质的电泳技术。突出优点是浓缩效应,样品分离产生稳定而不扩散的狭区带。等电聚焦电泳有利于进一步分离、纯化和鉴别蛋白质,特别适合于分离相对分子质量相近而等电点不同的蛋白质组分。

等电聚焦电泳的特点:①使用两性载体电解质,在电极之间形成稳定、连续、线性的 pH 梯度;②由于"聚焦效应",量很小的样品也能获得清晰、鲜明的区带界面;③可使用超高压电泳,缩短电泳时间;④加入样品的位置可任意选择;⑤可用于测定蛋白质的等电点;⑥适用于中、大相对分子质量生物组分(如蛋白质、肽类、同工酶等)的分离分析。

（五）等速电泳

等速电泳是一种移动界面电泳技术,是分离组分与电解质一起移动,同时进行成分分离的电泳方法。毛细管等速电泳特别适用于小离子、小分子、肽类及蛋白质的分离。

等速电泳特点:①所有区带以同一速度移动;②区带锐化,界面清晰,能显示很高的分离能力(在平衡状态下,如果有离子改变速度扩散进入相邻区带,由于它的速度和相邻区带上主体组分离子的速度不同,则立即返回原区带);③区带浓缩,前导缓冲液浓度决定组分区带的浓度。

（六）双向凝胶电泳

双向凝胶电泳技术又称二维凝胶电泳技术,是由 O'Farrell 于 1975 年建立的一种用于混合的蛋白质组分分析的技术。第一向采用等电聚集电泳。第二向采用了 SDS-聚丙烯酰胺凝胶电泳,能够连续地在一块胶上分离数千种蛋白质,广泛应用于生物学研究的各个领域。

（七）毛细管电泳

毛细管电泳技术又称毛细管分离法,是一类以毛细管为分离通道、以高压直流电场为驱动力,根据样品中各组分之间迁移速度(淌度)和分配差异而实现分离的液相分离技术,实际上包含电泳技术和层析技术及其交叉内容,使分析科学从微升水平进入纳升水平,并使细胞分析乃至单分子分析成为可能。毛细管电泳技术不但能分析中、小相对分子质量样品,更适合于分析扩散系数小的生物大分子样品,在生命科学、医学、药物分析及化工、环保等领域广泛应用。

1. 毛细管电泳的基本工作原理 溶液中的带电粒子在电场作用下,依据离子迁移的速度不同,沿毛细管通道向与其所带电荷相反的电极方向迁移,并依据样品中各组分之间电泳淌度和分配行为上的差异而实现分离。毛细管电泳所用的石英毛细管柱,在 pH 大于 3 的情况下,其内表面带负电,和缓冲液接触时形成双电层,在高压电场的作用下,缓冲液由于带正电荷而向负极方向移动形成电渗流。同时,在缓冲液中,带电粒子在电场的作用下,以不同的速度向其所带电荷极性相反方向移动,形成电泳,电泳速度即电泳淌度。带电离子在毛细管缓冲液中的迁移速度等于电泳淌度和电渗流的矢量和,各种离子由于所带电荷多少、质量、体积以及形状不同等因素引起迁移速度不同而实现分离。根据在缓冲液中各组分之间迁移速度和分配行为上的差异,带正电荷的分子、中性分子和带负电荷的分子依次由负极流出,在毛细管靠负极的一端开一个视窗,可用于各种检测器联用,对分离成分进行检测。目前已有多种灵敏度很高的检测器为毛细管电泳提供质量保证,如紫外检测器(UV)、激光诱导荧光检测器(LIF)、能提供三维图谱的二极管阵列检测器(DAD)以及电化学检测器(ECD)。

2. 毛细管电泳的特点 ①高灵敏度:根据检测器的不同,紫外检测极限为 $10^{-15} \sim 10^{-13}$ mol,激光诱导荧光检测可达 $10^{-21} \sim 10^{-19}$ mol。②高速度:分离操作可以在很短的时间内完成。③高分辨率:毛细管电泳的分辨率很高,理论可达 4×10^{5}/m,最高达 10^{7}/m 数量级。④样品需求少:毛细管的内径很小(一般小于 100 μm),进样体积在纳升级,样品浓度可低于 10^{-4} mol/L。⑤自动化程度高:操作简便,环境污染小。⑥应用范围广:可分析小到离子、大到蛋白质的多种物质。

五、仪器的使用方法

仪器的使用方法因各厂家生产仪器不尽相同,操作人员上岗前必须经过严格培训,使用前必须仔细阅读仪器说明书,了解仪器的工作原理、操作规程及保养要求。

（一）操作要点

以高压电泳仪为例。

1. 准备　检查电泳槽内的液体,在确定液体没有超过电泳槽的指定线后,将电泳槽的电极端插入电泳仪的输出电压孔内,电泳槽电极的红、黑线应分别对应插入电泳仪的输出端的红、黑插孔之中,插入时要将电极插入到底。

2. 开机　打开电泳仪开关,电源指示灯亮,数码管显示上次实验的设定值,若本次实验与上次实验相同,则可不必再修改实验参数。

3. 参数设定　选择"功能/设定"键,可检查定时(t)、电压(u)和电流(c)的设置状态,对于每种指定状态,可通过上、下键来修改实验参数。

(1) 定时:当定时为 0 时,则为正计时不定时输出;若设定的定时时间大于 0,则为倒计时定时输出状态;若定时时间到,电泳仪将停止输出。

(2) 设恒压输出:设定"恒压"时,该电压值为电泳仪输出的恒定电压值。此时电泳仪通过改变输出电流的大小来达到恒压输出的状态。此时电泳仪的电流设定值为允许输出的最大电流值。若电泳仪运行时,由于输出负载太小,导致电泳仪的电流输出超过了电流设定值,将恒压输出转换为恒流输出,实际输出的电流为电泳仪的电流设定值,同时电压将小于设定值。

(3) 恒流输出:设定"恒流"时,该电流值为电泳仪输出的恒定电流值。此时电泳仪通过改变输出电压的大小来达到恒流输出的状态。此时电泳仪的电压设定值为允许输出的最大电压值。

4. 输出　定时运行时,当剩余时间为 1 min,电泳仪开始发出报警音,以提醒注意。当实验结束时,电泳仪停止输出,关闭数码管显示。

(二) 注意事项

(1) 仪器必须有良好的接地端,以防漏电。电泳仪通电后进入工作状态,禁止接触电极、电泳物及其他可能带电部分,如需要到电泳槽内取放东西,应先断电。

(2) 仪器通电后,禁止临时增加或拔出输出导线插头,以防短路而导致仪器损坏。

(3) 由于不同介质支持物的电泳的泳动速度、结束时间均不相同,不适合同时在同一电泳仪上进行。

(4) 在最大电流范围内,多槽关联使用时,要注意总电流不超过仪器额定电流。

(5) 在稳流状态下检查仪器必须先接好负载再开机,否则容易造成机器损坏。

(6) 使用过程中发现异常现象,如较大噪声、放电或异常气味等,须立即切断电源。

六、安装与常见故障排除

(一) 安装要求

以 MPI-A 毛细管电泳仪为例。

在安装毛细管电泳仪前,应该对毛细管电泳仪的安装指南和仪器安装所需的条件做全面了解,仔细阅读分析仪操作手册。为了保证实验的准确程度,仪器安装所需的条件要求如下。

(1) 为了使仪器能够保持稳定性和良好的工作状态,运行的环境需保持干燥(湿度不大于 70%),温度建议控制在 20~30 ℃。

(2) 水平实验台应保持结构稳定,能承受整套仪器,宽高适中,距墙 0.3 m 以上。

(3) 远离高频、电磁波干扰源、热源及有煤气产生的地方。

(4) 配置功率大于 2 kW 的稳压电源,电源需求为单相交流 220 V,50~60 Hz,仪器必须保证有良好的接地,建议接地电阻小于 1 Ω。

(二) 常见故障及排除

毛细管电泳仪常见故障及简单排除方法见表 4-1。

表 4-1　毛细管电泳仪常见故障及简单排除方法

序号	故 障 现 象	处 理 办 法
1	自检不通过	重新安装检测器
2	气压指示错误	检查缓冲液瓶及样品瓶,加盖瓶帽

续表

序号	故障现象	处理办法
3	开机运行时出现掉瓶	检查压杆及弹簧,清洗瓶盖
4	样品瓶碰撞电极	更换样品瓶帽,校准电极
5	移动滑杆不正常工作	定期在滑杆上涂擦润滑油
6	电压、电流错误	检查毛细管是否断裂
		检查缓冲液离子强度
		检查缓冲液瓶及样品瓶液体量是否满足要求
7	不出峰	检查电压极性是否接反
8	冷却液泄露	拧紧卡盒密封圈,定期填充冷却液
9	重复性不好	重新配制缓冲液,平衡毛细管

(杨惠聪)

本章小结

电化学分析是指应用电化学的基本原理和实验技术,依据溶液电化学性质来测定物质组成及含量的分析方法。溶液的电化学性质是指电解质溶液通电时,其电位、电流、电导和电量等电化学特性随化学组分和浓度而变化的性质。电解质分析仪及血气分析仪都主要由电极系统、管路系统和电路系统三部分组成。仪器的使用、维护以及常见故障处理都应该严格按照仪器说明书进行。

自动生化分析仪根据其反应装置结构不同,可分为连续流动式、离心式、分立式和干化学式;根据其功能及复杂程度,可分为小型、中型、大型及超大型;根据同时可测定项目数量不同,可分为单通道和多通道。目前国内外使用较多的自动生化分析仪是分立式和干化学式自动生化分析仪。自动生化分析仪性能主要包括自动化程度、分析效率、分析准确度、应用范围等。其常用性能评价指标有精密度、互染率、波长的准确性和线性以及与其他仪器的相关性等。自动生化分析仪的参数主要包括波长、温度、样品量和试剂量、分析方法和校正方法、分析时间、线性范围的设置、机械臂与电子阀设置、计算机软件的设定等。自动生化分析仪是精密的仪器,必须严格遵守操作流程,并注意日常维护保养,才能获得准确可靠的分析结果,延长仪器的使用寿命,提高仪器的使用效率。

可以实现电泳分离技术的仪器称之为电泳仪。影响电泳的外界因素有电场强度、溶液的pH、溶液的离子强度、电渗作用、粒子的迁移率和吸附作用。电泳技术的分类通常可按照电泳实验条件的某一特征,如工作原理、所用载体、使用目的或工作方式、电源控制等来命名。毛细管电泳技术又称毛细管分离法,是一类以毛细管为分离通道、以高压直流电场为驱动力,根据样品中各组分之间迁移速度和分配行为上的差异而实现分离的一类液相分离技术。

测试题

（一）选择题

1. 当出现检测器失效时可能的原因是（　　）。

A. 检测器的插头与主机板座松了

B. 检测器本身坏了

C. 阀芯上的固定螺钉与电机转动轴未紧固到位

D. 阀芯本身太紧不能转动

E. 保险丝熔断

2. 吸样不畅的原因及处理方法是（　　）。

A. 检查管路各个接口的连管有无漏气,此种现象表现为不吸样

B. 检查泵管是否粘连或过于疲劳,此时应更换新泵管

C. 各管道内尤其是各接头处有蛋白沉淀,解决办法为取下各接头用水清洗干净

D. 阀本身有问题,要仔细地检查

E. 重新定标和做质控

3. 电极漂移与失控的原因及处理方法是( )。

A. 地线未接好或者电压不稳定

B. 避免电磁干扰

C. 检查标准液及清洗液是否已用完,检查参比电极是否到期

D. 重新进行定位操作

E. 参比电极上方是否有气泡,试剂是否过期或被污染

4. 电极斜率降低时,如何处理?( )

A. 电极膜板上吸附蛋白过多,用去蛋白液进行处理,用 PVC 清洗

B. 空气湿度太大,抽湿

C. 温度太低,室内升温及去潮

D. 寿命将至,更换电极

E. 试剂过期或被污染,更换试剂

5. 测试血样出现异常值的原因及解决方法是( )。

A. 附近是否有大功率电器开动或漏电造成电压波动

B. 测试时吸入凝血

C. 溶液未到位,可查看定位是否良好

D. 检查盛血样的容器是否污染,查看校正因子是否正确

E. 是否长时间未标定,可重新标定后再测

6. 能够指示血液样本中 pH 大小的电极是( )。

A. 铂电极   B. 玻璃电极   C. 银-氯化银电极

D. 甘汞电极   E. 饱和甘汞电极

7. 下列各项中不是离子选择电极基本组成的有( )。

A. 电极管   B. 内参比电极   C. 外参比电极   D. 内参比溶液   E. 敏感膜

8. 离子选择电极膜电位产生的机理是( )。

A. 离子吸附作用   B. 离子交换反应   C. 电子交换反应

D. 电子置换反应   E. 离子渗透作用

9. 离子选择电极法测得的是血清样本中离子的( )。

A. 电位差   B. 浓度   C. 电量   D. 数量   E. 电流

10. PO_2 电极属于( )。

A. 离子选择电极   B. 金属电极   C. 氧化还原电极

D. 离子交换电极   E. 玻璃电极

11. 下述中不属于血气分析仪管路系统组成的是( )。

A. 气瓶   B. 溶液瓶   C. 电极   D. 连接管道   E. 电磁阀

12. 世界上第一台自动生化分析仪属于( )。

A. 连续流动式   B. 离心式   C. 分立式   D. 干化学式   E. 袋式

13. 连续流动式自动生化分析仪可分为( )。

A. 空气分段系统式和试剂分段系统式   B. 流动注入系统式和间歇系统式

C. 空气分段系统式和流动注入系统式   D. 非分段系统式和间歇系统式

E. 分段系统式和间歇系统式

14. 自动分析仪中采用"顺序分析"原理的是( )。

A. 分立式自动生化分析仪 B. 干化学式自动生化分析仪

C. 离心式自动生化分析仪 D. 连续流动式自动生化分析仪

E. 高效液相色谱仪

15. 下列哪一项不属于自动生化分析仪工作前检查？（   ）

A. 检查清洗液 B. 测定 340 nm 波长滤光片空白读数

C. 检查样品针、试剂针、搅拌棒是否沾有水滴、脏污 D. 确认仪器台面清洁

E. 检查打印纸是否足够

16. 自动生化分析仪的技术指标评价包括（   ）。

A. 精密度 B. 准确度 C. 波长校正 D. 相关性 E. 线性检查

17. 采用同步分析原理的自动生化分析仪是（   ）。

A. 连续流动式自动生化分析仪 B. 分立式自动生化分析仪

C. 离心式自动生化分析仪 D. 干化学式自动生化分析仪

E. 袋式自动生化分析仪

（二）名词解释

1.蛋白质的等电点 2.电泳速度 3.电渗作用 4.迁移率 5.毛细管电泳技术 6.电泳淌度

7.迁移时间

（三）简答题

1. 使用电解质分析仪要注意什么？

2. 如何对电解质分析仪进行维护？

3. 离子选择电极工作原理是什么？

4. 试述血气分析仪的基本组成及工作原理。

5. 简述 pH、PCO_2、PO_2 电极的工作原理。

6. 血气分析仪液路系统具有哪两种功能？气路系统的供气方式有几种？

7. 如何进行血气分析仪电极保养？

8. 何谓自动化生化分析仪？自动化分析仪的发展方向如何？

9. 生化分析仪的分类原则有哪些？

10. 根据结构原理分类，全自动生化分析仪有哪几种类型？

11. 自动化生化分析仪的基本结构有哪几个主要部分？各有何功能？

12. 自动化生化分析仪的光路系统根据分光的先后可分为几种方式？各有何特点？

13. 生化分析仪主要通过哪几个方面进行评价？

14. 影响电泳的外界因素有哪些？

15. 简述电泳的基本原理。

16. 临床常用的电泳分析方法有哪些？

17. 通常所说的电泳设备可分为哪些？

18. 简述毛细管电泳的基本工作原理和特点。

19. 怎样进行电泳仪的保养？

20. 电泳设备对支持物一般有何要求？

（四）操作题

1. 辨认电解质分析仪的常用电极。

2. 使用电解质分析仪完成指定标本的测试。

3. 指认自动化生化分析仪各重要部件并说明其功能。

4. 使用自动化生化分析仪完成指定测试项目。

5. 按指定要求用电泳仪完成血浆蛋白电泳。

第五章 临床血液学检验仪器

本章介绍

　　血液是由多种成分组成的红色黏稠混悬液,具有运输、防御和调节内环境稳态等功能。当血液总量或组织、器官的血量不足时,可造成组织损伤,严重时危及生命。机体的很多异常变化会导致血液成分或理化性质发生异常变化,及时发现这些变化,可作为临床医师诊断、治疗、疗效判断、预后估计的重要依据。临床血液学检验仪器就是了解这些变化的分析仪器,包括流式细胞仪、血液细胞分析仪、血液凝固分析仪、血流变分析仪等。本章将就这些仪器的工作原理、基本结构、使用方法、常见故障及维护等内容加以介绍。

本章目标

　　通过本章的学习,掌握常用临床血液学检验仪器的工作原理、基本类型及主要结构,熟悉仪器的性能指标与评价及临床应用,学会常用仪器的基本操作方法,能够进行仪器的维护、保养和简单故障的排除。

第一节 流式细胞仪

掌握:流式细胞仪的工作原理、分类与基本结构。

熟悉:流式细胞仪的性能指标、操作与日常维护。

了解:流式细胞仪的主要应用。

　　流式细胞仪(flow cytometry,FCM)是 1973 年 Steinkamp 在 Moldavan 流动计数细胞设想、Croslan-Taylor 设计的流动室、Coulter 计数器和 Holm 光电检测汞弧光灯激发荧光染色细胞研究的基础上设计出利用激光激发双色荧光色素标记细胞,既能分析计数,又能进行细胞分选的装置,能够对处在液流中的细胞或其他生物微粒逐个进行多参数的快速定量分析和分选。所检测的生物颗粒的理化性质包括细胞大小、细胞形态、胞浆颗粒化程度、DNA 含量、总蛋白质含量、细胞膜完整性和酶活性等。流式细胞仪综合了激光、计算机、流体力学、细胞生物学、生物化学、图像分析等领域的知识和成果,广泛应用于血液学、肿瘤学、免疫学、细胞生物学、遗传学等临床医学和基础医学的领域的研究。

　　应用流式细胞仪对处在快速直线流动状态中的细胞或生物颗粒进行快速的、多参数的定量分析和分选的技术称为流式细胞技术。

一、流式细胞仪的工作原理

　　在流动室里,磷酸盐缓冲液在高压下从鞘液管中喷出。同时在气体压力的作用下,经荧光素标记或特异性抗体染色的单细胞悬液经过管道进入流动室,在鞘液流的包绕下高速流动,形成轴流层和层流层。由于样品流和鞘流间存在气压差,故能调整使细胞依次成单排列自喷嘴喷出,与水平方向的检测激光垂直相交。细胞表面或内部标记的荧光素受激光照射后发出荧光,通过光电倍增管(PMT)检测。同时,激光照射细胞产生的散射光,则由光电二极管检测。这些检测的信号转换为电子信号传入处理器,处理器将所收集的数据通过程序快速而精确地计算,并以图表的形式直观地显示出来,从而灵敏、准确、特异地获得待测样品中细胞的大小、活性、核酸含量、酶等一系列的功能参数,实现细胞的定性和定量分析(图5-1)。

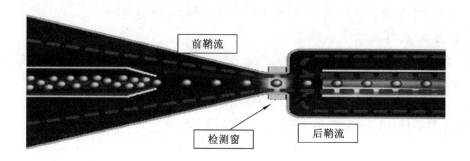

图 5-1 流式细胞仪工作原理

细胞分选的工作原理是在流动室中压电晶体在高频信号的控制下产生机械振动,使流过的液流随之产生同频振动,断裂成一连串均匀的液滴,其形成速度为每秒 3 万个左右,而细胞通过喷嘴的速度为每秒2000 个以下,故一部分液滴中包有细胞,如果该细胞特性与被选定要进行分选的细胞特性相符,则仪器在这个被选定的细胞刚形成液滴时就给它加上特定的电荷,未被选定的细胞液滴以及空白液滴不带电荷,可以按照所测定的细胞参数将特定的细胞从细胞群体中分离出来。带有电荷的液滴向下落入偏转板的高压静电场时,偏转落入指定的收集器内,完成细胞分类收集的目的(图5-2)。目前大多数的流式细胞仪分选都采用这种液滴偏转技术。

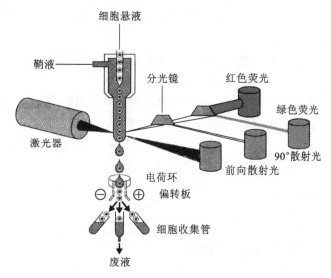

图 5-2 流式细胞仪分选工作原理

二、流式细胞仪的基本结构

一般可分为四部分。

(一)液流系统

液流系统指仪器的流动室以及其连接的管道系统,流动室是仪器的核心部件,由石英玻璃制成,中央部位设有激光光束照射小孔。样品在检测时,细胞悬液和鞘液分别进入流动室,在鞘液的包绕下,样品悬液中的粒子组成单一纵列方式通过测量区,保证每个细胞通过激光照射区的时间相等,从而得到准确的细胞荧光信息。

（二）激光光源

激光作为一种单波长、高强度、稳定性好的光波，是细胞荧光分析的理想光源。目前大多数流式细胞仪多采用氩离子激光器，使发射光在488 nm激发，大多数荧光色素适用于此波长。随着流式细胞分析的需要，流式细胞仪还可以配备其他的激发光源，如产生633 nm的氦氖激光器或635 nm的二极管激光器。配备多个激光器的流式细胞仪可以在一个细胞上同时进行10色以上的分析。

（三）光信号收集以及电子系统

流式细胞仪的光信号收集系统含有一系列光学元件，包括透镜、光栅、滤光片等。主要光学元件是滤光片，包括带通滤片、长通滤片和短通滤片三种。光信号收集系统主要收集前向散射光、侧向散射光和荧光信号。电子系统的功能是将光学信号转换成电子信号，电子信号经对数放大或线性放大后量化传给计算机，由计算机处理软件分析出各种细胞参数。电子系统主要是光电检测器，一般是硅晶光电二极管和光电倍增管。

（四）细胞分选装置

流式细胞仪分选装置按分选原理可分为电荷式细胞分选装置和捕获管分选装置。流式细胞仪所测定的任何参数都可以作为细胞分选器的细胞依据，被选出来的细胞的均一性与所测参数有关。

三、流式细胞仪的性能指标

1. 灵敏度　流式细胞仪的灵敏度常以能检测出的最小荧光分子数来表示，是衡量仪器检测微弱荧光信号的重要指标，一般能以检测到单个细胞微粒上最少标有异硫氰酸荧光素（FITC）或PE荧光染料的分子数目来表示，现在普通的流式细胞仪荧光灵敏度可达500个荧光分子数。

2. 变异系数　流式细胞仪的变异系数（coefficient of variation，CV）是衡量流式细胞仪检测精密度的指标。在每次开机检测标本之前都需要做CV值检测，不同的试剂供应商都提供标准的各色荧光微球试剂，用于监测仪器的单次检测状态。

3. 前向散射光灵敏度　前向散射光灵敏度是指流式细胞仪能检测到的最小颗粒的大小，目前主流的流式细胞仪可以检测到$0.2\sim0.5\ \mu m$大小的颗粒。

4. 细胞分析速度　流式细胞仪分析速度是以每秒可分析的细胞数来表示，当细胞流过光束的速度超过流式细胞仪响应速度时，细胞产生的荧光信号就不被仪器检测，造成荧光信号的丢失，这个时间段称为仪器的死时间，死时间越短，仪器处理数据的能力越强，普通型号的流式细胞仪分析速度一般可达每秒5000个细胞，高速分选型仪器的分析速度可达每秒10000个细胞。

四、流式细胞仪的工作流程

只有采用适当的方法制备标本的单细胞悬液，选择合适的荧光标记抗体以及正确的数据处理才能在运用流式细胞仪进行分析时获得正确的分析结果。

（一）标本的制备

新鲜切取的组织标本置于生理盐水或PBS中，采用机械法、酶处理法、化学法和表面活性剂等处理法，制备单个细胞悬液。处理过程中要保持低温，如放在冰块上处理，以防止热能破坏细胞成分。处理后的细胞悬液经过300目的金属滤网过滤。

外周血标本一般选择肝素或EDTA抗凝剂，于4 ℃冰箱中可保存48 h，一般情况下不需要特殊处理，采用全血细胞标记。如果单纯分析白细胞时，需要用红细胞裂解液溶解红细胞。骨髓标本优先选择肝素抗凝剂，因为肝素能更好地保持细胞活性，同时维持钙磷在细胞内的生理浓度，能够放置较长时间。

（二）荧光染色

荧光染色是流式分析的关键，按照染色的步骤，可分为直接和间接免疫荧光染色。直接免疫荧光染色就是待测标本直接与荧光素标记的抗体相结合，该方法操作简单，非特异性荧光染色低，可以同时标记多色荧光抗体。间接免疫荧光染色是将待测标本与无荧光标记的一抗结合，再加入荧光标记的抗一抗体,然后上机检测,采用此法可以间接检测待测抗原。

按照同时加入连接标记荧光素抗体数目的不同,荧光染色又分为单色和多色免疫荧光标记,单色免疫荧光标记是在待测标本中加入一种荧光素标记的抗体,因此只能检测待测标本上某一种抗原。多色免疫荧光标记是在待测标本中加入标记不同荧光素的多种抗体,可以同时检测待测标本的多种抗原表达。

根据标记抗原的部位不同,荧光染色又可以分为细胞表面和细胞内抗原染色。细胞表面抗原染色在流式细胞表型分析中使用最广泛,标记和检测也相对简单。细胞内或核内抗原标记,需要在标记前对细胞膜或核膜进行透膜和固定,即在细胞膜和核膜上打孔,以便荧光素标记的抗体能通过细胞膜和核膜,同时又不破坏细胞的结构。

五、流式细胞仪的分析方法

流式细胞仪首先把收集的各种光信号转换成电压脉冲,然后通过模数转换器转换成为数字信号,最后以图像形式表示。目前 FCM 的数据显示方式主要包括前向散射光(FSC)以及侧向散射光(SSC)、单参数直方图、二维散点图等。

FSC 是激光检测区正向收集的小角度散射光,一般认为 FSC 的强弱与细胞体积大小有关系。前向散射光越强,细胞体积越大;前向散射光越弱,细胞体积越小。

SSC 也叫 90°散射光,它是收集细胞通过测量区时与激光垂直方向的散射光,SSC 能反映细胞膜、核膜以及细胞器的结构和颗粒性质。如果一个细胞内部颗粒和细胞器较多,SSC 就越强。

单参数直方图是一维数据中使用最为广泛的图形,主要用于单参数的数据显示,如 FSC 或 FITC 标记即可使用直方图。横轴常表示散射光或荧光通道,纵轴表示在该通道内收集到的细胞数量。单参数直方图可用于定性或定量分析。

双参数图能够显示两个独立参数与细胞相对数之间的关系,目前主要是二维散点图。其横坐标和纵坐标分别表示与细胞相关联的两个独立参数,平面上每一个点表示同时具有相应坐标值意义的细胞。二维等高图以及密度图一般较少使用。做多参数分析时,一般使用双参数分析点图,因为点图可以得到比直方图更多的信息。

六、流式细胞仪的日常维护

以 BECKMAN COUNTER FICS-XL 流式细胞仪为例(图 5-3),简要介绍一下流式细胞仪的日常保养以及常见的故障排除。

(一)常规清洁

清洁风扇空气滤网,确保进入仪器的气流清洁。良好的气流能保证仪器内部的温度相对较低,保证热交换,进而保证光路清洁,保证光束稳定、质控数据(HPCV)稳定。

(二)清洁试剂室的漏液

(1)清洗 SHEATH 试剂盒,每月一次。确保没有细菌生长,否则会污染鞘液,导致过高的本底计数,并产生假结果。

(2)清洗 CLEANSE 试剂盒,每两个月进行一次。

(3)如发现主机和电源箱的气水隔离瓶有液体时应及时清理。

(4)如发现电源箱的负压保护瓶有液体应及时清理。

(5)当样品有残留、检测背景较高时要及时清洗进样管。

(6)及时清洗真空管道,保证废液被清除,减少 Vacuum Chamber 报警的可能性。

图 5-3 流式细胞仪

(三)日常清洗程序

清洗真空管路之前,关机之前,长期停机后第一次开机,Flow-Check CV>2%,使用 PI、EB、AO、TO 等荧光染料之前,免疫标记分析之前,有碎片或计数有明显增加等情况出现,可进行如下操作。

（1）将漂白水与双蒸水 1 : 1 稀释，放入 12 mm×75 mm 的试管内（现用现配）。

（2）准备 3 mL 双蒸水放入另一个 12 mm×75 mm 试管内。

（3）在"Acquisition"状态栏下选择"PANEL-Cleaning Panel"。

（4）按照提示，分别将装有稀释的漂白液和双蒸水的试管依次放入样本台，上机。

（四）真空管清洗程序

当每一批样品测试后、8 h 连续工作后或关机前进行如下操作。

（1）使 Cytometer 主机上的"RUN"键处于闪烁状态。

（2）将真空管洗器内加满双蒸水，放在样本台上，如此反复 3 次。按下 Cytometer 主机的"CLEANSE"键，进行清洗循环，结束后整个管道内充满清洁液。

第二节 血液细胞分析仪

掌握：血液细胞分析仪的工作原理、分类与基本结构。

熟悉：血液细胞分析仪的性能指标、操作与维护。

了解：血液细胞分析仪的主要应用。

血液细胞分析仪（blood cell analyzer，BCA）是指对一定体积全血内血细胞异质性进行自动分析的常规检验仪器。其主要功能是血细胞计数、白细胞分类、血红蛋白测定、相关参数计算等。传统的血细胞分析（简称血常规）是通过显微镜完成细胞计数与分类、通过比色计检测血红蛋白。随着医学科技的发展，血液细胞分析仪带来了跨越式的发展，在我国各级医院都得到了普及，是医院进行血常规检查的必备机器。它不但加快了实验速度，提高了实验结果的准确性，还提供了许多新的实验指标，对疾病的诊断和鉴别诊断起到了重要的作用。近年来由于综合性高科技的飞速发展，血液细胞分析仪上也不断采用了最新的电子、光学、化学和计算机技术，能不断提供更加方便适用、更多功能的参数，从而不断满足临床工作对血液细胞分析的要求。

一、血液细胞分析仪的工作原理

血液细胞分析仪检测原理可分为电阻抗法（库尔特原理）和光散射法，其中电阻抗法是血液细胞分析仪的设计基础。

（一）电阻抗法血细胞检测原理（库尔特原理）

血细胞与等渗的电解质溶液相比为不良导体，其电阻值比稀释液（diluent）大；当血细胞通过检测器微孔的孔径感受区时，检测器内外电极之间的恒流电路上，电阻值瞬间增大。根据欧姆定律，在恒流电路上，电阻变大时电压也必然增大，故产生一个电压脉冲信号。产生的脉冲信号数，等于通过的细胞数，脉冲信号幅度大小与细胞体积大小成正比（图 5-4）。各种大小不同细胞产生的脉冲信号分别送入仪器计算机的各个通道（channel），经运算得出白细胞、红细胞、血小板数及相关参数。

（二）联合检测型血液细胞分析仪检测原理

联合检测型血液细胞分析仪主要体现在白细胞分类部分的改进，联合使用多项技术（流式细胞术；激光、射频、电导、电阻抗联合检测；细胞化学染色等）同时分析一个细胞。综合分析实验数据，从而得出较为准确的白细胞"五分群"结果。其共有特点是均使用了流式细胞技术，形成流体动力聚焦的流式通道，使单细胞流在鞘液的包裹下逐一通过检测，将重叠计数限制到最低限度（图 5-5）。

1. 体积、电导性、光散射联合检测技术 又称 VCS（volume conductivity light scattering）技术。体积（volume，V）表示应用电阻抗原理测定的细胞体积。电导性（conductivity，C）是指根据细胞能影响高频电流传导的特性，采用高频电磁探针，测量细胞内部结构、细胞内核浆比例、质粒的大小和密度，从而区别体积完全相同而性质不同的两个细胞，如可将同体积大小的淋巴细胞和嗜碱性粒细胞鉴别开。光散射

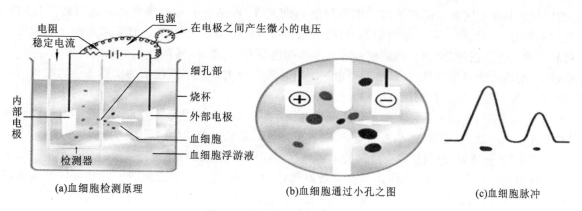

图 5-4 电阻抗法血细胞检测原理

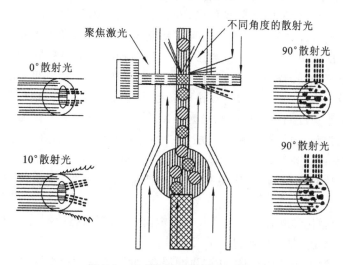

图 5-5 流式细胞检测技术示意图

(light scattering,S)表示对细胞颗粒的构型和颗粒质量的鉴别能力。细胞内粗颗粒的光散射强度要比细颗粒更强,通过测定单个细胞的散射光强度,可把粒细胞(中性粒细胞、嗜碱性粒细胞、嗜酸性粒细胞)区分开。使用 VCS 技术后,每个细胞通过检测区时,接受三维分析,不同的细胞在细胞体积、表面特征、内部结构等方面完全一致的概率很小。仪器根据细胞体积、传导性和光散射的不同,综合分析三种检测方法的测定数据,定义到三维散点图的相应位置,全部单个细胞在散点图上形成了不同的细胞群落图(图 5-6)。

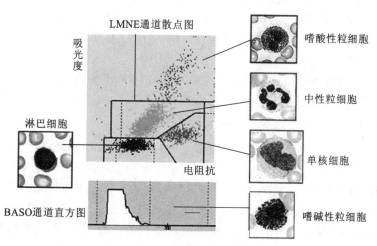

图 5-6 细胞散点分布示意图

2. 光散射与细胞化学联合检测技术 应用激光散射与细胞化学染色技术对白细胞进行分类计数。

其分类原理是利用不同大小的细胞对光的散射能力的差异,再结合五种白细胞过氧化物酶活性的差异(嗜酸性粒细胞＞中性粒细胞＞单核细胞,淋巴细胞和嗜碱性粒细胞无此酶)。计算机对测量数据统计分析,可较准确地将淋巴细胞(含嗜碱性粒细胞)、单核细胞、中性粒细胞、嗜酸性粒细胞进行鉴别计数,再结合嗜碱性粒细胞计数通道结果,计算出五种白细胞的总数及分类。使用该技术的仪器还可同时提供异型淋巴细胞、幼稚细胞的比例及网织红细胞分类。

不同厂家所使用光散射角度和细胞化学染料有所不同。例如,使用光散射和过氧化物酶染色技术的仪器有血红蛋白测量、红细胞/血小板测量、嗜碱性粒细胞测量和过氧化物酶活性测量四个通道。

3. 多角度激光散射、电阻抗联合检测技术 通过测定同一个白细胞在激光照射后多个角度下的不同散射光强度将白细胞分类,同时用电阻抗法计数红细胞、血小板或某一类白细胞。各型号仪器检测激光散射角度有一定差异,但其基本原理是基于细胞的大小、折射率、核形、核浆比值以及颗粒的性质等,均可影响不同角度下的散射光强度;不同的白细胞在以上几个方面完全一致的概率很小,计算机用特定程序综合分析同一个细胞在不同角度下的散射光强度,并将其定位于细胞散点图上,对血液中五种白细胞进行较为准确的分类,并对异常样本的筛查也有较高的灵敏度。例如,多角度偏振光散射技术,就是通过四个角度测定散射光强度:前向角(1°～3°)光散射强度,反映细胞的大小和数量;小角度(7°～11°)光散射强度,反映细胞结构和核质复杂性的相对特征;垂直角度(70°～119°)光散射强度,反映细胞内颗粒和分叶状况;垂直角度消偏振光散射强度,基于嗜酸性颗粒可以将垂直角度的偏振光消偏振的特性,来鉴别颗粒细胞。计算机综合分析,用小角度和垂直角度光散射强度将白细胞分为单个核细胞(淋巴细胞、单核细胞、嗜碱性粒细胞)和多个核细胞(中性粒细胞和嗜酸性粒细胞)细胞群;用垂直角度和垂直角度消偏振光散射强度将嗜酸性粒细胞和中性粒细胞分开;用前向角和小角度光散射强度,将单个核细胞群分为体积小、核浆比值大的淋巴细胞,体积大、核浆比值中等的单核细胞,体积中等、有颗粒、核浆比值小的嗜碱性粒细胞。

4. 电阻抗、射频与细胞化学联合检测技术 利用电阻抗-射频细胞计数技术结合细胞化学技术,通过4个不同的检测系统对白细胞、幼稚细胞进行分类和计数。

(1) 嗜酸性粒细胞检测系统:血液与特殊溶血剂混合,使除嗜酸性粒细胞以外的所有细胞被溶解或萎缩,含有完整的嗜酸性粒细胞悬液,通过检测器微孔时以电阻抗原理计数。

(2) 嗜碱性粒细胞检测系统:用特殊的溶血剂,将嗜碱性粒细胞以外的其他细胞溶解,完整的嗜碱性粒细胞用电阻抗原理计数。

(3) 淋巴、单核和粒细胞(中性粒细胞、嗜碱性粒细胞、嗜酸性粒细胞)检测系统:该系统采用电阻抗和射频联合检测。测定时使用较温和的溶血剂,使白细胞形态变化不大,在小孔内外有直流和高频两个发射器,小孔周围有直流和射频两种电流。直流电测定细胞的大小和数量,射频电流测量核的大小和颗粒的多少。细胞通过小孔产生两个不同的脉冲信号,即分别代表细胞的大小(DC)和核内颗粒的密度(RF)。以DC为横坐标,RF为纵坐标,将一个细胞定位于二维细胞散射图上,各类细胞DC及RF值不同,位于各自的散射区域。由于淋巴细胞和单核细胞及粒细胞的大小、细胞质含量、核形与密度均有较大差异,通过计算机处理得出各类细胞比例。

(4) 幼稚细胞检测系统:幼稚细胞膜上脂质比成熟细胞少,在细胞悬液中,加入硫化氨基酸,当加入溶血剂后幼稚细胞因结合较多硫化氨基酸而形态不受破坏,仪器通过电阻抗原理对其进行计数。

(三) 血液细胞分析仪网织红细胞检测原理

目前,不论是专用的网织红细胞分析仪,还是多功能高档的血液细胞分析仪,在进行网织红细胞计数分析时的基本原理都是相同的,即采用激光流式细胞分析技术与细胞化学荧光染色技术联合对网织红细胞进行分析,利用网织红细胞中残存的嗜碱性物质RNA,在活体状态下与特殊的荧光染料(新亚甲蓝、氧氮杂芑750、碱性槐黄O等)结合;激光激发产生荧光,荧光强度与RNA含量成正比;用流式细胞技术检测单个网织红细胞的大小和细胞内RNA的含量及血红蛋白的含量;由计算机数据处理系统综合分析检测数据,得出网织红细胞计数各参数和散点图(图5-7)。

(四) 血红蛋白测定原理

除干式、无创型外,各型血液细胞分析仪对血红蛋白的测定都采用光电比色原理。血细胞悬液中加入溶血剂后,红细胞溶解释放出血红蛋白,后者与溶血剂中有关成分结合形成血红蛋白衍生物,进入血红蛋白测试系统。在特定波长(多为530～550 nm)下进行光电比色,吸光度值与所含血红蛋白含量成正比,经仪器计算显示出血红蛋白浓度。

不同型号的血液细胞分析仪配套溶血剂配方不同,形成的血红蛋白衍生物也不同,吸收光谱也有差异,但最大吸收峰都接近 540 nm。因为国际 ICSH 推荐的氰化高铁(HICN)法的最大吸收峰在 540 nm,仪器血红蛋白的校正必须以 HICN 值为准。

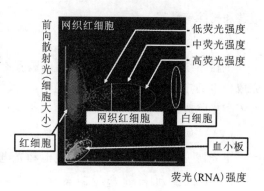

图 5-7　网织红细胞散点图

二、血液细胞分析仪的基本结构

各类型血液细胞分析仪原理、功能不同,结构亦有些许差异,但都主要由血细胞检测系统、血红蛋白测定系统、机械系统、电子系统、计算机和键盘控制系统以不同的形式组合而构成。

(一)血细胞检测系统

1. 电阻抗型检测系统　包括检测器、放大器、甄别器、阈值调节器、检测计数系统和自动补偿装置。这类检测系统主要应用于“二分群、三分群”仪器中。

(1)检测器(信号发生器):由测样杯小孔管(个别仪器为微孔板片)、内外部电极等组成。仪器配有两个小孔管,一个小孔管的微孔直径约为 80 μm,用来测定红细胞和血小板;另一个小孔管微孔直径约为 100 μm,用来测定白细胞总数及分类计数。外部电极上安装有热敏电阻,用来监视补偿稀释液的温度,温度高时会使其导电性增加,从而发出的脉冲信号变小。

(2)放大器:将血细胞通过微孔产生的微伏级脉冲电信号放大为伏级的脉冲信号,以便触发下一级电路。

(3)阈值调节器:仪器计数不同细胞时设定有不同阈值。与甄别器配合避免非计数对象产生的假信号传入计数系统。

(4)甄别器:根据阈值调节器提供的参考电平值,将细胞产生的脉冲信号接收到设定的通道中,每个脉冲的振幅必须位于每个通道参考电平之内。白细胞、红细胞、血小板有它们各自的甄别器进行识别,再进行计数。

(5)整形器:将 V 形波调整为标准一致的平顶波。

(6)计数系统:由检测器产生的脉冲信号,经计算机处理以后以体积直方图(histogram)显示特定细胞群中的细胞体积和细胞分布情况。在进行血细胞分析时,白细胞为一个检测通道,红细胞和血小板为一个检测通道,分别进行计数分析。

(7)补偿装置:理想的检测是血细胞逐个通过微孔,一个细胞只产生一个脉冲信号,以进行正确的计数。但在实际测定循环中,常有两个或更多的细胞重叠同时进入孔径感应区内,此时,电子传导率变化仅探测出一个单一的高或宽振幅脉冲信号,由此引起一个或更多的脉冲丢失,使计数较实际结果偏低,这种脉冲减少称为复合通道丢失(又称重叠损失)。近代血液细胞分析仪都有补偿装置,在白细胞、红细胞、血小板计数时,对复合通道丢失进行自动校正,也称重叠校正,以保证结果的准确性。

2. 流式光散射检测系统　由激光光源、检测装置和检测器、放大器、甄别器、阈值调节器、检测计数系统和自动补偿装置组成。这类检测系统主要应用于“五分群、五分群+网织红细胞”的仪器中。

(1)激光光源:多采用氩离子激光器、半导体激光器提供单色光。

(2)检测装置:主要由鞘流形式的装置构成,以保证细胞悬液在检测液流中形成单个排列的细胞流。

(3)检测器:散射光检测器系光电二极管,用以收集激光照射细胞后产生的散射光信号;荧光监测器系光电倍增管,用以接收激光照射的荧光染色后细胞产生的荧光信号。

(二)电子系统

电子系统包括主电源、电压元器件、控温装置、自动真空泵电子控制系统,以及仪器的自动监控、故障报警和排除等装置。

（三）机械系统

机械系统包括机械装置（如全自动装置有进样针、分血器、稀释器、混匀器、定量装置等）和真空泵，以完成样本的定量吸取、稀释、传送、混匀，以及将样本移入各种参数的检测区。此外，机械系统还兼有清洗管道和排除废液的功能。

（四）血红蛋白测定系统

由光源、透镜、滤光片、流动比色池和光电传感器等组成。具体参考分光光度计相关章节。

（五）计算机和键盘控制系统

内置计算机在血液细胞分析仪中的广泛应用使其参数不断增加。微处理器MPU具有完整的计算机中央处理单元（CPU）的功能，包括算术逻辑部件（ALU）、寄存器、控制部件和内部总线四个部分。此外还包括存储器、输入/输出电路。输入/输出电路是CPU和外部设备之间交换信息的接口。外部设备包括显示器、键盘、磁盘、打印机等。键盘控制系统是血液细胞分析仪的控制操作部分，键盘通过控制电路与内置计算机相连，主要有电源开关、选择键、重复计数键、自动/手动选择、样本号键、计数键、打印键、进纸键、输入键、清除键、清洗键、模式键等。

三、血液细胞分析仪的性能指标

1. 测试参数　包括实际测试参数WBC、HGB、RBC、HCT（有的仪器先以单个细胞高度测得MCV，再乘以RBC换算出HCT）、PLT、PCT和计算参数MCV、MCH、MCHC等。参数数目有16～46个。低档仪器报告参数少，高档仪器报告参数多。

2. 细胞形态学分析　半自动血液细胞分析仪一般为白细胞二分群及RBC、WBC、PLT三个直方图，无其他指标。低档次全自动血液细胞分析仪可做白细胞三分群计数及三种细胞直方图，高档次除能做白细胞五分类及幼稚血细胞提示外，还可进行网织红细胞计数分析。但必须明确，迄今为止，无论多么先进的血液细胞分析仪，进行的血细胞分类都只是一种过筛手段，并不能完全取代人工镜检分类。

3. 测试速度　一般在40～150个/时。

4. 样本量　20～250 μL，与仪器设计有关，部分仪器除能做静脉抗凝血测试外，还能做末梢血计数，以适应不同患者的需求。

5. 示值范围

WBC　$(0\sim250)\times10^9/L$　　　HGB　0～230 g/L

RBC　$(0\sim7.7)\times10^{12}/L$　　PLT　$(0\sim250)\times10^9/L$

6. 打印　有内置打印机和外置打印机之分，报告单除报告众多的血细胞参数外，还可打印出血细胞直方图或散射图。

四、血液细胞分析仪的工作流程

血液细胞分析仪的工作流程包括以下几个关键的步骤。

1. 开机　①检查各试剂量、废液量；②依次打开稳压电源、打印机电源、血液细胞分析仪电源、主机电源、终端计算机电源；③仪器自动系统检测通过后，进入检测状态；④达到检测环境条件后，仪器提示可以进行工作。

2. 测试前准备　①试剂准备：按照测试的检验项目做好试剂准备。②选择测试项目：从仪器菜单选择要测试的检验项目。

3. 测试　①进行室内质控：按要求记录并进行结果分析；观察各指标，测量结果在允许范围后进行样本检测。②患者标本准备，按要求编号，放于样本托架上。③患者信息录入，手工输入标本名称或患者名称。④样本检测，再次确认标本位置后，按"测试"进行检测。

4. 结果输出　①设置好自动传输模式后，检测结果将自动传输到终端计算机上；②结果经审核确认后，打印报告单。

5. 关机 ①试验完毕后清洗保养:按清洗保养,退出菜单。②关机:关闭主机电源、仪器电源、终端计算机电源、打印机电源等。

五、血液细胞分析仪的日常维护

1. 安装环境 适宜的温度、湿度,清洁的环境,稳定的电压和良好的接地有利于血液细胞分析仪的安装使用。

2. 维护

(1)检测器维护:检测器的微孔为血细胞计数的换能装置,是仪器故障常发部位,做好它的保养,对保证仪器正常工作有重要意义。全自动血液细胞分析仪为自动保养,半自动则应每天关机前按说明书要求对小孔管的微孔进行清理冲洗。任何情况下,都必须使小孔管浸泡于新的稀释液中。按厂家要求,定时按不同方式清洗检测器:计数期间,每测完一批样本,按几次反冲装置,以冲掉沉淀的变性蛋白质;每天清洗工作完毕,用清洗剂清洗检测器3次,并把检测器浸泡在清洗剂中;定期卸下检测器,用3%~5%次氯酸钠浸泡清洗,再用放大镜观察微孔的清洁度。

(2)液路维护:目的是保持液路内部的清洁,防止细微杂质引起的计数误差。清洗时在样本杯中加20 mL机器专用清洗液(加酶更好),按几次计数键,使比色池和定量装置及管路内充满清洗液,然后停机浸泡一夜,再换用稀释液反复冲洗后使用。仪器长期不用时,应将稀释液导管、清洗剂导管、溶血剂导管等置于去离子水或纯水中,按数次计数键,冲洗掉液体管道内的稀释液,使其充满去离子水。

(3)机械传动部分维护:先清理机械传动装置周围的灰尘和污物,再按要求加润滑油,防止机械疲劳、磨损。

六、常见故障及排除

现代血液细胞分析仪有很好的自我诊断功能,有故障发生时,内置计算机的错误检查功能显示出"错误信息",并伴有报警声。

1. 开机时的常见故障

(1)开机指示灯及显示屏不亮:检查电源插座、电源引线、保险丝。

(2)"RBC或WBC吸液错误":稀释液供用不足或进液管不在正确的位置上。应提供稀释液,正确连接进液管。

(3)"RBC或WBC电路错误":多为计数电路中的故障,参照使用说明书检查内部电路,必要时更换电路板。

(4)"测试条件需设置":备用电池没电或电路断电,导致储存的数据丢失时有该信息提示。应更换电池,重新设置定标系数或其他条件,然后计数样本。

2. 测试过程中常见的错误信息

(1)堵孔:检测器的微孔堵塞是影响检验结果准确性最常见的原因。根据微孔堵塞的程度,将其分为完全堵孔和不完全堵孔两种。当检测器小孔管的微孔完全阻塞或泵管损坏时,血细胞不能通过微孔而不能计数,仪器在屏幕上显示"CLOG",为完全堵孔。而不完全堵孔主要通过下述方法进行判断:①观察计数时间;②观察示波器波形;③看计数指示灯闪动;④听仪器发出的不规则间断声音。

常见堵孔原因与处理方法:①仪器长时间不用,试剂中的水分蒸发、盐类结晶堵孔,可用去离子水浸泡,待完全溶解后,按"CLEAN"键清洗;②末梢采血不顺或用棉球擦拭微量取血管;③抗凝剂量与全血不匹配或静脉采血不顺,有小凝块;④小孔管微孔蛋白沉积多,需清洗;⑤样本杯未盖好,空气中的灰尘落入杯中。后四种原因,一般按"CLEAN"键进行清洗,若不行,需小心卸下检测器按仪器说明书进行清理。

(2)"气泡":多为压力计中出现气泡,按"CLEAN"键清洗,再测定。

(3)"噪声"提示:多为测定环境中有噪声干扰,接地不良或泵管、小孔管较脏所致。将仪器与其他噪声大的设备分开,确认良好接地,清洗泵管或小孔管。

(4)"流动比色池"提示或HGB测定重现性差:多为HGB流动池脏所致。按"CLEAN"键清洗HGB比色池。若污染严重,需小心卸下比色杯,用3%~5%的次氯酸钠溶液清洗。

（5）"溶血剂错误"提示：多因溶血剂与样本未充分混合，应重新测定另一个样本。

（6）细胞计数重复性差：多为小孔管脏或环境噪声大。处理办法同（1）和（3）。

第三节　血液凝固分析仪

掌握：血液凝固分析仪的工作原理、分类与结构。

熟悉：血液凝固分析仪的性能指标、操作与维护。

了解：血液凝固分析仪的主要应用。

血液凝固分析仪（automated coagulation analyzer，ACA，简称血凝仪）是血栓与止血分析的专用仪器，可检测多种血栓与止血指标，广泛应用于术前出血项目筛查，协助凝血障碍性疾病、血栓栓塞性疾病的诊断及溶栓治疗的监测等方面，是目前血栓与止血实验室中使用的最基本的设备。

一、血凝仪的分类

临床常用的血凝仪按自动化程度可分为半自动和全自动血凝仪及全自动血凝工作站。按检测原理又可分为光学法、磁珠法、超声波法血凝仪。

图 5-8　全自动血凝仪（一）

1. 半自动血凝仪　需手工加样加试剂，操作简便、检测方法少、价格便宜、速度慢，测量精度好于手工，但低于全自动，主要检测一些常规凝血项目。

2. 全自动血凝仪　自动化程度高、检测方法多、通道多、速度快、测量精度好，价格昂贵，对操作人员素质要求高，除能对常规凝血、抗凝、纤维蛋白溶解系统等项目进行全面的检测外，还能对抗凝、溶栓治疗进行实验室监测（图 5-8）。

3. 全自动血凝工作站　由全自动血凝仪、移动式机器人、离心机等组成，可进行样本自动识别和接收、自动离心、自动放置、自动分析、分析后样本的分离等。该系统还可与其他自动化实验室系统相结合，以实现全实验室自动化。

二、血凝仪的检测原理

1. 凝固法　早期仪器采用模拟手工的钩丝法（钩状法），依凝血过程中纤维蛋白原转化为纤维蛋白丝可导电的特性，当通电钩针离开样本液面时，纤维蛋白丝可导电来判定凝固终点。该法由于终点判断很不准确被淘汰。现在是通过检测血浆在凝血激活剂作用下的一系列物理量（光、电、机械运动等）的变化，再由计算机分析所得数据并将之换算成最终结果，故也称生物物理法。按具体检测手段又可分为电流法、超声分析法、光学法和磁珠法四种，国内血凝仪以后两种方法最为常用。

（1）电流法：电流法利用纤维蛋白原无导电性而纤维蛋白具有导电性的特点，将待测样品作为电路的一部分，根据凝血过程中电路电流的变化来判断纤维蛋白的形成。但由于电流法的不可靠性及单一性，所以很快被更灵敏的光学法所替代。

（2）光学法：是根据血浆凝固过程中浊度的变化导致光强度变化来确定检测终点，故又叫比浊法。光学法血凝仪的试剂用量只有手工测量的一半。当向样品中加入凝血激活剂后，随着样品中纤维蛋白凝块的形成过程，样品的吸光强度逐步增加，当样品完全凝固以后，光的强度不再变化。光探测器接收这一光的变化，将其转化为电信号，经过放大再被传送到监测器上进行处理，描出凝固曲线。通常是把凝固的起始点作为 0%，凝固终点作为 100%，把 50% 作为凝固时间。

根据不同的光学测量原理，又可分为散射比浊法和透射比浊法两类。

①散射比浊法：该方法中光源和样本与接收器成 90°角，当向样品中加入凝血激活剂后，随样品中纤

维蛋白凝块的增加,样品的散射光强度逐步增加,仪器把这种光学变化描绘成凝固曲线。

②透射比浊法:该方法的光路同一般的比色法一样呈直线。来自光源的光线经过处理后变成平行光,透过待测样品后照射到光电管变成电信号,放大后经监测器处理。当向样品中加入凝血激活剂后,开始的吸光度非常弱,随着反应管中纤维蛋白凝块的形成,标本吸光度也逐渐增强,当凝块完全形成后,吸光度趋于恒定。血凝仪可以自动描记吸光度的变化并绘制曲线。

在透射比浊法中,光源、样品、接收器成一直线排列,接收器得到的是很强的透射光和较弱的散射光,前者是有效成分,后者不起作用,所以要进行信号校正,并按经验公式换算到散射浊度。此法虽简单,但精度较差。当测定物含有干扰成分(如患有高脂血症、黄疸和溶血时取得的测定物)或为患有低纤维蛋白原血症的特殊样本时,由于本底浊度的存在,其作为起始点的基线会随之上移或下移,仪器在数据处理过程中用本底扣除的方法来减少这类标本对测定的影响。但是这是以牺牲有效信号的动态范围为代价的。散射比浊法仪器中,光源、样品、接收器成直角排列,接收器得到的完全是散射光,不受本底浊度的影响。故散射比浊法略优于透射比浊法。

(3) 磁珠法:早期的磁珠法是在检测杯中放入一粒磁珠,与杯外一根铁磁金属杆紧贴呈直线状,标本凝固后,由于纤维蛋白的形成,使磁珠移位而偏离金属杆,仪器据此检测出凝固终点,这类方法也可称为平面磁珠法。早期平面磁珠法能有效克服光学法中样品本底干扰问题,但存在灵敏度低等缺点。现代磁珠法出现在 20 世纪 80 年代末,90 年代初进入商品化模式。现代磁珠法被称为双磁路磁珠法。双磁路磁珠法的测试原理:测试杯的两侧有一组驱动线圈,它们产生恒定的交变电磁场,使测试杯内特制的去磁小钢珠保持等幅振荡运动。凝血激活剂加入后,随着纤维蛋白的产生增多,血浆的黏稠度增加,小钢珠的运动振幅逐渐减弱,仪器根据另一组测量线圈感应到小钢珠运动的变化,当运动幅度衰减到 50% 时确定凝固终点。双磁路磁珠法中的测试杯和钢珠都是专利技术,有特殊要求。测试杯底部的弧线设计与磁路相关,直接影响测试灵敏度。小钢珠经过多道工艺特殊处理,完全去掉磁性。在使用过程中,加珠器应远离磁场,避免钢珠磁化。为了保证测量的正确性,钢珠应当一次性使用。

磁珠法凝血测试的优点:不受溶血、黄疸、高脂血症标本及加样中微量气泡等特异血浆的干扰,有利于血浆和试剂的充分混匀;磁珠法的试剂用量只有光学法的一半,这是因为在比浊测定过程中,激发光束必须打在测试杯的中间,所以要有足够的试剂量。在双磁路磁珠法测量中,钢珠在测试杯的底部运动,因此试剂只要覆盖钢珠运动即可。缺点:磁珠的质量、杯壁的光滑程度等,均会对测量结果造成影响。

2. 底物显色法 通过测定产色底物的吸光度变化来推测所测物质的含量和活性,故也称生物化学法。其实质是光电比色原理,通过人工合成与天然凝血因子氨基酸序列相似,并且有特定作用位点的多肽;该作用位点与呈色的化学基团相连;测定时由于凝血因子具有蛋白水解酶的活性,它不仅能作用于天然蛋白质肽链,也能作用于人工合成的肽段底物,从而释放出呈色基团,使溶液呈色;呈色深浅与凝血因子活性呈比例关系,故可对凝血因子进行精确定量。目前人工合成的多肽底物有几十种,而最常用的是对硝基苯胺(PNA),呈黄色,可用 405 nm 波长进行测定。该法灵敏度高、精密度好,易于自动化,为血栓/止血检测开辟了新途径。

3. 超声波法 依凝血过程用血浆的超声波衰减程度判断终点。只能进行半定量,项目少,目前已经较少使用。

4. 免疫学方法 以纯化的被检物质为抗原,制备相应的抗体,然后利用抗原抗体反应对被检物进行定性或定量测定。常用方法有:免疫扩散法、火箭电泳法、双向免疫电泳法、酶标法、免疫比浊法。血凝仪使用免疫比浊法等。详细情况参考其他书籍。

三、血凝仪的基本结构

目前市售的半自动血凝仪主要由样品、试剂预温槽、加样器、检测系统(光学、磁场)及微机组成。全自动仪器除上述部件外,还增加了样品传送及处理装置、试剂冷藏位、样品及试剂分配系统、检测系统、电子计算机、输出设备及附件等。有的还配备了发色检测通道,使该类仪器同时具备了检测抗凝及纤维蛋白溶解系统活性的功能。仪器的基本结构如下。

(1) 样品、试剂预温槽:由电加热和温度控制器组成。其功能是使待检样品、试验试剂温度保持在

37 ℃。

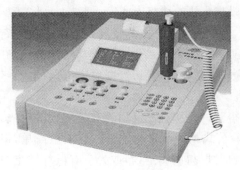

图 5-9 全自动血凝仪(二)

(2)加样器:由移液器和与其相连的导线组成(图 5-9)。

(3)自动计时装置:针对半自动血凝仪受人为的因素影响多、重复性较差等缺陷,有的仪器配有自动计时装置,以告知预温时间和最佳试剂添加时间;有的在测试位添加试剂感应器,感应器从移液器针头滴下试剂后,立即启动混匀装置振动,使血浆与试剂得以很好地混合;有的仪器在测试杯顶部安装了移液器导板,在添加试剂时由导板来固定移液器针头,从而保证了每次均可以在固定的最佳角度添加试剂并可以防止气泡产生。这些改进,提高了半自动血凝仪检测的准确性。

(4)样品传送及处理装置:全自动仪器具有样品传送及处理装置。血浆样品由传送装置依次向吸样针位置移动,多数仪器还设置了急诊位置,可以使常规标本检测必要时暂停,以服从急诊样本优先测定的要求。样本处理装置由样本预混盘及吸样针构成,前者可以放置几十份血浆样本,吸样针将血浆吸取后放于预混盘的测试杯中,供重复测试、自动再稀释和连锁测试用。

(5)试剂冷藏位:可以同时放置几十种试剂进行冷藏,避免试剂变质。

(6)样本及试剂分配系统:包括样本臂、试剂臂、自动混合器。样本臂会自动提取样本盘中的测试杯,将其置于样本预温槽中进行预温。然后试剂臂将试剂注入测试杯中(性能优越的全自动血凝仪为避免凝血酶对其他检测试剂的污染,有独立的凝血酶吸样针),由自动混合器将试剂与样本充分混合后送至测试位,已检测的测试杯被自动丢弃于特设的废物箱中。

(7)检测系统:是仪器的关键部件。血浆凝固过程通过前述多种原理检测法进行检测。

(8)计算机控制系统:根据设定的程序指挥血凝仪进行工作并将检测得到的数据进行分析处理,最终得到测试结果。通过计算机屏幕或打印机输出测试结果。还可对患者的检验结果进行储存、质控统计,并可记忆操作过程中的各种失误。

(9)输出设备:通过计算机屏幕或打印机输出测试结果。

(10)附件:主要有系统软件、穿盖系统、条码扫描仪、阳性样本分析扫描仪等。

四、血凝仪的工作流程

1. 开机 ①检查蒸馏水量、废液量;②依次打开稳压电源、打印机电源、仪器电源、主机电源、终端计算机电源;③仪器自动检测通过后,进入升温状态;④达到温度后,仪器提示可以进行工作。

2. 测试前准备 ①试剂准备:按照测试的检验项目做好试剂准备;严格按试剂说明书的要求进行溶解或稀释,溶解后室温放置 10~15 min,然后,将各种试剂放置于设置好的试剂盘相应位置。②选择测试项目:从仪器菜单选择要测试的检验项目。③检查标准曲线:观察定标曲线的线性、回归性等指标。

3. 测试 ①测试各项目质控品,按要求记录并进行结果分析;②患者标本准备,按要求编号、分离血浆、放于样本托架上;③患者信息录入,手工输入标本名称或患者名称,在 Test 栏中输入要检测的项目;④样本检测,再次确认试剂位置、试剂量及标本位置后,按"开始"进行检测。

4. 结果输出 ①设置好自动传输模式后,检测结果将自动传输到终端计算机上;②结果经审核确认后,打印报告单。

5. 关机 ①收回试剂:试验完毕后,将试剂瓶盖盖好,将试剂盘与试剂一同放入冰箱 2~8 ℃储存。②清洗保养:按清洗保养键,仪器自动灌注;等待 15 min,按"ESC"退出菜单。③关机:关闭主机电源、仪器电源、终端计算机电源、打印机电源等。

五、血凝仪的日常维护

1. 半自动血凝仪的维护 做好日常的维护是仪器正常运行的基本保证,包括:①电源电压为 220 V(±10%),最好使用稳压器电源;更换熔断器内的保险管时,应先关闭本系统,拔下电源线,严格按熔断器座旁标志的规格型号进行更换。②避免阳光直晒,远离强热物体,放置在平稳的工作台上,不得摇晃与振动;保持仪器温度恒定在(37.0±0.2)℃。③防止受潮和腐蚀。④保持样本槽、试剂槽、测试槽清洁,严禁有异物进入。⑤若为磁珠型血凝仪,仪器和加珠器都必须远离强电磁场干扰源,并使用一次性测试杯及钢珠,以保证测量精度。

2. 全自动血凝仪的维护　一般性维护包括:①定期清洗或更换空气过滤器;②定期检查及清洁反应槽;③定期清洗洗针池及通针;④经常检查冷却剂液面水平;⑤定期清洁机械运动导杆和转动部分并加润滑油;⑥及时保养定量装置;⑦定期更换样品及试剂针;⑧定期数据备份及恢复等。

六、常见故障及排除

下面以 HF-6000 半自动血凝仪为例介绍常见故障及排除方法。

1. 磁性搅拌器故障　原因:位于试剂池下面的两个磁性搅拌器发生故障。解决方法:①在开始分析之前,适当混匀试剂,再进行分析;②请厂家来维修。

2. 冲洗错误　原因:①参比液瓶中的参比液太少;②比色盘中参比液移入错误;③管道阻塞。排除方法:①检查参比液瓶中的参比液水平,如果液面高度低于 1 cm,换新瓶。②检查仪器有无阻碍物,在分析过程中,参比液是否被取样臂正确移入比色盘中。③如果比色盘中无参比液,而参比液瓶中有足够的液体,检查管道是否堵塞;将分析针从取样臂上取下,放在一个烧杯上,开始冲洗循环,观察液体是否从两个针中射出,检查完毕后,执行"NEEDLES POSTION ADJUSTMENT"程序,检查针的位置。

3. 氢卤灯故障　排除方法:①打开比色池盖,氢卤灯的光线应在 9 号比色杯附近,如果没有灯光,关闭仪器;②松开位于机器盖右侧的把手,打开灯盖板,拧紧把手;③打开仪器,在"PLEASE WAIT"状态结束后,选择发色试验,通过比色池检查氢卤灯是否亮了。如果故障仍然存在则请厂家派人来排除故障。

4. 升温故障　此时仪器内部温度过高,影响测定的温度。原因:①空气过滤网太脏;②空气流通不通畅;③室温低于 10 ℃或高于 40 ℃。解决方法:①更换上干净的过滤网,将取下的过滤网清洗干净;②检查仪器左侧的空气流通是否通畅,不能放置阻碍物,此处的温度应低于 35 ℃;③室温应保持在 15～32 ℃,否则仪器易损坏。如果过滤网清洁,室温适宜,故障不能排除,则应请厂家来排除故障。

第四节　自动血沉分析仪

掌握:自动血沉分析仪的工作原理、分类与结构。

熟悉:自动血沉分析仪的性能指标、操作与维护。

了解:自动血沉分析仪的主要应用。

红细胞沉降率(erythrocyte sedimentation rate,ESR)(简称血沉)是某些疾病常用的参考指标,经典方法是魏氏法,但时间长,难以批量进行。全自动血沉分析仪可同时测定数十个甚至上百个标本,整个测量过程完全自动,其结果与国际血液学标准化委员会推荐的魏氏法测定结果相吻合,它改变了魏氏法血沉时间长、温度不恒定、手法竖立血沉管不容易做到垂直等缺点。红细胞沉降过程表现为悬浮、聚集、快速、缓慢沉降四个阶段,血沉分析仪实现了红细胞沉降的动态结果分析,对监测血沉全过程、研究红细胞沉降的机理等提供了新的数据。

一、自动血沉分析仪的分类

自动血沉分析仪(automated erythrocyte sedimentation rate analyzer)(简称自动血沉仪)是在魏氏法测定血沉的基础上,利用光学阻挡原理进行测量或激光光源扫描微量全血进行检测的一种快速测定仪器(图 5-10)。其包括光学阻挡原理的定时扫描式或光电跟踪式以及激光扫描微量全血式。

图 5-10　自动血沉分析仪

二、自动血沉仪的基本结构及工作原理

(一)定时扫描式或光电跟踪式检测原理

1. 光电跟踪式　光电装置跟随红细胞界面移动。系统由位于测定管两侧配对的 LED 和光电管自动监测记录。由于仪器每套机械装置一次只能检测一个样品,故检测速度非常有限,所以临床应用不广。

2. 定时扫描式　血沉管垂直固定在自动血沉仪的孔板上,光电二极管沿机械导轨滑动,对血沉管进行扫描。如果红外线不能到达接收器,说明红外线被高密度的红细胞阻挡,一旦红外线能穿过血沉管到达接收器,接收器的信号就引导计算机开始计算到达移动终端时所需的距离。首先记录血沉管中的血液在时间零计时的高度,此后每隔一定时间扫描一次,记录每次扫描时红细胞和血浆接触的位置,并以计算机自动计算转换成魏氏法观测值报告结果。

(二)定时扫描式或光电跟踪式基本结构

定时扫描式或光电跟踪式包括机械系统、光学系统和电路系统。

1. 机械系统　主要由吸取血样加到测定管的装置和能上下移动的测量臂组成,测量臂沿测定管移动,完成对样品的跟踪或扫描。

2. 光学系统　由光源如发光二极管(LED)和光电转换器组成,使 LED 发出的光透过标本被光电管接收。

3. 电路系统　主要由模数转换器、微处理器组成模数转换器将仪器得到的模拟信号转换成数字信号,再由微处理器进行计算处理,最后显示打印结果。

(三)激光扫描微量全血法检测原理

样本放入仪器后,进行 3 min 的(转速 60 r/min)混匀,然后进样针刺入试管吸样,在蠕动泵的动力下吸样至检测位毛细管中。在样本进入到检测位置的 20 s 内,也就是"缗钱"状结构的形成过程中,光路检测器将记录样本中 1000 个光线透过信号(OD 值),经过系统推算,给出与魏氏法相关的血沉结果。

(四)激光扫描微量全血式基本结构

激光扫描微量全血式包括样本混匀器、样本进样器、激光扫描光度计、数据处理换算系统。

1. 样本混匀器　仪器分为手动混匀手动揭盖吸样和自动混匀自动穿盖吸样两种机型。自动混匀是将样品试管装入专用混匀试管架上,仪器自动旋转试管架(60 r/min)混匀。

2. 样本进样器　自动穿刺针穿盖吸取样品。

3. 激光扫描光度计　检测毛细管中血细胞状态变化所引起的光密度变化。

4. 数据处理换算系统　采用计算机对光密度变化进行分析,得出与魏氏法相关的血沉结果。

三、自动血沉仪的性能指标

自动血沉仪的性能指标见表 5-1。

表 5-1　自动血沉仪的性能指标

项　　目	性能指标
检测时间	30 min/60 min
检测通道	1～100
检测能力	20～120 个/时
标本采集	真空管或普通管
环境条件	温度:15～30 ℃

四、自动血沉仪的工作流程

以 Test-1 型自动血沉仪为例。

（1）开启电源。

（2）当界面出现"MAIN MENU"时可进行测试。

（3）选择 7 号键。

（4）打开左侧移门，编入样本号，编好 1 个号码后按"ENTER"结束，若需修改，按 2 号键查找编好的标本情况，按"REPRINT PAUSE"查找需修改号码，按"CLEAR"清除原号码，键入新号码后按"ENRER"确认。

（5）关上左侧移门，按"STRAT"出现"INSERT RACK"后打开门放入血样，按"START"开始测试。

（6）打印测试结果。

五、自动血沉仪的日常维护

（1）使用过程中，要避免强光直射，否则会引起检测器疲劳，进而无法采集数据。

（2）使用前要按照程序清洗仪器，同时要定期彻底清洁并校验。

（3）保持仪器水平状态。

第五节 血流变分析仪

掌握：血流变分析仪的工作原理、分类与结构。

熟悉：血流变分析仪的性能指标、操作与维护。

了解：血流变分析仪的主要应用。

一、血流变分析仪的分类

血液流变学分析仪器（hemorheology analyzer，HA）（简称血流变分析仪）是对全血、血浆或血细胞流变特性进行分析的检验仪器。主要有血液黏度计、红细胞变形测定仪、红细胞电泳仪、黏弹仪等。近年在体检人群的应用中开发较好，为血液流变学研究开辟了广阔的发展空间。

二、血流变分析仪的基本结构及工作原理

（一）毛细管黏度计的检测原理

按泊肃叶（Poiseuille）定律设计，反映平均切变率。其原理是一定体积的牛顿液体，在恒定的压力驱动下，流过一定管径的毛细管所需的时间与黏度成正比（图 5-11）。

（二）毛细管黏度计的基本结构

毛细管黏度计包括毛细管、储液池、控温装置、驱动装置、计时器等。

1. 毛细管 测定全血黏度的毛细管内径一般为 0.38 mm、0.5 mm、0.8 mm，长为 200 mm，内径圆、直、长而且均匀，测定血浆黏度无特殊要求。

2. 储液池（样品池） 一般位于毛细管顶端，是储存样品和温浴的装置。

3. 控温装置 浸没毛细管和储液池的恒温装置，液体与温度呈负相关，波动范围小于 0.5 ℃。

4. 驱动装置 对于水平型毛细管黏度计产生驱动力。

5. 计时器 用于流动液体的计时。

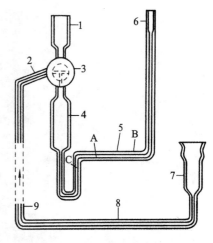

图 5-11 毛细管黏度计原理示意图

1.废液池；2.左支管；3.玻璃三通；

4.水银储存池；5.水银水平管；6.右支管；

7.储液池；8.毛细管；9.毛细管流出端

A、B、C.计时电极触点

（三）旋转式黏度计的检测原理

旋转式黏度计以牛顿的黏滞定律为理论依据。主要有两种类型：一种是以外圆筒转动或以内圆筒转动的筒-筒式旋转黏度计；另一种是以圆锥体转动或以圆形平板转动的锥板式黏度计，以锥板式黏度计发展较好（图5-12）。

它们的原理都是在同轴的构件之间（筒与筒之间或锥与板之间）设计有一定的间隙，用来填充待测流体。当同轴的构件之一以一定角度和一定驱动力旋转时，会给血样施以切变力，使之形成层流。由于层流之间的作用把转动形成的力矩传递给同轴静止的圆筒或锥体，后者便随之偏转一定角度。血液样本越黏稠，传入的力矩就越大，圆筒或锥体偏转的角度就越大。偏转角度与力矩之间，力矩与样品的黏度之间成正比关系。这种力矩被力矩传感装置获取后将其转换为电信号，就实现了电信号大小与样本黏度成正比，从而计算出样品的黏度（图5-13）。

图5-12 锥板式黏度计

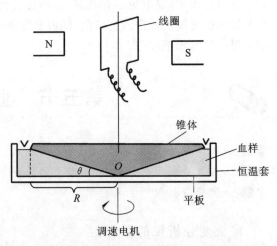

图5-13 旋转式黏度计原理示意图

（四）旋转式黏度计的基本结构

旋转式黏度计由样本转盘、加样系统、样本传感器、转速控制与调节系统、力矩测量系统、恒温系统组成（图5-14）。

图5-14 旋转式黏度计主要部件

1. 加样系统 采用蠕动泵转动泵管产生吸引力并传递到吸样针吸取样品和加样。

2. 样本传感器 由同轴圆筒或锥与板组成，其中一个构件可以旋转，另一构件可以通过样品黏度来

"感知"旋转所产生的切变力。

3. 转速控制与调节系统　依靠微型电机来实现。

4. 力矩测量系统　测量由锥板产生的力矩,将其转化为电信号。

5. 恒温系统　保持测定规定温度。

三、血流变分析仪的性能指标

不同厂家仪器其性能指标有一定差异。一般要求满足以下条件即可。

1. 准确性　牛顿流体黏度引入的误差应小于±2%。非牛顿流体黏度引入的误差:切变率为 $1 \ s^{-1}$ 时,误差为±2 mPa·s;切变率为 $200 \ s^{-1}$ 时,误差应为±0.2 mPa·s。

2. 变异系数　牛顿流体黏度的CV%应小于2%。非牛顿流体黏度的CV%<3%。

3. 设置参数　一般切变率为 $1\sim200 \ s^{-1}$、样品量<800 μL、测定时间<60 s,温度控制在(37±0.1)℃。

4. 测试参数　一般有全血黏度、血浆黏度、全血还原黏度、红细胞刚性指数、变形指数、聚集指数、血沉方程 K 值、血液屈服应力、卡松黏度等。

四、血流变分析仪的工作流程

仪器的使用方法因不同厂家生产而不尽相同,操作人员上岗前必须经过严格培训,使用前必须仔细阅读仪器说明书,了解仪器的工作原理、操作规程、校正方法及保养要求。一般的仪器都会经历几个主要程序。开机后自动恒温,仪器自动自检,最后提示"准备检测"程序。

1. 测试前准备　一些厂家已经有自己的质控品,每天坚持用仪器自带的质控品进行检测,质控结果在允许范围方可进行当日标本检测,否则,寻找原因排除后再测定标本。

2. 测试选项　最好先用手工将抗凝血样本颠倒混匀三遍再按编号装入样品转盘待检。在测试界面点击"测试",会弹出许多空闲孔位,点击空闲孔位图标,便进入测试选项界面,包括"全血测试"、"批量输入"、"取消测试"、"批量测试"选项。点击"批量输入"。

3. 测试确定　弹出"批量输入"的孔位及序号界面,根据标本数量输入相关信息后按"确定"。仪器便开始自动测定、自动清洗、自动检测下一个样品,直到设置样品全部检测完毕。

4. 建立基本信息　在测试过程中可以建立患者的检验报告单基本信息。

5. 转换样品类型　全血测试完成,将样本取出离心。然后再装入仪器对应位置,同上选择"血浆测试",仪器便开始自动测定、自动清洗、自动检测下一个样品,直到设置样品全部检测完毕。

6. 报告单　在建立报告单位置录入患者的血沉和血细胞比容参数,仪器自动生成完整的报告单。

7. 关机　关机前进行仪器清洁保养。

五、血流变分析仪的日常维护

血流变分析仪是一种精密的电子光学仪器,必须精心管理。不规范地操作仪器,会扰乱仪器的正常工作,引起不良结果。仪器应避免阳光长时间的照射及温度过高、湿度过大。仪器装机前必须进行标定。

1. 毛细管黏度计的调校与维护　用重蒸馏水在37 ℃测得时间比 $D=(t-t_0)/t_0$,要求 $D\leqslant1\%$;仪器维护最重要的是清洁加样针及维持管道畅通,包括残留液处理、毛细管污染处理、温度控制处理等。

2. 旋转式黏度计的调校与维护　在日常工作中,常用重蒸馏水检测仪器,看水的黏度是否为0.69 mPa·s(37 ℃)。测试机芯用国家计量单位所标定的标准牛顿油,按仪器说明书进行标定。

(1) 0点标定:0点标定的意义在于测试机芯未加任何黏度负荷的情况下机芯本身的摩擦系数,该系数理想是0,越接近0,机芯的品质越好,当然前提条件是重复性。5～20次的重复性符合标准,一般0点标定值应在0.5以下。

(2) 黏度油标定:一般采用两种以上且标称值相差较大的黏度油,黏度油标定的意义在于测试机芯对牛顿流体黏度的测试精度,以及在标准范围内的5～20次重复性试验是否达标。

(3) 非牛顿液体标定:非牛顿液体是由生产厂家配制,用于出厂仪器品质鉴定的标准液,不能作为临床血液测试质控液。非牛顿液体应提供两点以上的多点黏度标称值,理想的非牛顿液体提供的标称值应是一条黏度曲线,以非牛顿液体对仪器进行 5～20 次的重复性测试,若符合标准,说明仪器对非牛顿液体的测试结果是可靠的。

完成以上三点标定,说明仪器机芯测试符合标准,机芯测试是可靠的。在标定时,不应使用仪器的自动化功能,而应用手工加样、手工清洗以避免因自动化功能的问题影响对机芯品质的评价。

仪器维护包括电压稳定、机芯防尘、加样针及管道畅通,所以,在检测中、检测后应及时清洗测试头和锥板等。

六、常见故障及排除

(1)血流变分析仪常见的故障是维护不到位造成结果不理想。其中最为常见的是清洗不干净。由于血液流变学标本为抗凝血,抗凝剂附着在毛细管壁,影响检测标本流速而影响结果。对于锥板式检测原理的仪器只要有极微小的血迹便会影响锥板的转速和力矩,从而影响血液流变结果。解决方式是做好日保养、周保养、月保养。根据情况可做加强保养。

(2)漏水的原因及处理:血流变分析仪因为管道多、接头多,特别是泵管长时间磨损,容易漏水,表现为无法吸样。及时查找原因及时处理。

(3)漏气的原因及处理:血流变分析仪管道多、接头多,泵管长时间磨损,容易漏气,表现为无法吸样。及时查找原因及时处理。

(4)堵塞的原因及处理:血流变分析仪吸样针细长、管道多、电磁阀多,容易堵塞,特别是纤维蛋白原呈半透明状,肉眼难以发现,电磁阀损坏阀门打不开等都表现为无法吸样。应根据堵塞部位及时疏通处理。

(5)计算机或软件故障常常表现为死机或仪器自检有故障。

(6)结果不准确可以随时标定仪器。

(7)仪器电路板损坏常表现为仪器连接超时,或者仪器失去控制。

第六节　自动血型分析仪

掌握: 血型分析仪的工作原理、分类与结构。

熟悉: 血型分析仪的性能指标、操作与维护。

了解: 血型分析仪的主要应用。

自动血型分析仪采用国际公认的梯形微板法和现代 CCD 数码成像技术。通过仪器软件的控制进行结果判读,使判读结果有统一的标准。自动化程度大大提高,减低了人为因素所造成的影响。正、反定型和 Rh(D)血型在同一块板上,结果判断更直观,核对结果更方便。结果通过计算机打印、原始记录留底,使血液检验结果的资料更完整。该仪器还可以通过扫描仪扫描记录每孔的反应图像,便于更好地分析结果(图 5-15)。

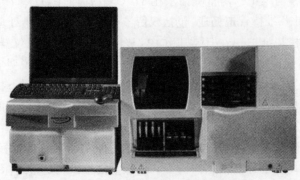

图 5-15　自动血型分析仪

一、自动血型分析仪的工作原理

自动血型分析仪的梯形微板法技术是利用孔壁呈阶梯状的特殊"V"字形微孔板,当相应的抗原(血细胞)、抗体(血清)发生凝集反应时,彼此粘黏挂在阶梯上,均匀分布于孔壁,未发生抗原抗体反应的红细胞沿阶梯滚落于孔底中央,形成实心圆点(图 5-16、图 5-17)。再运用现代 CCD 数码成像技术和计算机数据处理系统判断血型。

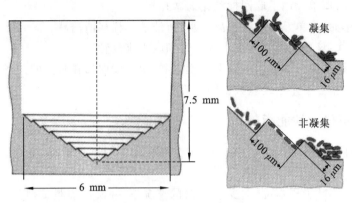

图 5-16 微孔板的独特结构

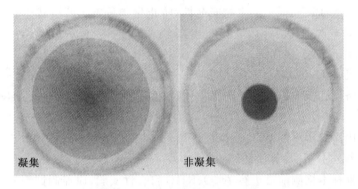

图 5-17 凝集与非凝集对比图

二、自动血型分析仪的基本结构

自动血型分析仪由样本处理部分、检测分析部分和数据处理部分组成。

1. 样本处理部分

(1)进样单元:该单元用来安装待检样本架。

(2)样品加样单元:该单元通过加样器将样本架上样品管中的细胞或血浆转移到稀释杯中。共有 2 个样品加样器,分别用于细胞加样和血浆/血清加样,并且包括一个洗涤室用于洗涤这些加样器。

2. 检测分析部分

(1)稀释液加样单元:该单元用于加稀释液。包括 5 个稀释液加样器,用来将稀释液加到不同的稀释杯中。

(2)稀释杯传送单元:该单元负责将稀释杯传送到样品加样处、稀释液加样处和随后的稀释样品加样处。

(3)稀释样品加样单元:该单元用加样器将稀释后的样品加到微孔板上。该单元一共包括 5 个稀释样品加样器,还有一个洗涤室用于洗涤这些稀释样品加样器。

(4)稀释杯洗涤单元:该单元用于洗涤稀释杯。

(5)试剂加样单元:该单元用加样器将试剂单元的试剂加到各个微孔板的孔中。一共包括 16 个试剂加样器,还有一个用于洗涤这些试剂加样器的洗涤室。

(6)试剂单元:该单元可装配 16 个试剂瓶。为了防止试剂成分产生沉淀,整个试剂单元在使用时始终保持摇动状态。

(7) 稀释液单元:该单元装配有 5 个装有稀释液的稀释液瓶。

(8) 微孔板装载单元:该单元用于装载微孔板。

(9) 微孔板传送单元:该单元用于将微孔板传送到稀释样品加样处和试剂加样处。

(10) 孵育单元:该单元用于在特定温度下孵育微孔板。

(11) 光度计/成像单元:该单元用于获取微孔板微孔中的混合物图像。

(12) 微孔板仓单元:该单元用于取回检测完的微孔板。

(13) 系统液装载单元:该单元装载有去离子水、清洁液和稀释清洁液。

(14) 供水/排水单元:该单元用于连接水源水管和废水排放管。

(15) 便携扫描器:该便携扫描器用作条形码读码器,用于读取稀释瓶上的条形码。

3. 数据处理部分　指一台用于处理数据的计算机。

三、自动血型分析仪的性能指标

1. 样品位　一次性加载样本不少于 200 份,可在不中断实验进程情况下连续追加样本,并可应用原始采血管进行加样。

2. 试剂位　在保证不减少样本位(不少于 200)的情况下,一次性加载试剂位不少于 16 位,并可在不中断实验进程情况下连续追加。

3. 反应板　使用一次性反应板保证生物安全性、防止生物危害。开放式微孔板系统,可使用不同厂家的国产/进口微孔板。一次微孔板装载量不少于 15 块。

4. 孵育单元　不少于 10 个孵育位。

5. 仪器内置离心机　可完成离心振荡功能,确保实验准确性。

6. 洗板系统　具备微孔板和板条自动洗涤模式,8 通道,可对洗板过程进行编辑,确保洗板的有效性和稳定性。

7. 判读系统　采用高分辨率的 CCD 获取反应图像,对每孔进行多种图像分析;基于这些获取的图像和预设的不同参数,系统可分析、计算检测结果。

8. 质量控制　每批标本检测前可进行 ABO、RHD 符合性实验,以控制试剂质量,并可在线控制标本质量。可提供配套质控品及质控细胞进行室内质控。

9. 权限管理　多级权限管理,至少应具备运行、维护、批号编辑、方法编辑、删除方法等不同权限。

10. 数据处理　可大容量存储数据,支持光盘刻录实现数据永久备份。每个实验结果应包括其原始图像、标本编号、试剂信息、孔位信息、判读结果、实验时间、实验方法、操作人员等,便于查询。

11. 溯源性　可对实验的全过程实时监控,具有报警功能/诊断功能,并可对实验全过程溯源,为质量控制提供保障,确保血液安全。

四、自动血型分析仪的工作流程

以 PK7300 自动血型分析仪为例(图 5-18)。

①启动 PK7300 的准备工作。②准备与检查稀释液。③准备与检查试剂。④检查样品,若样品不适用于检测,则不能得到正确结果。⑤开始测定。⑥查看与编辑结果。⑦打印与传输结果。⑧结束测定。

五、自动血型分析仪的日常维护

自动血型分析仪的日常维护分为每日维护、每周维护、每月维护、每季度维护、每半年维护和定期检查。

1. 每日维护

(1) 检查样品加样器、试剂加样器、稀释液加样器和稀释样品加样器是否漏液。

(2) 检查和清洁样品针、试剂针、稀释液进样针和稀释样品针。检查各针的吐水情况。

(3) 检查稀释杯是否有残留液。方法同上,检查各杯情况。

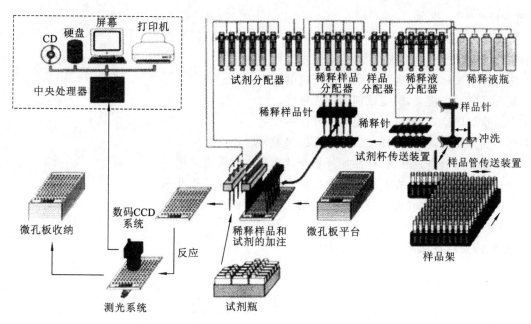

图 5-18 PK7300 自动血型分析仪的工作流程

（4）检查和添加洗液。

（5）检查微孔板、打印机和打印纸。

（6）清洗稀释液管路及稀释液瓶。

（7）清洗微孔板。用有效氯离子浓度为 0.3% 的次氯酸溶液浸泡 1 h 以上，超声波将会导致微孔板霜结或磨损。

（8）清洗浓度计检测池（选配）。

2. 每周维护

（1）每周对光散射器进行检查，在对光散射器进行清洁时要小心，以免划伤光源。

（2）清洁稀释液进样针，如果在稀释液进样针外部有污渍或结晶，加样会出现异常。可使用蘸有酒精的棉签擦拭。

（3）自动洗涤管路，如果在各种液体流经的管路和软管中存在污染，会形成管型和阻塞，每周对管线的内壁进行清洁。

在"Maintenance"菜单，选择"ANL Maintenance"，选择"Auto Tube-Line Wash"按钮，点击"Yes"按钮，系统会把洗液自动加到去离子水桶中洗涤软管和管路，洗涤管路大约需要 60 min。

3. 每月维护

（1）用超声波或毛刷清洁去离子水过滤器。

（2）清洁样品针冲洗池、稀释样品针冲洗池和试剂针冲洗池。

（3）清洁湿度调节用水托盘。

（4）清洁空气滤器。

（5）检查吹气混匀出口是否阻塞。

4. 每季度维护

每 3 个月清洁去离子水水桶。

5. 每半年维护

（1）更换去离子水和样品针过滤器。

（2）更换稀释杯。

（3）使用 NaOH 洗涤微孔板，将微孔板正面向上于 NaOH 溶液（约 2.5 mol/L）中浸泡 2 h 以上，取出浸泡的微孔板并用自来水充分洗涤，直至 NaOH 溶液无残留。再用去离子水充分洗涤微孔板，低于 60 ℃干燥。

6. 定期检查

（1）肉眼检查系统状态。

（2）使用光度计检查盘检查光度计，确定光度计功能正常。

（3）联合样品加样检查，确定样品的加样精度。

（4）联合试剂加样检查，确定试剂的加样精度。

（5）血细胞加样检查，确定血细胞的加样量精度。

（6）样品加样检查，在联合样品加样检查结果异常时检查此项。

（7）稀释液加样检查，在联合样品加样检查结果异常时检查此项。

（8）稀释样品加样检查，在联合样品加样检查结果异常时检查此项。

（9）试剂加样检查，在联合试剂加样检查结果异常时检查此项。

（10）孵育温度检查。

（11）根据需要对各加样系统进行压力校正。

（翟新贵）

本章小结

临床血液学检验仪器是对机体血液成分或理化性质发生的异常变化进行检测分析的仪器，其结果可作为临床医师诊断、治疗、疗效判断、预后估计的重要依据。其包括流式细胞仪、血液细胞分析仪、血液凝固分析仪、血流变分析仪等。

流式细胞仪是既能分析计数，又能进行细胞分选的装置，能够对处在液流中的细胞或其他生物微粒逐个进行多参数的快速定量分析和分选。应用流式细胞仪对于处在快速直线流动状态中的细胞或生物颗粒进行快速的、多参数的定量分析和分选的技术称为流式细胞技术。

血液细胞分析仪是指对一定体积全血内血细胞异质性进行自动分析的常规检验仪器。其主要功能是血细胞计数、白细胞分类、血红蛋白测定、相关参数计算等。其检测原理可分为电阻抗法（库尔特原理）和光散射法，其中电阻抗法是血液细胞分析仪的设计基础。

血液凝固分析仪是血栓与止血分析的专用仪器，可检测多种血栓与止血指标，广泛应用于术前出血项目筛查，协助凝血障碍性疾病、血栓栓塞性疾病的诊断及溶栓治疗的监测等方面。主要检测方法有：凝固法、底物显色法、超声波法、免疫学方法等。

自动血沉分析仪包括光学阻挡原理的定时扫描式或光电跟踪式以及激光扫描微量全血式，是在魏氏法测定血沉的基础上，利用光学阻挡原理进行测量或激光光源扫描微量全血进行检测的一种快速测定仪器。

血液流变学分析仪器是对全血、血浆或血细胞流变特性进行分析的检验仪器。主要有血液黏度计、红细胞变形测定仪、红细胞电泳仪、黏弹仪等。

自动血型分析仪采用国际公认的梯形微板法和现代 CCD 数码成像技术。通过仪器软件的控制进行结果判读，使判读结果有统一的标准。自动化程度大大提高，减低了人为因素所造成的影响。

测试题

（一）选择题

1. 流式细胞仪中的鞘液和样品流在喷嘴附近组成一个圆形流束，自喷嘴的圆形孔喷出，与水平方向的激光束垂直相交，相交点称为（　　）。

A. 敏感区　　　　B. 测量区　　　　C. 激光区　　　　D. 计算区　　　　E. 观察区

2. 通过测量区的液柱断裂成一连串均匀液滴的原因是（　　）。

A. 在流动室上加上了频率为 30 kHz 的信号

B. 在测量区上加上了频率为 30 kHz 的信号

C. 在压电晶体上加上了频率为 30 kHz 的信号

D. 在光电倍增管上加上了频率为 30 kHz 的信号

E. 在光电二极管上加上了频率为 30 kHz 的信号

3. 样品流在鞘流的环包下形成流体动力学聚焦,使样品流不会脱离液流的轴线方向,并且保证每个细胞通过( )。

A. 荧光照射区　　　　　　　　　B. 散射光照射区　　　　　　　　C. 激光照射区

D. X 光照射区　　　　　　　　　E. 太阳光照射区

4. 血液细胞分析仪是用来检测( )。

A. 红细胞异质性　　　　　　　　B. 白细胞异质性　　　　　　　　C. 血小板异质性

D. 全血内血细胞异质性　　　　　E. 网织红细胞异质性

5. 库尔特原理中血细胞的电阻与电解质溶液电阻的关系是( )。

A. 相等　　　　　B. 大于　　　　　C. 小于　　　　　D. 大于或等于　　　　　E. 小于或等于

6. 白细胞的三分群分类中,第三群细胞区中主要是( )。

A. 淋巴细胞　　　　　　　　　　B. 单核细胞　　　　　　　　　　C. 嗜酸性粒细胞

D. 嗜碱性粒细胞　　　　　　　　E. 中性粒细胞

7. 电阻抗检测原理中脉冲、振幅和细胞体积之间的关系是( )。

A. 细胞越大,脉冲越大,振幅越小　　　　　　　　B. 细胞越大,脉冲越小,振幅越小

C. 细胞越大,脉冲越大,振幅越大　　　　　　　　D. 细胞越小,脉冲越小,振幅不变

E. 细胞越小,脉冲越小,振幅越大

8. VCS 联合检测技术中,C 代表的是( )。

A. 体积　　　　　B. 电导性　　　　　C. 光散射　　　　　D. 电容　　　　　E. 光强度

9. 多角度偏振光散射技术中前向角可测定( )。

A. 细胞表面结构　　　　　　　　B. 细胞质量　　　　　　　　　　C. 细胞核分叶

D. 细胞颗粒特征　　　　　　　　E. 细胞大小

10. 有关光学法血凝仪的叙述错误的是( )。

A. 可使用散射比浊法或透射比浊法　　　　　　　B. 透射比浊法的结果优于散射比浊法

C. 光学法血凝仪测试灵敏度高　　　　　　　　　D. 仪器结构简单、易于自动化

E. 散射比浊法中光源、样本、接收器成直角排列

11. 下述中不是血凝仪光学法测定的干扰因素是( )。

A. 凝血因子　　　　　　　　　　B. 样本的光学异常　　　　　　　C. 溶血或黄疸

D. 加样中的气泡　　　　　　　　E. 测试杯光洁度

12. 严重影响双磁路磁珠法血凝仪测定的因素是( )。

A. 测试杯光洁度　　　　　　　　B. 严重脂血　　　　　　　　　　C. 溶血或黄疸

D. 加样中的气泡　　　　　　　　E. 仪器周围磁场

13. 下列血凝仪凝固比浊法叙述不正确的是( )。

A. 属生物物理法　　　　　　　　B. 属光电比浊原理

C. 无抗原抗体反应　　　　　　　D. 以血浆凝固达 100% 时作为判定终点

E. 可检测纤维蛋白原含量

14. 有关血凝仪检测原理的叙述不正确的是( )。

A. 凝固法主要分为电流法、光学法和磁珠法

B. 凝固法是最常用的检测方法

C. 双磁路双磁珠法检测的是光信号

D. 凝固法以血浆凝固达 50% 时作为判定的终点

E. 底物显色法属生物化学法

15. 有关血凝仪光学比浊法叙述不正确的是（　　）。

A. 分为透射比浊和散射比浊　　　　　　　　　B. 属光电比浊原理

C. 散射比浊优于透射比浊　　　　　　　　　　D. 散射比浊为直线光路

E. 以血浆凝固达 50% 时作为判定终点

16. 血沉自动分析仪的测量原理是（　　）。

A. 光学阻挡原理　　　　　B. 温度变化原理　　　　　　　　C. 电动势变化原理

D. pH 变化原理　　　　　　E. 电导变化原理

17. 下列关于红细胞沉降曲线的表达中，正确的是（　　）。

A. 横坐标是血浆高度，单位是毫米　　　　　　B. 横坐标是沉降距离，单位是毫米

C. 纵坐标是沉降时间，单位是分钟　　　　　　D. 纵坐标是血浆高度，单位是毫米

E. 横坐标是沉降时间，单位是小时

18. 下列关于血沉自动分析仪结构的表达中，正确的是（　　）。

A. 是由光源、单色器、检测器、数据处理系统组成

B. 是由光源、沉降管、检测系统、数据处理系统组成

C. 是由光源、样品池、分光系统、检测器组成

D. 是由光源、沉降管、分光系统、检测器组成

E. 是由光源、分光系统、检测器、数据处理系统组成

19. 下列关于红细胞沉降过程的表达，正确的是（　　）。

A. 聚集、悬浮、缓慢沉降、快速沉降四个阶段　　　B. 聚集、悬浮、快速沉降、缓慢沉降四个阶段

C. 悬浮、聚集、缓慢沉降、快速沉降四个阶段　　　D. 悬浮、聚集、快速沉降、缓慢沉降四个阶段

E. 快速沉降、缓慢沉降、悬浮、聚集四个阶段

20. 毛细管黏度计工作原理的依据是（　　）。

A. 牛顿的黏滞定律　　　　　　　　　　　　　B. 牛顿定律

C. 血液黏度定律　　　　　　　　　　　　　　D. 牛顿流体遵循泊肃叶定律

E. 非牛顿流体定律

21. 下述哪项不是毛细管黏度计的优点？（　　）

A. 测定牛顿流体黏度结果可靠　　　B. 能直接检测在一定剪切率下的表观黏度

C. 速度快　　　　　　　　　　D. 操作简便

E. 价格低廉

22. 毛细管黏度计最适测定的样本是（　　）。

A. 非牛顿流体　　B. 全血　　　　C. 脂血　　　　D. 血浆、血清　　　E. 蒸馏水

23. 下述哪项不是旋转式黏度计的基本结构？（　　）

A. 样本传感器　　　　　　　B. 储液池　　　　　　　　C. 转速控制与调节系统

D. 恒温控制系统　　　　　　E. 力矩测量系统

24. 下列哪项不是旋转式黏度计优点？（　　）

A. 价格低廉、操作简便　　　　　　　　　　　B. 定量地了解血液、血浆的流变特性

C. 直接检测某一剪切率下的血液黏度　　　　　D. 反映 RBC 与 WBC 的聚集性

E. 反映 RBC 与 WBC 的变形性

（二）名词解释

1. 流式细胞仪　2. 流式细胞术　3. 血液细胞分析仪　4. VCS 技术　5. 红细胞沉降率　6. 魏氏血沉测定法

（三）简答题

1. 简述流式细胞仪生物学颗粒分析原理。

2. 简述流式细胞仪细胞分选原理。

3. 流式细胞仪依据什么进行分类？各类型有什么特点？

4. 流式细胞仪的基本结构由哪几部分组成？

5. 简述电阻抗(库尔特)血细胞检测原理。

6. 简述电阻抗血细胞分析技术的应用及缺点。

7. 简述联合检测型血液细胞分析仪白细胞分类计数的实质和共有特点。

8. 联合检测型血液细胞分析仪在白细胞分类上主要有哪些技术？

9. 简述血液细胞分析仪网织红细胞检测原理。

10. 血凝仪常用检测原理有哪些？

11. 简述光学法检测原理。

12. 光学法血凝仪从光路结构上分成哪两类？

13. 简述凝固法与免疫学方法中透射比浊、散射比浊的区别。

14. 何谓红细胞沉降率？

15. 红细胞沉降率的测定方法有哪些？

16. 影响红细胞沉降的因素有哪些？

17. 简述自动血沉分析仪的原理。

18. 简述毛细管黏度计的工作原理与基本结构。

19. 简述旋转式黏度计的工作原理与基本结构。

20. 毛细管黏度计有何特点？

21. 旋转式黏度计有何特点？

22. 简述自动血型分析仪的常规操作步骤。

23. 如何进行自动血型分析仪的日常维护？

(四) 操作题

1. 认识流式细胞仪各重要部件,说出其功能或作用。

2. 正确使用血液细胞分析仪进行一次全血细胞检测。

3. 正确使用血凝仪进行血凝测定。

4. 采集血液,用血沉分析仪进行红细胞沉降率测试。

5. 用血型分析仪进行一次血型测定。

第六章 临床尿液、精液检验仪器

本章介绍

　　尿液分析是临床诊断泌尿系统疾病和其他疾病的重要措施之一,通过对尿液进行物理学、化学和显微镜检查,可观察尿液物理性状和化学成分的变化。这些检查对泌尿、血液、肝胆、内分泌等系统疾病的诊断、鉴别诊断以及预后判断都有重要意义。传统的尿液分析是通过观察尿液理化性状和化学成分的变化,用显微镜检查尿沉渣中的细胞、管型、结晶等有形成分来协助泌尿系统疾病诊断和鉴别诊断。随着尿液分析仪和自动尿沉渣分析仪的应用,尿液分析的准确性和特异性都有了很大的提高。精子自动分析是将计算机技术与图像处理技术结合起来应用的一项精子分析技术。它对精液标本中的精子数量、密度、形态、活力、活率、运动轨迹特征等多个方面进行分析,较全面地获得精液中有价值的参数,为临床上男性不育、优生优育方面提供重要的依据。本章主要包括尿液分析仪、尿沉渣分析仪和精子自动分析仪有关知识及技能的学习。

本章目标

　　通过本章的学习,对尿液检验仪器和精子自动分析仪有一个系统的认识与了解,理解仪器的工作原理,学会以上仪器的基本操作方法,能够进行仪器的校准、维护和简单故障的排除。

第一节　尿液分析仪

掌握:尿液分析仪的工作原理、分类与结构。

熟悉:尿液分析仪的性能指标、操作与维护。

了解:尿液分析仪的评价。

　　尿液自动干化学分析是利用试带垫中含有的特定试剂,与尿液中的待检成分进行反应以产生颜色变化的检查方法。仪器在计算机控制下通过收集、分析试带垫中的颜色信息,并经过一系列信号转化,最后显示出测定尿中的化学成分。因其具有结构简单、操作方便、快速迅捷、便于携带等优点,广泛应用于临床(图 6-1)。

图 6-1　尿液分析仪

▌**知识链接** ▌

　　尿液自动干化学分析诞生于 1956 年,美国的 Ames 和 Lilly 同时创建了测定尿液葡萄糖的干化学试剂带。他们首先在试剂带中使用了特异酶(葡萄糖氧化酶),使样品检出的敏感性和特异性大大提高。具有检验快速、便捷,且测定结果能和标准色板比较等优点。1957 年又利用"蛋白质误差"原理推出了尿蛋白测定试剂带,1958 年推出测定尿葡萄糖和尿蛋白的二联试剂带,次年又推出测定尿葡萄糖、尿蛋白和尿 pH 的三联试剂带,目前已发展为十联、十一联、十二联试剂带。

一、尿液分析仪类型

(一)按检测项目分类

　　1. 8 项尿液分析仪　检测项目包括尿蛋白(PRO)、尿糖(GLU)、尿 pH、尿酮体(KET)、尿胆红素(BIL)、尿胆原(URO)、尿潜血(BLD)和尿亚硝酸盐(NIT)。

　　2. 9 项尿液分析仪　8 项+尿白细胞(LEU)。

　　3. 10 项尿液分析仪　9 项+尿比重(SG)。

　　4. 11 项尿液分析仪　10 项+维生素 C。

　　5. 12 项尿液分析仪　11 项+颜色或浊度。

(二)按自动化程度分类

　　1. 半自动尿液分析仪　检测项目主要包括尿 8 项、尿 9 项、尿 10 项、尿 11 项或 12 项。需要人工摆放试剂带。

　　2. 全自动尿液分析仪　检测项目包括尿 10 项、尿 11 项或 12 项。仪器自动移动试剂带甚至完成自动加样。

二、尿液分析仪的工作原理

(一)尿液分析仪试剂带

　　尿液分析仪试剂带(简称尿试带)是按固定位置黏附了化学成分检验试剂块的塑料条,又称试纸条。

　　1. 尿试带组成及作用　尿试带由塑料条、试剂块、空白块、位置参考块组成。①塑料条为支持体;②试剂块含有检验试剂,完成相关项目检测;③空白块是为了消除尿液本身的颜色所产生的测试误差;④位置参考块是为了消除每次测定时试剂块的位置不同产生的测试误差。

　　2. 尿试带的结构　尿试带采用了多层膜结构,一般分为 4 层或 5 层。第一层尼龙膜起保护和过滤作用,防止大分子物质对反应的干扰,保证试剂带的完整性。第二层是绒质层,包括过碘酸盐层和试剂层,过碘酸盐作为氧化剂可破坏还原性物质如维生素 C 等干扰,试剂层含有特定的试剂成分,主要与尿液所测定物质发生化学反应,产生颜色变化。第三层是吸水层,可使尿液均匀快速地浸入试剂块,并能抑制尿液流到相邻反应区,避免交叉污染。最底一层选取尿液不浸润的塑料片作为支持体(图 6-2)。

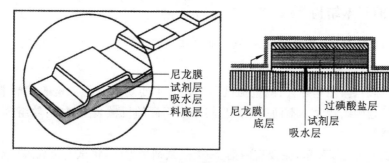

图 6-2　尿试带结构图

（二）尿液分析仪的检测原理

尿试带浸入尿液后，除空白块、位置参考块外，试剂块都因和尿液成分发生了化学反应而产生颜色变化。呈色的强弱与光的反射率成比例关系，反射率与试剂块的颜色深浅、光的吸收和反射程度有关，颜色越深，吸收光量值越大，反射光量值越小，则反射率越小；反之，颜色越浅，吸收光量值越小，反射光量值越大，则反射率越大。而试剂块颜色的深浅又与尿液中各种成分的浓度成比例关系，因此，只要测得光的反射率即可求得尿液中的各种成分的浓度。

尿液分析仪由微电脑控制，采用以球面积分析仪接受双波长反射光的方法检测试剂块的颜色变化进行半定量测定。仪器使用双波长测定法分析试剂块的颜色变化，抵消了尿液本身颜色引起的误差，提高了测量精度。双波长中的一种波长是测定波长，它是被测试剂块的敏感特征波长，每种试剂块都有相应的测定波长，亚硝酸盐、胆红素、尿胆原、酮体一般选用 550 nm，酸碱度、葡萄糖、蛋白质、维生素 C、隐血一般选用 620 nm；另一种是参考波长，它是被测试剂块的不敏感波长，用于消除背景光和其他杂散光的影响，各试剂块的参考波长一般选用 720 nm。

尿试带通过仪器检测窗口时，光源发出的光照射到试剂块上，试剂块颜色的深浅对光的吸收及反射是不一样的，通过检测反射率，即可计算化学成分的含量。反射率可通过下式求出：

$$R(\%) = \frac{T_m \cdot C_s}{T_s \cdot C_m} \times 100\%$$

式中：R 为反射率；T_m 为试剂块对测定波长的反射强度；T_s 为试剂块对参考波长的反射强度；C_m 为空白块对测定波长的反射强度；C_s 为空白块对参考波长的反射强度。

（三）检测项目与干化学反应原理

干化学尿试带测试项目及原理见表 6-1。

表 6-1 干化学尿试带测试项目及原理

项 目	英 文 缩 写	反 应 原 理
1. pH	pH	pH 指示剂
2. 比重	SG	多聚电解质离子解离法
3. 蛋白质	PRO	pH 指示剂的蛋白质误差法
4. 葡萄糖	GLU	葡萄糖氧化酶法
5. 胆红素	BIL	偶氮反应法
6. 尿胆原	URO	醛反应、重氮反应法
7. 酮体	KET	亚硝酸铁氰化钠法
8. 亚硝酸盐	NIT	亚硝酸盐还原法
9. 隐血或红细胞	BLD	血红蛋白类过氧化酶法
10. 白细胞	LEU	酯酶（esterase）法
11. 维生素 C	Vit C	吲哚酚（ASG）法

三、尿液分析仪的基本结构

尿液分析仪主要由机械系统、光学系统、电路控制系统、输入输出系统四部分组成。

（一）机械系统

包括传送装置、采样装置、加样装置、测量测试装置。其主要功能是将待检的试剂带传送到测试区，仪器测试后将试剂带排送到废物盒。不同型号的仪器采取不同的机械装置，如齿轮组合、传输胶带、机械臂、吸样针、样本混匀器等。

（1）半自动尿液分析仪比较简单，主要有两类：一类是试剂带架式，将试剂带放入试剂带架的槽内，传送试剂带架到光学系统进行检测或光学驱动器运动到试剂带上进行检测后自动回位，此类分析仪测试速度缓慢；另一类是试剂带传送带式，将试剂带放入试剂带架内，传送装置或机械手将试剂带传送到光学系统进行检测,检测完毕送到废料箱,此类分析仪测试速度较快。

（2）自动尿液分析仪比较复杂,主要有两类:一类是浸式加样,由试剂带传送装置、采样装置和测量装置组成,这类分析仪首先由机械手取出试剂带后,将试剂带浸入尿液中,再放入测量系统进行检测,此类分析仪需要足够量的尿液;另一类是点式加样,由试剂带传送装置、采样装置、加样装置和测量测试装置组成,这类分析仪首先在加样装置吸取尿液标本的同时,试剂带传送装置将试剂带送入测量系统后,加样装置将尿液加到试剂带上,再进行检测,此类分析仪只需 2.0 mL 的尿液。仪器除了能自动将检测完毕的干化学试剂带送到废料箱外,还具有自动清洗系统,随时保持检测区的清洁。同时由于仪器自动加样,减少了工作人员与尿标本接触,降低了操作人员受到标本污染的危险性。

（二）光学系统

包括光源、单色处理、光电转换三部分。将不同强度的反射光经光电转换器转换为电信号传送至电路系统进行处理。不同生产厂家,尿液分析仪的光学系统不尽相同,通常有以下三种。

1. 滤光片分光系统　以采用高光源灯(卤灯)发出的白光通过球面积分仪的通光筒,照射到试剂带上,试剂带把光反射到球面积分仪中,透过滤色片,得到特定波长的单色光,照射到光电二极管上,实现光电转换(图6-3)。目前已基本淘汰。

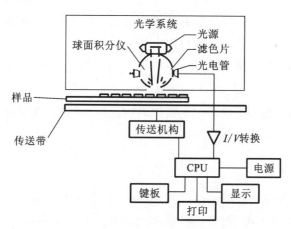

图 6-3　尿液分析仪滤光片分光系统结构图

2. 发光二极管系统(LED系统)　采用了可发射特定波长的发光二极管(LED)作为检测光源,两个检测头上都有三个不同波长的光电二极管,对应于试剂带上特定的检测项目分别为红、橙、绿单色(660 nm、620 nm、555 nm),它们相对于检测面以 60°角照射在反应区上。作为光电转换器件的光电二极管垂直安装在反应区的上方,在检测光照射的同时接收反射光。由于距离近,不需要光路传导,所以无信号衰减,这使得用光强度较小的 LED,也能得到较强的光(图6-4)。目前大部分仪器均采用此类检测器。

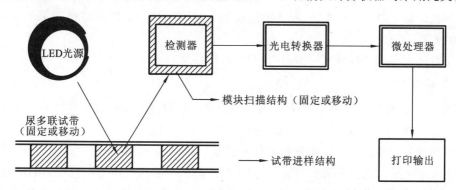

图 6-4　尿液分析仪 LED 系统结构图

3. 电荷耦合器件(charge coupled device,CCD)系统(图6-5)　CCD 系统是目前比较尖端的光学元件。它是把反射光分解为红、绿、蓝(610 nm、540 nm、460 nm)三原色,又将三原色中的每一种颜色分为 2592 色素,这样整个反射光分为 7776 色素,可精确分辨颜色由浅到深的各种微小变化。CCD 器件具有良好的光电转换特性,光电转换因子可达99.7%。其光谱响应范围为0.4~1.1 μm,即从可见光到近红外光。通常采用高压氙灯作光源,特点为:发光光源接近日光;放电通路窄,可形成线状光源或点光源;发光效率高。但此系统价格昂贵,且维修复杂,一般用于高档全自动仪器。

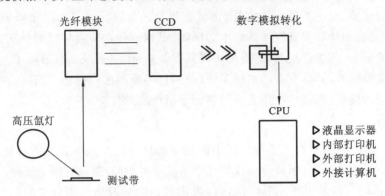

图 6-5 尿液分析仪 CCD 系统结构图

（三）电路控制系统

光电检测器将试剂块反射的光信号的强弱转换为电信号的大小,送往前置放大器进行放大,放大后的电信号被送往电压/频率变换器,把送来的模拟电信号转换成数字信号,最后送往计数电路予以计数,计数后的数字信号经数据总线传送给 CPU 单元。CPU 经信号运算、综合处理后将结果输出、打印。

（四）输入输出系统

由显示器、面板、打印机等部件组成。用于操作者输入标本信息、观察仪器工作状态、打印报告单等功能。

四、尿液分析仪的使用

仪器的使用方法因各厂家生产仪器不尽相同,操作人员上岗前必须经过严格培训,使用前必须仔细阅读仪器说明书,了解仪器的工作原理、操作规程、校正方法及保养要求。

（一）尿液分析仪操作流程（以半自动尿液分析仪为例）

（1）接通仪器电源,观察仪器自检有无异常,预热数分钟。

（2）选择要求的多联试带通路。

（3）将质控试剂带（随机配件）放入检测槽内,启动运行键,仪器片刻即打印出质控结果,与试带盒上的标准值比较应相符,将质控带取出收存。如果仪器出现故障,会打印出"TROUBLE"字样,根据提示查找相对应的故障表并排除故障。

（4）将欲测试试剂带浸入尿标本内,浸入时间按试带说明书执行。取出时试剂带下端应紧贴标本杯内壁,除去多余尿液。

（5）在规定时间内将试剂带放入检测槽内,观察打印结果。

（二）注意事项

因各厂家生产仪器不尽相同,校正结果必须仔细记录。仪器在使用时应注意如下内容。

（1）保持仪器洁净,如有尿液污染,应立即进行清除。

（2）使用干净的取样杯。标本要新鲜测定并注意混匀,标本留取后,一般检查不超过 2 h。

（3）使用配套的合格试剂带并妥善保管,不同类型的尿液分析仪要使用各自配套的试剂带,不得随意更换。在试剂带从冷藏温度恢复到室温之前,不要随意打开试带筒的密封盖。每次取用后应立即密封盖上瓶盖,防止干化学试剂带受潮变质。

（4）按说明书要求将所有试剂块（包括空白块）全部浸入尿液中,并浸入足够的时间,用滤纸吸走试带上多余的尿液标本。

（5）仪器、尿液标本和干化学试剂带的温度都应维持在 20~25 ℃,以保证仪器在最佳温度环境内工作。

(6)在阅读解释仪器测定结果时,由于各类尿液分析仪设计的阳性结果判断标准差异较大,不能单独以符号代码结果来解释。要结合半定量结果,以免因不同仪器定性结果的报告方式不统一,不便于临床进行结果分析。

(7)仪器的准备应严格按照操作规程要求,保证仪器的各项指标处于质控状态,才能用于临床标本检测。

五、尿液分析仪的安装与维护

(一)尿液分析仪的安装

由于尿液分析仪是一种精密的电子仪器,为了保证实验的准确程度,仪器安装所需的条件要求如下。

(1)避免安装在有水分、潮湿的地方;应安装在清洁、通风处,最好有空调装置(室内温度应在10~30℃,相对湿度≤80%)的地方。

(2)安装在稳定的水平实验台上(最好是水泥台);禁止安装在高温、阳光直接照射处;远离高频、电磁波干扰源、热源及有煤气产生的地方。

(3)应安装在大小适宜、有足够空间便于操作的地方。

(4)要求仪器接地良好,电源电压稳定。

(二)尿液分析仪的校验

新仪器安装后,或每次大维修之后,必须对仪器技术性能进行测试、评价,这对保证检验质量起着重要的作用。

(1)首先应该对尿液分析仪进行校正,让仪器进入最佳状态。尿液分析只有在校正通过时才能进行试验,否则要停机。

(2)应该对尿液分析仪及试剂带的准确度进行评价。在仪器上严格按说明书操作,每份标准物测定3次,看测定结果与标准物浓度相符合的程度。

(3)用传统的方法与尿液分析仪测定做对比分析,对尿液分析仪的敏感性和特异性进行评价。与传统湿化学法对比分析时,应注意两种方法测试原理不同带来的实验误差,如磺基水杨酸法蛋白定性可测白蛋白、球蛋白两种蛋白质成分,而干化学法只能检测白蛋白。

(4)了解仪器对每项检测指标的测试范围,并建立该仪器的正常人的参考值范围。

(三)尿液分析仪的维护与保养

尿液分析仪是一种机电一体化的精密仪器,必须精心维护,细心保养,严格按操作规程操作,才能延长仪器使用寿命,保证检测结果的准确、可靠。

1.建立仪器使用工作日志 对仪器运行状态、异常情况、解决办法、维修情况等逐项登记。

2.日保养 用柔软干布或蘸有温和洗涤剂的软布擦拭仪器,保持仪器清洁,注意保护显示屏;及时安装打印纸;每日检测完毕,将试带传送器卸下清洗,软布擦干后安装复位;关闭电源。

3.周保养或月保养 定期对仪器内部的灰尘和尿液结晶进行清洁,灰尘可用吸球吹除,其他污物用湿布擦拭,电路板可用无水酒精擦拭,待干燥后才能开机;定期清理光学扫描系统,用湿布擦拭即可;按仪器说明书执行规定的周或月保养程序。

(四)尿液分析仪的常见故障及处理

仪器的故障分为必然性故障和偶然性故障。必然性故障是各种元器件、零部件经长期使用后,性能和结构发生老化,导致仪器无法进行正常的工作;偶然性故障是指各种元器件、结构等因受外界条件的影响,出现突发性质变,而使仪器不能进行正常的工作。尿液干化学分析仪常见故障、原因及处理方法见表6-2。

表 6-2　尿液干化学分析仪的常见故障及其处理方法

故 障 现 象	故 障 原 因	处 理 方 法
打开仪器后不启动	1.电源线连接松动 2.保险丝断裂	1.插紧电源线 2.更换保险丝
光强度异常	1.灯泡安装不当 2.灯泡老化 3.电压异常	1.重新安装灯泡 2.更换合格灯泡 3.检查电源电压
传送带走动异常	1.传送带老化 2.马达老化 3.试剂带位置不对	1.更换传送带 2.更换马达 3.正确放置试剂带
检测结果不准确	1.使用变质的试剂带 2.使用不同型号的试剂带 3.定标用试剂带污染	1.更换试剂带 2.确认试剂带型号符合要求 3.更换定标试剂带重新定标
校正失败	1.校正带被污染 2.校正带弯曲或倒置 3.校正带位置不当 4.光源异常	1.更换校正带重新操作 2.确认校正带是否正常 3.确认校正带位置是否正确 4.请维修人员维修
打印机错误	1.打印设置错误 2.打印纸位置不对 3.打印机性能欠佳	1.重新设置打印机 2.确认打印纸位置正确 3.专业人员维修打印机

六、尿液分析仪的评价

　　尿液分析仪具有快速、简便、减轻劳动强度并较手工法能提供更多的检测数据等优势,对化学成分分析从传统的"＋"这一模糊的定性表示法进入半定量的报告方式,有利于诊断及疗效观察,目前已成为各级医院选用的常规检验仪器之一。但是,试剂带干扰因素甚多,不同厂家生产的同类试纸,其反应原理和制作方法也不尽相同,灵敏度、批间差存在明显差异。因此应高度重视对仪器和试剂带的质量监测,选用优质的产品。不要频繁更换试剂带厂牌,否则将影响结果前后的可比性。

　　无论尿液分析仪还是尿沉渣分析仪都不能代替尿常规检查,它们只能作为过筛试验,因为尿液分析仪无法观察尿液中的红细胞、白细胞、上皮细胞、管型、巨噬细胞、肿瘤细胞、细菌、精子、结晶等有形成分,即使尿十项或十一项分析仪对红细胞、白细胞的检查也只限在化学检查范围内,且尿液分析仪所受的干扰因素很多,与实际镜检有一定差距。因此,当尿液分析仪检验结果出现异常时,应结合显微镜检查报告结果,并以显微镜结果为准,因为这些有形成分对肾脏和尿路疾病的诊断和鉴别诊断、疾病的严重程度及预后有着重要作用,不可忽视。

　　为了提高尿液分析仪检测结果的准确性,操作者必须对自动化仪器的原理、性能、注意事项及影响因素等方面的知识有充分的了解,正确地使用自动化仪器,这样才能使尿液分析仪得出的结果更可靠、准确。

第二节　尿沉渣分析仪

掌握:尿沉渣分析仪的工作原理、分类与结构。

熟悉:尿沉渣分析仪的性能指标、操作与维护。

了解:尿沉渣分析仪的主要应用。

尿沉渣分析仪大致有两类:一类是通过尿沉渣直接镜检再进行影像分析,得出相应的技术资料与实验结果;另一类是流式细胞术尿沉渣分析。本节主要介绍流式细胞术尿沉渣分析仪的工作原理、基本结构、使用维护等内容。

一、流式细胞术尿沉渣分析仪

(一)工作原理

流式细胞术尿沉渣分析仪采用流式细胞术和电阻抗的原理进行尿液有形成分分析。尿液标本被稀释和染色后,在液压系统的作用下被无粒子的鞘液包围,尿液中的细胞、管型等有形成分以单个排列的形式形成粒子流通过流动池的检测窗口,分别接受激光照射和电阻抗检测,得到前向散射光强度、荧光强度和电阻抗信号强度等数据;仪器将前向散射光强度、荧光强度信号转变为电信号,结合电阻抗信号进行综合分析,得到每个尿液标本的直方图和散射图;仪器通过分析每个细胞信号波形的特性来对其进行分类。

前向散射光信号主要反映细胞体积的大小。前向散射光强度(Fsc)反映细胞横截面积;前向散射光脉冲宽度(Fscw)反映细胞的长度。Fscw可用下列公式表达:

$$Fscw = \frac{CL + BW}{V}$$

式中:CL为细胞长度;BW为激光束宽度;V为流动速度。

前向荧光信号主要反映细胞染色质块的大小。荧光强度(Fl)主要反映细胞染色质的强度;前向荧光脉冲宽度(Flw)反映细胞染色质的长度。Flw可用下列等式表达:

$$Flw = \frac{NL + BW}{V}$$

式中:NL为细胞核长度;BW为激光束宽度;V为流动速度。

(二)仪器结构

流式细胞术尿沉渣分析仪一般包括流动液压系统、光学检测系统、电阻抗检测系统和电子分析系统(图6-6)。

1. 流动液压系统 反应池染色标本随着真空作用吸入到鞘液流动池。为了使尿液细胞进入流动池不凝固成团,而是逐个地通过加压的鞘液输送到流动池,使染色的样品通过流动池的中央。鞘液形成一股液涡流,使尿液细胞排成单个的纵列。这两种液体不相混合,保证尿液细胞永远在鞘液中心通过,提高细胞计数的准确性和重复性,同时也减少流动池被尿液标本污染的可能。

2. 光学检测系统 由氩激光(波长488 nm)光源、激光反射系统、流动池、前向光采集器、前向光检测器构成。染色后的细胞受激光照射激发后所产生的荧光通过光电倍增管放大转换为电信号而进行检测。前向散射光强度反映细胞的大小,荧光信号主要反映细胞膜、核膜、线粒体和核酸的染色特性。

图6-6 流式细胞术尿沉渣分析仪

激光作为光源用于流式细胞分析系统,它被双色反射镜反射,然后被聚光镜收集形成散束点,这种散束点是椭圆的并且聚集于流动池的中央。从氩激光发出的激光束被光束塞封闭。样品到流动池,每个细胞被激光光束照射,产生前向散射光和前向荧光的光信号。当无用的偏向光被带小孔的面板排除后,双色过滤器区分出前向散射光和前向荧光。散射光信号被光电二极管转变为电信号,被输送给微处理器。在分析尿液标本时,由于细胞的种类不同和分布不均,光的反射和散射主要取决于细胞表面,因此散射光强度主要取决于细胞的大小,所以仪器可以从散射光的强度得出测定细胞大小的资料。荧光通过滤光片滤过一定波长的荧光后,输送到光电倍增管,将光信号放大再转变成电信号,然后输送到微处理器。

流式细胞术尿沉渣分析仪使用两种荧光染料:一种为菲啶(phenanthridine)染料,主要染细胞的核酸成分(DNA),在480 nm光波激发时,产生610 nm的橙黄色光波,用于区别有核的细胞和无核的细胞(如白细胞与红细胞、病理管型与透明管型的区别);另一种为羧花氰染料,它穿透能力较强,与细胞质膜(细胞膜、核膜和线粒体)的脂层成分发生结合,在 460 nm 的光波激发时,产生 505 nm 的绿色光波,主要用于区别细胞的大小(如上皮细胞与白细胞的区别)。这些染料具有下列特性:①反应快速;②背景荧光低;③从细胞发生的荧光与染料和细胞的结合程度成比例。

3. 电阻抗检测系统　包括测定细胞体积的电阻抗系统和测定尿液电导率的传导系统。电阻抗系统产生的电压脉冲信号的强弱反映细胞体积的大小;脉冲信号的频率反映细胞数量的多少。传导系统的功能是测定尿液电导率。

电阻抗测定原理是:当尿液细胞通过流动池(流动池前后有两个电极并维持恒定的电流)小孔时,在电极之间产生的阻抗使电压发生变化。尿液细胞通过小孔时,细胞和稀释液之间存在着较大的传导性或阻抗的差异,阻抗的增加引起电压之间的变化,它与阻抗改变成正比。根据欧姆定律,这种现象可表示为:电压(V)＝电流(I)× 电阻(R)。

如果在电极之间输出固定电流(I),则电压(V)和电阻(R)同时变化。即当细胞有较大阻抗通过小孔时,则电压也增大。由于电压的不同主要依赖细胞的体积,所以细胞体积和细胞数量资料可以从电压这个脉冲信号中获得。

阻抗系统另一功能是测量尿液的导电率,测定导电率采用电极法。样品进入流动池之前,在样品两侧各有一个传导性感受器,它接收尿液样品中的导电率电信号,并将电信号放大并直接送到微处理器。稀释的标本传导性在它被吸入流动池之前进行测定。这种传导性与临床使用的渗透量密切相关。

4. 电子分析系统　电信号经处理后,送往计算机分析器综合处理,得到细胞的直方图和散射图,并计算出每单位体积(μL)尿中各种细胞的数量和形态。

二、影像式尿沉渣自动分析仪

影像式尿沉渣自动分析仪是以影像系统配合计算机技术的尿沉渣自动分析仪(图 6-7)。主要由检测系统和计算机控制为一体的操作系统组成。

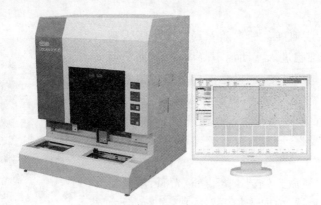

图 6-7　影像式尿沉渣自动分析仪

工作原理是将混匀的尿液经染色后导入专用尿分析定量板,当尿液中的有形成分通过显微镜视野时,其检测系统的两个快速移动的 CCD 摄像镜头对样本计数池扫描,其镜头的放大倍数一个为 100 倍(低倍视野),另一个为 400 倍(高倍视野),每确定一个焦距,镜头所得影像数据化,并取 6 个平衡数据。自动扫描功能在显微镜下观察图像时,检测者只要操作专用控制面板或鼠标,显微镜下的视野可以按照设定的路径精确地移动,低倍和高倍视野也可以通过自动控制物镜的转换来实现。自动显微平台的水平扫描精度可达 1 μm。在系统的实际操作中,自动扫描包括以下两个主要步骤。

第一步:低倍 1 μL 快速浏览,加样后,系统用低倍镜进行 1 μL 自动扫描,检测者只需在系统的屏幕上进行浏览,即可以方便地观察管型、上皮细胞等尺寸较大的沉淀物。

第二步:如果需要进一步进行各种细胞的观察,检测者可以选择自动进入高倍约定路径快速扫描观察,这时候系统自动将物镜从低倍转换为高倍,然后根据检测者事先设置的方式进行快速扫描观察。

计算机对电视图像中的扫描形态与已存在的管型、上皮细胞、红细胞和白细胞的形态资料进行对比、识别和分类,计算出各自的浓度。影像式尿沉渣自动分析仪能观测的有形成分包括:红细胞、白细胞、上皮细胞、管型、酵母菌、细菌和结晶等。其自动化的检测能避免人工显微镜检查由于个体差异所产生的误差，且直观、快速。经染色后，屏幕显示的沉渣成分形态清晰，储存的图像便于核查，也可用于教学。

三、尿沉渣分析工作站

尿沉渣分析工作站是尿干化学分析和尿沉渣自动分析联合进行尿液分析的工作平台。工作站一般由尿液干化学分析仪、高清晰度摄像显微镜、计算机处理系统、打印输出系统等组成，能自动完成尿液的化学成分、物理学性状、有形成分分析，为实现尿液检验的标准化、规范化、网络化提供了很好的平台（图6-8）。

图 6-8　尿沉渣分析工作站

（一）工作原理

尿标本经离心沉淀浓缩、染色后，由微电脑控制，利用动力管道产生吸引力的原理，蠕动泵自动把已染色的尿沉渣吸入，并悬浮在一个透明、清晰、带有标准刻度的光学流动计数池，通过显微镜摄像装置，操作者可在显示器屏幕上获得清晰的彩色尿沉渣图像，按规定范围内识别、计数。通过计算机计算出每微升尿沉渣中有形成分的数量。尿沉渣定量分析工作站进行尿液分析，使用光学流动计数池，体积准确恒定、视野清晰、人工识别容易。由于是密闭的管道，标本不污染工作环境，安全性好。该法仍需人工离心沉淀，但有利于尿沉渣定量分析标准化和规范化，目前国内已推广应用。

（二）仪器结构

1. 标本处理系统　该系统内置定量染色装置，在计算机指令下自动提取样本，完成定量、染色、混匀、稀释、充池、清洗等主要工作步骤。

2. 双通道光学计数池　由高性能光学玻璃经特殊工艺制造，池底部刻有 4 个标准计数格，便于有形成分的计数。

3. 显微摄像系统　在光学显微镜上配备摄像装置，将采集的沉渣形态图像的光学信号，转换为电子信号输入计算机进行图像处理。

4. 计算机及打印输出系统　软件对主机及摄像系统进行控制，并编辑输出检测样本报告的多项信息。

5. 尿液干化学分析仪　尿沉渣分析工作站计算机主机上有与尿液干化学分析仪连接的接口，可接收处理相关信息。

四、尿沉渣分析仪的安装、使用及保养

（一）安装

由于全自动尿沉渣分析仪是一种较精密的电子仪器，一般应该由该公司的技术人员进行安装。该仪器必须安装在：①通风好，远离电磁干扰源、热源，防止阳光直接照射，防潮的稳定水平实验台上（最好是水泥台上）；②环境大小适宜，仪器两侧至少有 0.5 m 空间，仪器后面最少有 0.2 m 空间；③室内温度为 15～30 ℃，最适温度为 25 ℃，相对湿度应为 30%～85%。最好安装在有空调装置的房间。

仪器首次启用、大修或主要部件更换后，质控检测发现系统误差时须经专门培训的人员进行仪器校准。

（二）使用注意事项

安装新仪器时或每次仪器大维修之后，必须对仪器技术性能进行调试，这对保证检验质量起着重要的作用。全自动尿沉渣分析仪的鉴定必须由该公司的工程师来进行。

每天在开机之前，操作者要对仪器的试剂、打印机、配件、取样器和废液装置等状态进行全面检查，确认无误后方可开机。开机时严格按说明书进行操作，仪器先进行自检，自检通过后，仪器再进行自动冲液并检查本底；本底检测通过后，最后要进行仪器质控检查。质控检查可使用 X 和 L-J 两种方式。质控通过后，方可进行样品测试。测试方式可采用自动或手工两种方式。

全自动尿沉渣分析仪是一种较精密的流式细胞分析仪，在使用过程中必须注意下列情况时应禁止上机测试：①尿液标本血细胞数＞2000/μL 时，会影响下一个标本的测定结果；②尿液标本使用了有颜色的防腐剂或荧光素，可降低分析结果的可信性；③尿液标本中有较大颗粒的污染物，可引起仪器阻塞。

（三）维护与保养

1. 尿沉渣分析仪的日常维护　全自动尿沉渣分析仪是一种精密电子仪器，在常规工作中必须严格按一定的操作规程进行操作，否则会因使用不当影响实验结果。①操作尿沉渣分析仪之前，应仔细阅读分析仪使用说明书；每台尿沉渣分析仪应建立操作程序，并按此操作进行。②尿沉渣分析仪需由专人负责，建立专用的仪器登记本，对每天仪器操作的情况、出现的问题，以及维护、维修的情况逐一登记。③每天测定开机前，要对仪器进行全面检查（包括各种试剂、各种装置、废液装置及打印纸的状态等情况），确认无误后才能开机。测定完毕要对仪器进行全面清理、保养。

2. 尿沉渣分析仪的保养

（1）日保养：由于全自动尿沉渣分析仪的许多功能都是自动设置的，只需按照操作程序就可执行。每天工作完毕，应做如下工作：①仪器表面应用清水或中性清洗剂擦拭干净；废液装置每日用完后倒净，并用水清洗干净。②连续使用时，每 24 h 应用清洗剂清洗仪器。清洗剂为 5％过滤次氯酸钠溶液，是一种强碱性溶液，使用时必须小心。③应检查仪器真空泵中蓄水池内的液体水平，如果有液体存在，应排空。

（2）月保养：为了保证实验的准确度，仪器在每月工作之后或在连续进行 9000 次测试循环之后，应清洗标本转动阀和漂洗池。清洗过程最好由该公司的专业人员进行。由于该仪器是测试尿液的仪器，标本转动阀和漂洗池对人类来说是有生物危害的，因此在清洗过程中要戴手套。

（3）年保养：全自动尿沉渣分析仪是精密的电子仪器，必须定期检查光学系统，以保证仪器的准确性。根据仪器生产厂商的要求，每年要对仪器的激光设备进行检查。

五、尿沉渣分析仪的临床应用

随着医学技术、计算机技术和自动化技术的高速发展，尿沉渣检查已经由传统的显微镜检查向自动尿沉渣分析发展，综合能力更强的尿沉渣分析工作站也已经投入临床应用，为疾病的诊断、治疗及预后判断提供了大量有价值的信息。

随着计算机信息管理技术在临床实验室信息管理系统中的应用，实验室将尿液有形成分检查的结果、尿液干化学分析仪分析的结果、典型的图形以及患者的临床资料综合起来，所有数据完全实现了数据库化，方便数据查询，同时与医院信息管理系统连接，资源共享，更有利于临床疾病的诊断和治疗。

第三节　精子自动分析仪

掌握：精子自动分析仪的工作原理与结构。

熟悉：精子自动分析仪的性能指标、操作与维护。

了解：精子自动分析仪的主要应用。

精子自动分析仪是判断和评估男性生育能力最基本和最主要的检查仪器（图 6-9）。随着生殖医学的快速发展,要求对精液各项参数的客观测定及其标准化的共识亦日益增强。虽然世界卫生组织多次出版人类精液检验手册,旨在促进该项检查的规范化和标准化,但传统的人工精液分析方法,受到实验室条件和技术人员的经验等多种因素的影响,很难达到此目的。

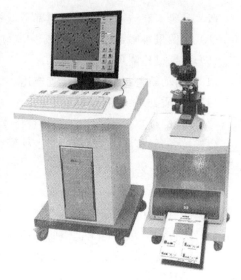

目前临床采用的人工精液分析方法,由于受到多种因素的影响,很难准确、客观地检测各项参数,尤其是精子的活率及活动的分析,很大程度上有赖于检查者的经验和主观判断。精液自动分析仪能有效地克服上述缺点,通过采用显微镜下摄像、计算机快速分析多个视野内精子运行轨迹和速度,客观地记录精子的密度、活率、活力等参数。

精子自动分析仪具有速度快、量化性好、准确性高、检测指标丰富等特点,为临床和科研提供客观的检测依据。另外,它还具有操作简单、污染小、智能化程度高等特点。

图 6-9 精子自动分析仪

知识链接

最早的精子检测室采用多次曝光的手段进行拍照,然后记录精子的轨迹,投影放大后通过测量而计算精子的运动特征。

1989 年清华大学水利系承接国家七五公关计划,开始对精子自动检测进行研究,随后发明了激光光散射精子测量仪。通过光谱效应计算精子的密度和运动特征,但是误差较大。

随着计算机技术的普及,1994 年清华大学成功研制了国内第一台计算机辅助精子检测系统,成功地解决了多种手段的弊端,现在世界上所有的精子分析系统均采用该原理。

计算机辅助精子检测经历了黑白图像机、彩色图像检测后,清华大学的研发人员又成功地推出荧光图像检测系统。目前最先进的技术是荧光精子图像检测。

一、精子自动分析仪的工作原理

采用高分辨率的摄像技术与显微镜结合,待标本液化后,吸入专用计数池,由计算机控制连续拍摄采集精子的形态图像和运动图像,存入图像卡并进行分析。根据计算机与预设的精子大小和灰度、精子运动的移位及精子运动的相关参数,对图像进行动态分析处理、显示、打印输出结果。精子自动分析仪一次能对 1000 个精子进行动态检测分析,2~3 min 即可完成检测,由于信息量大且为动态分析,所以,具有客观、准确、快速、标准化及多参数的特点。

二、精子自动分析仪的基本结构

仪器包括蠕动泵、流动计数池、控温装置、显微镜装置、图像采集系统以及计算机及软件分析系统。

三、精子自动分析仪的主要技术参数

（一）主要技术指标

（1）检测速度范围:0~500 μm/s。

（2）每组最多被测精子数≥1000。

（3）检测视野组数为 1~99。

（4）可分辨颗粒直径为 1~500 μm。

（5）检测物镜倍率:10×、20×、25×、40×。

（6）每视场采集分析时间<2.5 s。

（7）采集卡高清图像采集分辨率不低于 768×576。

（8）图像采集幅数：1~99 帧或＞99 帧。

（9）计算机检测项目≥42 项。

（10）运动轨迹：具有运动轨迹描述，并且可回放运动轨迹。

（11）杂质处理：全自动滤除杂质。

（12）特殊标本处理：对死精、无精样本可特殊处理。

（13）存储及打印：能自动打印多种彩色图文报告单。

（二）主要功能

（1）能快捷、准确、客观地检测精子的动（静）态的各项参数指标（42 项）。

（2）能自动计算精子的密度。

（3）能自动跟踪和记录精子的运动轨迹。

（4）能自动计算精子的直线、曲线、空间移动速度。

（5）可打印彩色图文报告单。

（6）能计算和统计畸形精子比例。

（7）可测量计算精子的静态参数，如头、体部直径、周长、面积等。

（8）能自动滤除精液中非精子物质。

四、精子自动分析仪的使用

1. **使用**　仪器的使用方法因各厂家生产仪器不尽相同，操作人员上岗前必须经过严格培训，使用前必须仔细阅读仪器说明书，了解仪器的工作原理、操作规程、校正方法及保养要求。

2. **注意事项**

（1）安装时注意电网必须具有保护接地插座。

（2）仪器附近无强的电磁干扰、无剧烈振动、无腐蚀气体。

（3）室温在 10~30 ℃，相对湿度不超过 70%。

（4）保持仪器的清洁，特别是管路的清洁最为重要的。否则，对结果影响极大，甚至完全阻塞计数池，而且影响仪器寿命。计数池表面和显微镜头的灰尘往往影响清晰度。

（5）质量控制：精液分析最重要的是分析前的质量控制，特别是标本的采集是至关重要的。它涉及标本的采集准备、采集时间、容器、保温、送检时间、送检方式。其次是分析中涉及液化效果、进样等环节。目前尚无成熟的质控品应用到实验室。结果的准确性主要靠厂家的分析软件和参加室间质评。

五、精子自动分析仪的安装、维护和保养

（一）安装

在安装分析仪前，应该对仪器的安装指南和仪器安装所需的条件做全面了解，仔细阅读分析仪操作手册。应该由公司的技术人员进行安装，以免失误导致不必要的损失。为了保证仪器的准确程度，仪器安装所需的条件要求如下。

（1）避免安装在有水分、潮湿的地方。

（2）应安装在清洁、通风处，最好有空调装置（室内温度应在 10~25 ℃，相对湿度≤80%）的地方。

（3）安装在稳定的水平实验台上；禁止安装在高温、阳光直接照射处；远离高频、电磁波干扰源，热源及有煤气产生的地方。

（4）应安装在大小适宜、有足够空间便于操作的地方。

（5）要求仪器接地良好，电源电压稳定。

（二）验收

新仪器安装后，或每次大维修之后，必须对仪器技术性能进行测试、评价，这对保证检验质量起着重要的作用。

（1）首先仪器安装后进入最佳状态。

（2）按照仪器说明书中提供的指标参数进行验证,如对准确性、重复性、稳定性进行评价。看测定结果与质控物浓度相符合的程度是否在仪器必须达到的允许范围内。

（3）测定仪器的重复性,用标本同时测定10次,判断精密度是否在允许范围内。

（4）了解仪器对每项检测指标的测试范围,并建立该仪器的正常参考值范围。

（三）精子自动分析仪的调校与维护

（1）精子自动分析仪是一种精密的电子光学仪器,必须精心管理。精子自动分析仪的调校主要由厂家完成。仪器维护最重要的是清洁流动计数池和保持管道畅通,包括仪器残留液处理、毛细管污染处理、温度控制处理等。

（2）操作中常见故障及排除如下。

①"不能测试"的常见原因及处理:精子自动分析仪故障主要是计算机及软件的故障。不能测试的常见原因有两种:一是管道或计数池堵塞,堵塞原因可以是精液没有液化好,也可能是电磁阀损坏导致不能正常开启,做相应处理一般都能解决;二是计算机故障或软件故障,一般重新启动计算机可能解决,如果不能解决可找厂家工程师解决。

②测试数据与平时相差太大的原因及处理:主要是管道或计数池不完全堵塞,可采取更为彻底的清洗方法清洗。另外,精液的充分液化和混匀至关重要。

（邵　林）

本章小结

尿液分析仪按检测项目不同可分为8、9、10、11、12项尿液分析仪;按自动化程度不同可分为半自动尿液分析仪和全自动尿液分析仪。尿液分析仪的检测原理是根据试剂带上各试剂块与尿液产生化学反应发生颜色变化,呈色的强弱与光的反射率成比例关系,测定每种试剂块反射光的光量值与空白块的反射光量值进行比较,通过计算机求出反射率,换算成浓度值。尿液分析仪的结构主要由机械系统、光学系统、电路控制系统三部分组成。尿液分析仪的安装和使用必须严格按操作规程进行,同时做好仪器的维护与保养。

随着现代医学科学技术的发展,特别是电子技术及计算机的应用,各种尿沉渣全自动分析仪的相继问世,为尿沉渣的自动化检查提供了可靠的手段。尿沉渣分析仪一类是通过尿沉渣直接镜检再进行影像分析;另一类是流式细胞术分析。流式细胞术尿沉渣分析仪包括光学检测系统、流动液压系统、电阻抗检测系统和电子分析系统。其应用流式细胞术和电阻抗的原理进行测定。每个细胞有不同程度的荧光强度和电阻抗的大小。

精子自动分析仪是将计算机技术与图像处理技术结合起来应用的一项精子分析技术。它对精液标本中的精子数量、密度、形态、活力、活率、运动轨迹特征等多个方面进行分析,较全面地获得精液中有价值的参数。它的性能好坏主要取决于软件的开发。使用中注意计算机的维护和管道维护与保养。

测试题

（一）选择题

1. 世界上第一台尿液分析仪出现在（　　　）。

A. 20世纪50年代　　　　　　　B. 20世纪60年代　　　　　　　C. 20世纪90年代

D. 20世纪70年代　　　　　　　E. 20世纪80年代

2. 尿液分析仪试剂带的结构是（　　　）。

A. 2层,最上层是塑料层　　　　B. 3层,最上层是吸水层　　　　C. 4层,最上层是尼龙层

D. 5层,最上层是绒制层　　　　　E. 4层,最上层是吸水层

3. 尿液分析仪试剂带空白块的作用是(　　)。

A. 消除不同尿液标本颜色的差异　　B. 消除试剂颜色的差异　　　　C. 消除不同光吸收差异

D. 增强对尿液标本的吸收　　　　　E. 减少对尿液标本的吸收

4. 下面关于尿液干化学分析仪的叙述中,错误的是(　　)。

A. 此类仪器采用球面分析仪接受双波长反射光　　B. 尿试剂带简单、快速、用尿量少

C. 尿蛋白测定采用指示剂蛋白误差原理　　　　　D. 细胞检查不可替代镜检

E. 尿葡萄糖检查的特异性不如班氏定性法

5. 关于尿液分析仪的安装,下列说法中错误的是(　　)。

A. 应安装在清洁、通风的地方　　　　　B. 应安装在稳定的水平实验台上

C. 应安装在足够空间便于操作的地方　　D. 仪器接地良好

E. 应安装在恒温、恒湿的地方

6. 关于尿液分析仪使用的注意事项,下列说法中错误的是(　　)。

A. 保持仪器清洁　　　　　　B. 使用干净的取样杯　　　　　C. 使用新鲜的混合尿

D. 试剂带浸入尿样时间为 2 s　　E. 试剂带浸入尿样时间为 20 s

7. 尿液分析仪的维护与保养,下列说法中错误的是(　　)。

A. 使用前应仔细阅读说明书　　　B. 仪器要由专人负责

C. 每天测试前应对仪器全面检查　　D. 开瓶未使用的尿试剂带,应立即收入瓶内盖好瓶盖

E. 仪器可在阳光长时间照射下工作

8. 与普通光学显微镜方法相比,下列哪项不是影像式尿沉渣自动分析仪的优势?(　　)

A. 速度快　　　　　　B. 精确度高　　　　　　C. 有散点图报告

D. 分析标准定量　　　E. 视野清晰

9. 流式细胞术尿沉渣分析仪的工作原理是(　　)。

A. 应用流式细胞术和电阻抗　　　　B. 应用流式细胞术和原子发射

C. 应用流式细胞术和气相色谱　　　D. 应用流式细胞术和液相色谱

E. 应用流式细胞术和原子吸收

10. 流式细胞术尿沉渣分析仪流动液压系统的作用是(　　)。

A. 促进尿沉渣分离　　　B. 促进液体流动　　　　　C. 分离尿液成分

D. 分离尿液细胞　　　　E. 形成鞘液流动

11. 流式细胞术尿沉渣分析仪电阻抗检测系统用来(　　)。

A. 分辨细胞类型　　　　B. 测定细胞体积　　　　　C. 分离尿液化学成分

D. 测定尿蛋白　　　　　E. 分离尿液细胞

(二)填空题

1. 精子自动分析仪的主要部件包括_____、_____、_____、_____以及计算机及软件分析系统。

2. 精子自动分析仪在使用时室温应控制在_____℃,相对湿度不超过_____。

3. 精子自动分析仪操作中出现"不能测试"提示时,一是_____堵塞,堵塞原因可以是精液没有_____好,也可能是电磁阀损坏导致不能正常开启,做相应处理一般都能解决;二是_____原因,可重新启动计算机。

(三)简答题

1. 尿液分析仪是如何进行分类的?

2. 尿液分析仪的检测原理是什么?

3. 简述尿液分析仪的结构与功能。

4. 尿液分析仪安装时有哪些注意事项?

5. 如何进行尿液分析仪的调校?

6. 尿液分析仪使用中应注意哪些事项?

7. 如何进行尿液分析仪的维护和保养?

8. 尿沉渣分析仪有哪些类型?

9. 流式细胞术尿沉渣分析仪的结构如何?

10. 流式细胞术尿沉渣分析仪的工作原理是什么?

11. 影像式尿沉渣自动分析仪的工作原理是什么?

12. 自动尿液分析时质量控制的步骤有哪些? 质控物如何选择?

13. 精子自动分析仪结构与功能?

14. 精子自动分析仪的检测原理是什么?

15. 精子自动分析仪的主要检测参数有哪些?

(四) 操作题

1. 正确使用尿液分析仪测定一份病理尿标本,并与手工(含镜检)方法的检测结果进行比较。

2. 在教师指导下,使用尿沉渣分析仪完成一份尿液标本的测试,并完成清洁保养工作。

3. 正确完整地进行一次精子自动分析仪的操作或维护。

第七章 临床免疫学检验仪器

本章介绍

随着临床免疫学检验技术的不断发展与应用,越来越多的免疫学检验仪器凭借其高度的特异性和敏感性且操作简单、无污染、易自动化等优点,已受到临床实验室的重视,在病原体及其抗体分析,肿瘤标志物检测,各种微量蛋白、补体、细胞因子及药物浓度检测等方面均得到广泛应用,为多种疾病的筛查、诊断、治疗及预后判断等提供参考价值。临床免疫学检验仪器主要包括酶免疫分析仪、免疫浊度分析仪、化学发光免疫分析仪及时间分辨荧光免疫分析仪等。基本原理都是利用抗原抗体的特异性反应来对待测物进行定性或定量检测,它们之间的主要区别是除免疫浊度分析仪外均因所采用的标记物不同导致测定目标信号的设备有所差异。目前,临床免疫学检验仪器的自动化、智能化、现代化程度越来越高,分析的准确度、精密度也不断提高。本章着重介绍上述常用临床免疫学检验仪器的工作原理、仪器类型和基本结构、临床应用、性能评价及仪器使用、维护和故障处理等内容。

本章目标

通过本章的学习,掌握常用临床免疫学检验仪器的工作原理、基本类型及主要结构,熟悉仪器的性能指标与评价及临床应用,学会常用仪器的基本操作方法,能够进行仪器的维护、保养和简单故障的排除。

第一节 酶免疫分析仪

掌握:固相酶免疫分析仪的基本原理、部件组成及作用。

熟悉:全自动酶免疫分析仪的类型及临床应用。

了解:仪器安装的基本条件、使用和保养及简单故障的排除。

酶免疫分析(enzyme immunoassay,EIA)是目前临床免疫学检验最常用的分析技术之一,具有灵敏度高、特异性强、试剂稳定、操作简单快速且无放射性污染等优点,已被广泛应用于临床医学检验中。

一、酶免疫分析的原理与分类

(一)酶免疫分析的基本原理

酶免疫分析是将酶的高效催化作用与抗原抗体反应的高度特异性相结合的一种标记免疫微量分析技术,可以对液体标本中的可溶性抗原或抗体进行定性或定量检测。其基本原理是将酶(如辣根过氧化物酶(HRP)、碱性磷酸酶(ALP)及葡萄糖氧化酶(GOD))与抗体或抗原结合形成酶标记的抗体或抗原,在酶标抗体或抗原与待测抗原或抗体完成特异反应后,再加入酶的相应底物,通过酶对底物的呈色反应强度的监测来对标本中的抗原或抗体进行定性或定量。

根据抗原抗体反应后是否需要分离结合的与游离的酶标记物(如 HRP、ALP 及 GOD)等标记的抗原或抗体,可分为均相酶免疫分析和非均相酶免疫分析两种方法。

1. 均相酶免疫分析(homogeneous enzyme immunoassay) 均相法是利用酶标记物与相应的抗原或抗体结合后,标记酶的活性会发生改变的原理,可以在不将结合的与游离的酶标记物分离的情况下,通过测定标记酶活性的改变来确定抗原或抗体的含量。主要用于激素、药物等小分子抗原或半抗原的测定。均相酶免疫分析的优点是操作简便、快速、便于自动化分析,缺点是容易受样品中其他酶、酶抑制剂及交叉反应的干扰,且灵敏度低于非均相酶免疫分析。此测定分析法主要有酶放大免疫测定技术和克隆酶供体免疫测定技术两种方法。

2. 非均相酶免疫分析(heterogeneous enzyme immunoassay) 非均相酶免疫分析又称异相酶免疫分析,是在抗原抗体反应平衡后,采用相应的方法将游离的与结合的酶标记物加以分离,再通过底物的显色反应才能测定抗原(或抗体)的含量。异相酶免疫测定是目前应用最广泛的一类标记免疫测定技术。根据试验中是否需要使用固相支持物作为吸附免疫试剂的载体,而分为液相酶免疫测定和固相酶免疫测定两种,后者又称为酶联免疫吸附测定(enzyme linked immunosorbent assay,ELISA)。

(1)液相酶免疫测定:其基本原理是抗原抗体反应在液相中进行,再用分离剂分离结合的与游离的酶标记物。该技术主要用于标本中极微量的短肽激素和某些药物等小分子半抗原的测定。

(2)固相酶免疫测定:即酶联免疫吸附测定(ELISA)。其测定原理是将抗原或抗体免疫试剂吸附到固相载体上,免疫反应在固相载体上进行,然后经洗涤除去游离的酶标记物,即可对固相载体上的抗原抗体复合物进行测定,从而确定待测标本中抗原或抗体的含量。ELISA 是 1971 年由 Engvall 和 Perlmann 首先创立的一种用于液体标本中微量物质检测的方法,是临床上最常用的免疫分析方法。目前常用的酶免疫分析仪大都是基于 ELISA 技术,称酶联免疫分析仪,简称酶标仪。根据检测目的和操作步骤不同,ELISA 可分为双抗体夹心法、双抗原夹心法、间接法、竞争抑制法和抗体捕获法等。

(二)酶免疫分析仪的类型

根据固相支持物的不同,酶免疫分析仪可分为微孔板固相酶免疫分析仪、管式固相酶免疫分析仪、微粒固相酶免疫分析仪、磁微粒固相酶免疫分析仪等。

1. 微孔板固相酶免疫分析仪 根据通道的多少可分为单通道和多通道;单通道又可分为自动和手动。根据波长是否可调分为滤光片型(波长固定的滤光片,如 405 nm、450 nm、490 nm、630 nm)和连续波长型(波长连续可调,一般递增量为 1 nm)。根据功能的不同又分为带紫外功能的微孔板固相酶免疫分析仪和带荧光功能的微孔板固相酶免疫分析仪(图 7-1)。

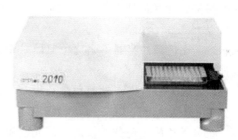

图 7-1 安图 2010 微孔板固相酶免疫分析仪

2. 管式固相酶免疫分析仪 目前应用管式固相载体的 ELISA 分析仪器不多,管式固相载体的特点是小管可同时用作反应和比色的容器。

3. 微粒固相酶免疫分析仪 一种在酶免疫分析的基础上结合了荧光免疫测定技术的一体化多项目全自动免疫分析仪。

4. 磁微粒固相酶免疫分析仪 磁微粒采用免疫磁珠技术,利用磁铁吸引与液相分离的磁微粒固相酶免疫分析系统,由分光光度计、磁铁板和试剂三部分组成。

二、固相酶免疫分析仪的工作原理及主要结构

(一)固相酶免疫分析仪的基本工作原理

固相酶免疫分析仪的工作原理及光路系统如图 7-2、图 7-3 所示。光源射出的光线通过滤光片或单色器后成为单色光束,进入塑料微孔板中的待测标本,该单色光经待测标本吸收掉一部分后透过标本照射到光电检测器上,光电检测器将接收到的不同待测标本的强弱不同的光信号转换成相应的电信号。电信号经前置放大、对数放大、模拟数字转换等信号处理后进入微处理器进行数据处理和计算,最后由显示器

和打印机显示结果。微处理器还通过控制机械驱动结构,可在横轴和纵轴方向移动微孔板,从而实现自动进样检测过程。

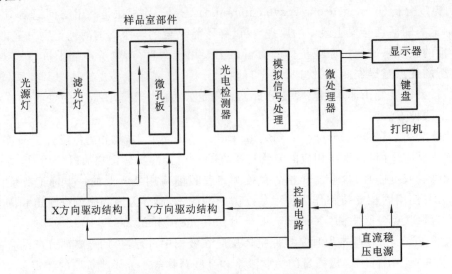

图 7-2　固相酶免疫分析仪工作原理图

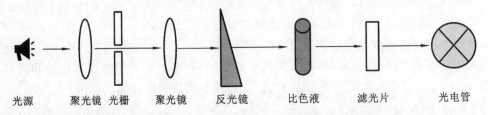

图 7-3　固相酶免疫分析仪光路系统示意图

固相酶免疫分析仪实际就是特殊的光电比色计,是根据 ELISA 检测常以底物的显色反应来表达样本中待测物含量的技术特点而设计的,其基本原理是分光光度法的比色,它与普通光电比色计相比有如下特点。

(1) 比色液的容器不是比色皿而是塑料微孔板,微孔板常用透明的聚乙烯材料制成,对抗原、抗体有较强的吸附能力。

(2) 由于装载样本的塑料微孔板是多排、多孔的,因此酶标仪的光束是垂直穿过待测溶液的,可以从上到下,也可从下到上。

(3) 固相酶免疫分析仪通常用光密度(OD)来表示吸光度(A)。

(二) 固相酶免疫分析仪的基本结构

全自动酶免疫分析系统是在固相酶免疫分析仪的基础上,将酶联免疫分析仪过程的加样、加试剂、孵育、洗板、判读、结果分析等过程整合为一体,形成流水线式的自动化检测设备,可对几个或几十个酶标板同时进行检测,具有一套完整的工作和分析系统,不同仪器大小、配置可能各不相同,但仪器组成及性能基本相同。

1. 条码识别系统　由试管条码扫描装置记录每一个样本管和样本架的信息,分析系统根据这些信息进行检测分析。

2. 加样系统　包括加样针、样品架、试剂架及加样台等构件,样品架所用的微孔板多为 96 孔(8×12),每个小孔可以盛放 1 mL 以内的液体。

3. 孵育系统　主要由恒温装置及易导热金属板架构成,温育时间及温度设置由控制软件精确调控。

4. 洗板系统　主要由支持板架、洗液注入针及液体进出管路等结构组成。洗板器上有 96 根冲洗针,呈 8×12 矩形排列,可对酶标板的 96 个微孔同时进行清洗。

5. 检测和数据处理系统　主要由光源、滤光片、光导纤维、镜片和光电倍增管等组成,固相酶免疫分析仪按检测项目预先设定的参数进行检测,检测数据经数据处理系统处理分析后直接报告检测结果,该系统是酶免疫反应最终结果客观判读的设备。

6. 机械臂系统　该系统由计算机软件控制,可以精确移动各板架及加样针,使微孔板在多个系统间移动,顺利完成实验。

三、固相酶免疫分析仪的性能评价和临床应用

(一)性能评价指标

目前已经初步建立起一套酶免疫分析仪性能的评价体系,其主要评价指标和方法有如下几个方面。

1. 准确度　准确配制 1 mmol/L 对硝基苯酚水溶液,以 10 mmol/L 氢氧化钠溶液 25 倍稀释之,加入 200 μL 稀释液于微孔杯中,以 10 mmol/L 氢氧化钠溶液调零,于波长 490 nm(参比波长 650 nm)处检测,其吸光度应在 0.4 左右。

2. 精密度　每个通道三只微孔杯,分别加入 200 μL 高、中、低三种浓度的甲基橙溶液,蒸馏水调零,于波长 490 nm(参比波长 650 nm)处做双份平行测定,每日两次,连续测定 20 天。分别计算批内精密度、日内批间精密度、日间精密度和总精密度以及相应的 CV 值。

3. 灵敏度　精确配制 6 mg/L 重铬酸钾溶液,加 200 μL 重铬酸钾溶液于微孔杯中,以 0.05 mol/L 硫酸溶液调零,于波长 490 nm(参比波长 650 nm)处检测,其吸光度应大于 0.01。

4. 零点飘移　用 8 只微孔杯置于 8 个通道的相应位置,均加入 200 μL 蒸馏水并调零,于波长 490 nm(参比波长 650 nm)处每 30 min 测定一次,连续观察 4 h;其吸光度与零点的差值即为零点飘移。

5. 滤光片波长精度　用紫外-可见分光光度计(波长精度 ±0.3 nm)对不同波长的滤光片进行光谱扫描,其检测值与标定值之差即为滤光片波长精度,其差值越接近于零且峰值越大表示滤光片的质量越好,波长精度越高。

6. 通道差和孔间差

(1)通道差:取一只酶标微孔杯以酶标板架作载体,将其(内含 200 μL 甲基橙溶液,吸光度 0.5 左右)先后置于 8 个通道的相应位置,蒸馏水调零,于波长 490 nm 处进行测定,连续测定 3 次,观察同一样品于不同通道检测结果的一致性,通道差用极差值来表示。

(2)孔间差:选择同一厂家、同一批号酶标微孔板条(8 条共 96 孔)分别加入 200 μL 甲基橙溶液(吸光度 0.065~0.070),先后置于同一通道,蒸馏水调零,于波长 490 nm(参比波长 650 nm)处检测,其误差大小用 ±1.96 s 衡量。

7. 线性范围　准确配制 5 个系列浓度的甲基橙溶液,用蒸馏水调零,于波长 490 nm(参比波长 650 nm)处平行检测 8 次。进行统计分析以衡量其线性范围。

8. 双波长评价　取同一厂家、同一批号酶标板条(每个通道 2 条共 24 孔),每孔加入 200 μL 甲基橙溶液(吸光度调至 0.065~0.070),先后于 8 个通道分别采用单波长(490 nm)和双波长(测定波长 490 nm、参比波长 650 nm)进行检测,计算单波长和双波长测定结果的均值、标准差,比较各组之间是否具有统计学差异以考查双波长清除干扰因素的效果。

(二)临床应用

因酶联免疫吸附测定技术具有高度的敏感性和特异性,已成为现代临床免疫学检验最基本、最常用的一项检测技术。免疫学检验在感染、肿瘤、超敏反应、自身免疫等方面具有重要临床价值。

1. 感染性疾病的病原体及其抗体的检测　细菌或病毒等病原微生物能引起感染,通过检测血清中相应抗体的含量和类型可以判断是否发生感染以及感染程度。如肝炎病毒、人类免疫缺陷病毒、幽门螺杆菌、结核分枝杆菌、支原体及衣原体等。

2. 自身免疫性疾病的自身抗体检测　临床主要通过自身抗体的检测对大多数自身免疫性疾病进行诊断,如类风湿因子、抗核抗体、抗双链 DNA 抗体、抗甲状腺球蛋白抗体等。

3. 肿瘤疾病的肿瘤标志物检测　肿瘤在发生发展过程中会出现某些过度表达的抗原物质如肿瘤相关抗原和肿瘤特异抗原,目前已发现 100 多种肿瘤标志物,对肿瘤的诊断和治疗有重要的指导意义。

4. 其他 免疫球蛋白、补体、细胞因子、激素等。

四、固相酶免疫分析仪的使用和维护

(一) 固相酶免疫分析仪的使用

固相酶免疫分析以往多用手工操作,步骤复杂,目前多使用全自动酶标仪,其日常操作较为简单,各种类型仪器的操作包括以下几个关键步骤,见表 7-1。

表 7-1 固相酶免疫分析仪操作流程

操 作 步 骤	操 作 方 法
开机	打开酶标仪电源开关,等待仪器自检,自动预热 2~3 min
参数设置	进入酶标仪软件主菜单,设定测量模式和参数,放置检测试剂
样品装载	将被测样品放入样品架,输入起始样品栏的位置和起始样品编号,选择相应的测试程序
样品测定	检查无误后,按"开始"键,仪器对样品开始自动检测
结果查询传送	测定结束后,可以选择需要浏览的结果,打印报告
关机	卸载样品架,清理废弃物,清洗管路,关闭仪器

(二) 固相酶免疫分析仪的维护

酶免疫分析仪是一类精密的光学仪器,因此,良好的工作环境和精心的维护保养不仅能确保其准确性和稳定性,还能有效延长其使用寿命。具体要求如下。

1. 安装要求

(1) 仪器应放置在无强磁场和干扰电压且噪声低于 40 分贝的环境下,应远离离心机及振荡设备,避免由于桌面震动传导引起的定位偏移。

(2) 操作环境空气清洁,避免水汽、烟尘,温度应在 15~40 ℃,相对湿度应在 15%~85%。

(3) 避免阳光直射,以延缓光学部件的老化。

(4) 操作时电压及电流强度保持稳定。

(5) 工作台面水平并保持足够的操作空间。

2. 日维护 日常仪器的使用保养是保证仪器试验准确性的基础,因仪器的类型不同而日常维护的程序和内容也不同。普通酶标仪的日常维护比较简单,全自动酶免疫分析仪尚需对仪器的加样、洗板系统等进行维护,主要包括如下内容。

(1) 保持仪器工作环境和仪器表面的清洁,可用中性清洁剂和柔软的湿布擦拭仪器的外壳,清除灰尘和污物。

(2) 检查加样系统,用酒精棉签擦拭加样针外壁,避免蛋白类物质的沉积;检查加样针涂层是否有破损的迹象,必要时更换加样针。

(3) 清洁仪器内部样品盘和微孔板托架周围的泄露物质,如泄露物质疑似有生物污染,则必须用消毒剂处理。

(4) 用蒸馏水清洗洗液管路及洗板机头。

(5) 清理废液桶中的废液以及仪器废物箱内的一次性吸头,处理托盘内已使用过的微孔板。

3. 月维护 需关闭仪器电源、拔下电源插头后再进行操作。

(1) 检查所有管路及电源线是否有磨损及破裂,如有破损则需更换。

(2) 检查样品注射器及与之相连探针是否有泄露及破损,如有破损则要更换。

(3) 检查微孔探测器是否有堵塞物,如有可用细钢丝紧贴微孔板底部,轻轻将其刮去。

(4) 检查支撑机械臂的轨道是否牢固,并检查机械臂及其轨道上是否有灰尘,如有,可用干净的软布将其擦去。

(5) 每个月(标本多应每周进行)应将洗板机板架拆卸下来,擦拭并在滑动杆上添加润滑油。

4. 定期维护和校正 重点是在光学部分,防止滤光片霉变,应定期检测校正,保持良好工作状态以确保检测结果的可靠性。

五、酶免疫分析仪的常见故障处理

1. 洗板头堵塞 此故障在该分析仪最常见,多因样本中存在纤维蛋白所致,可在仪器自检或洗板过程中出现。前者可以先关机将洗板清洗后,重新开机自检。如果是后者,则需要按仪器的"暂停"键,将洗板头清洗后继续洗板。

2. 加样注射器和硅胶管连接处漏水或脱落 由于加样针堵塞或者废液管道不通畅,导致管道内压力增高,使硅胶管破裂或脱落而引起,可在仪器自检或试验过程中出现。需拆下加样针并清通,检查硅胶管是否破裂,破裂的予以更换、连接。开机自检通过后,对仪器管道进行冲洗再开始试验。

3. 试剂盘错误 开机自检时报试剂盘错误,且试剂盘不停地转动,无法停止。这是由于试剂盘底面的小磁铁脱落而造成。需关机,摘下试剂盘,把小磁铁重新安装回去,清洁传感器。

第二节 免疫浊度分析仪

掌握:免疫浊度分析仪的种类和检测原理。

熟悉:免疫浊度分析仪的操作。

了解:免疫浊度分析仪维护和保养及常见故障处理。

免疫浊度分析技术是免疫学反应与比浊法原理相结合的一种技术,实际上是由经典的免疫沉淀反应发展而来,是液相中的沉淀反应。可溶性抗原、抗体在液相中结合形成抗原抗体复合物,引起反应体系浊度的改变,通过测定浊度的变化获得待测抗原或抗体的浓度。免疫浊度分析仪主要用于测定血液、尿液等多种体液中某些特定微量蛋白,又称特种蛋白分析仪。

一、免疫浊度分析法原理

免疫浊度分析技术是将现代光学仪器与自动检测系统相结合应用于免疫沉淀反应,该技术的原理是基于比浊技术和免疫反应。

1. 比浊技术原理 一束光线在透明液体中传播,如果液体中无任何悬浮颗粒,光束则沿直线传播而不会改变方向,若有悬浮颗粒,光束在遇到颗粒时就会改变方向,形成散射光。浊度是指样本中颗粒大小不等的难溶性物质对光线透过时所产生的阻碍程度,即通过样本的部分光线被吸收或散射,因此浊度可以反映样本的光学性质。通常情况下,颗粒越多,浊度越高,光的散射越强。

在免疫浊度分析中,由于样本中可溶性抗原与其相应抗体结合,形成难溶性的大分子复合物,使反应体系中产生浊度。当光线通过时,会发生光散射和光吸收现象。免疫浊度分析仪即是利用抗原抗体复合物对入射光产生吸收或散射特性来检测抗原或抗体的含量。

2. 免疫反应原理 免疫浊度分析法是针对抗原抗体发生的沉淀反应。当待测样本中可溶性抗原与试剂中相应抗体比例适宜时,会发生特异性结合反应,能使反应液具有一定的浊度。抗原抗体的比例是免疫浊度分析法的关键,只有在抗原抗体最适比时,才能形成免疫复合物聚集体,此时既无过剩的抗原,也无过剩抗体。

二、免疫浊度分析法的种类和检测原理

免疫浊度分析技术属于非免疫标记技术,其基本原理是免疫反应与比浊技术相结合。根据光学检测器的位置及其所检测的光信号性质不同,免疫浊度分析可分为透射光免疫浊度法和散射光免疫浊度法两种(图 7-4)。

(一)透射光免疫浊度法

透射光免疫浊度法是根据朗伯-比尔定律,当一束光线通过溶液受到光散射和光吸收两个因素的影响

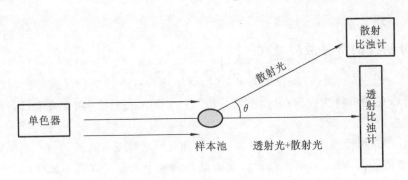

图 7-4 透射光免疫浊度法和散射光免疫浊度法区别示意图

而使光的强度减弱,减弱程度与溶液中微粒含量成正比。透射光免疫浊度法可分为沉淀反应免疫透射浊度测定和免疫胶乳浊度测定。

1. **沉淀反应免疫透射浊度测定** 即普通的透射光免疫浊度法。其检测原理是可溶性抗原抗体反应后形成的免疫复合物,使溶液浊度发生改变,光线通过时被其中的免疫复合物微粒吸收,在一定范围内,保持抗体过量的情况下,光吸收的量即吸光度与免疫复合物的量呈正相关。透射光免疫浊度法操作简单、灵敏度较高,目前多用于生化分析仪上的免疫项目检测。但沉淀反应免疫透射浊度测定法也有一些缺点:①反应中抗体用量较大,即所加试剂要过量;②透射光免疫浊度法测定的信号是溶液的吸光度,即溶液的光吸收因散射作用造成的总损失之和,包含了透射、散射、折射等多种因素,使其特异性较差;③透射光免疫浊度法测定是在抗原抗体反应达平衡时进行的,耗时较长;④抗原或抗体大大过剩时,出现可溶性复合物,造成测量误差,对于单克隆抗体的测定,这种误差更容易出现;⑤容易受标本状态影响,标本血脂浓度很高时,在低稀释时,脂蛋白的小颗粒可形成浊度,造成假性升高,标本溶血时,可增加测量的本底,从而影响测量结果。

2. **免疫胶乳浊度测定** 一种带载体的免疫比浊法,其敏感性大大高于普通比浊法,且操作简便,易自动化。胶乳浊度测定基本原理是用抗体致敏大小适中、均匀一致的胶乳颗粒,当遇到相应抗原时,胶乳颗粒表面的抗体与抗原特异性结合,引起胶乳颗粒凝聚。单个胶乳颗粒直径大小在入射光波长之内,光线可透过。当两个胶乳颗粒凝聚时,则使透过光减少,这种减少程度与胶乳凝集成正比,由此计算出标本中抗原含量。该技术关键在于两个方面:①选择适用的胶乳,其直径一般为 0.2 μm;②胶乳与抗体结合,尽管采用化学交联法牢固,但抗体容易失活,目前一般采用吸附法。

(二)散射光免疫浊度法

散射光免疫浊度法是指一定波长的光沿水平轴通过抗原抗体反应混合溶液时,由于反应液中复合物微粒对光线的折射和衍射而形成散射光,散射光强度与免疫复合物量呈正相关。散射光免疫浊度法是粒子被光照射后而发光,发光的强度与粒子的大小以及光照射的角度有关。根据测量方式的不同,散射光免疫浊度法又可以分为终点散射比浊法和速率散射比浊法。

1. **终点散射比浊法** 终点散射比浊法是一种经典的浊度测定方法,即将抗原抗体混合后,待其反应趋于平稳,至反应终末时测定结果。此过程一般需要 30~60 min,复合物的浓度不再受时间变化影响,但又必须在聚合物产生絮状沉淀之前进行浊度测定。因此终点散射比浊法是测定抗原抗体结合完成后复合物的量。终点散射比浊法有比较多的缺陷:①在抗原抗体反应后的固定时间内测定光吸收值,没有考虑到待测样本的个体状态对光吸收和散射的效果,导致测定结果不准确;②测定的是抗原抗体反应的第二阶段,耗时比较长,不适合快速检测;③抗原抗体反应是一个动态平衡过程,随着时间的延长,抗原抗体复合物有再次分离的趋势,可导致散射光强度的改变;④终点法存在反应本底,待测样品含量越低,本底越大,尤其在微量蛋白测定时,本底干扰是影响测定结果的重要因素。

2. **速率散射比浊法** 目前常用的免疫浊度分析仪其测定原理基本都是速率散射比浊法(图 7-5),所谓速率是指在抗原抗体结合反应过程中,单位时间内两者结合的速度(不是免疫复合物累积的量)。在抗体过量的前提下,抗原抗体反应速度由慢到快,单位时间内免疫复合物不断增多,随后逐渐减慢,散射测浊仪连续监测此过程,可发现在某一时间抗原抗体反应速率最快,单位时间内形成的免疫复合物最多,散射光强度变化最大,即所谓的速率峰。当反应液中抗体量保持过剩时,速率峰的高低与抗原含量成正比。选取速率最大且与被测物浓度变化呈线性关系的速率峰值,制作剂量-反应速率曲线,经微电脑处理转换成待测物浓度。

速率散射比浊法是目前临床应用较多的一种方法,本法自动化程度高,具有快速、灵敏、准确、精密等优点:①检测时间快,每项检测一般在 $1\sim2$ min 即可完成。②采用抗原过量检测方法保证了结果的准确性。在抗体含量恒定的情况下,免疫复合物的生成量随抗原增加而增加,至等价带时达到最大,当抗原超过抗体量时,免疫复合物的

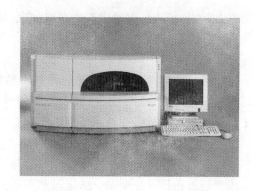

图 7-5　西门子 BN ProSpec System 免疫浊度分析仪

量反而减少。根据这一原理,若反应液中有未结合的抗体存在,再加入抗原,可形成新的速率峰信号;如果没有游离的抗体存在,即抗原过剩,这就提示系统需要对待测标本进一步稀释后重新测定,以保证结果的准确可靠。

三、免疫浊度分析仪的基本结构

免疫浊度分析仪的种类虽多,其基本结构一般由分析仪、计算机、打印机三部分组成。其中分析仪是系统的主要部分,包括散射浊度仪、加液系统、试剂和样品转盘、卡片阅读器、软盘驱动器等。

1. 散射浊度仪　采用双光源碘化硅晶灯泡($400\sim620$ nm)作为光源。自动温度控制装置将仪器温度恒定在(26 ± 1)℃。化学反应在一次性流式塑料杯中进行,由固体硅探头监测反应过程。

2. 加液系统　包括自动稀释加液器,可以稀释标本,并将标本和试剂加到流动式反应杯中。另外,还有标本、抗体智能探针,具有液体感知装置,控制加液体积的准确性。

3. 试剂和样品转盘　20 孔试剂转盘可放置 20 种不同的化学试剂,或 20 种不同的抗体(包括抗原过剩试剂)。40 孔样品转盘可放置待测标本和质控液。

4. 卡片阅读器　可读取卡片内储存的对某一测定项目有用的参数,包括检测项目的名称、批号、标准曲线信息和所需的稀释倍数等。这些参数值随检测项目和批号的不同而不同。因此每批抗体试剂和标准血清都会附有新的卡片。

5. 软盘驱动器　阅读软盘中的操作指令,如数据输入、仪器功能运行等。

四、免疫浊度分析仪的使用和维护

(一)免疫浊度分析仪的使用

免疫浊度分析仪具有方便灵活的操作软件系统,简单快捷,其具体操作流程如表 7-2。

表 7-2　免疫浊度分析仪操作流程

操 作 步 骤	操 作 方 法
开机	打开仪器电源开关,等待仪器自检
工作前准备	进入主菜单,进行光源校正,检查所有试剂、缓冲液是否足够,查看废液是否已满,设定测量参数
样品装载	将被测样品放入样品架,输入杯号和项目组号,选择相应的测试程序
样品测定	检查无误后,按已设定程序,仪器对样品开始自动检测
结果查询传送	测定结束后,可以选择需要浏览的结果,打印报告
关机	卸载样品架,清理废弃物,清洗管路,关闭仪器

(二)免疫浊度分析仪的维护

良好的保养习惯可以有效延长机器的使用寿命并尽可能减少故障的发生,因此检验工作者应严格按照操作手册定期对仪器做以下保养。

1. 日维护　每次开机之前应先检查注射器,稀释液、缓冲液及抗体试剂中液体的体积,废液桶中的废液是否已经装满,并及时处理。在做标本之前必须对所有光路进行光路校正。做完试验需要关机时,要

冲洗所有管道,以防止血液中的蛋白成分沉积或者缓冲液中的化学成分因水分蒸发在管道末端析出而造成管道阻塞。但如果免疫浊度分析仪在处于24 h连续开机状态时,仪器间隔数小时会自动冲洗管道以保障管道的通畅,操作者不必再自行冲洗。

2. 周保养　每周更换流动比色杯和小磁棒,并用纱布蘸10%漂白溶液清洁探针的外部。每周需要将蠕动泵上的橡皮管卸下并将钳制阀杠杆抬起,将上面的塑料管道取下,用手将其恢复原状或左右稍微变化位置后再一一对应管道序号放回相应的位置,这样做可有效地避免管道长期受压后出现阻塞现象。

3. 月保养　每一个月更换一次反应杯,每两个月更换注射器插杆顶端,以保证注射器的密封性;同时取下空气过滤网并用清水冲洗,再用细针疏通标本探针和抗体探针的内部。每半年需更换钳制阀上管道和泵周管道并给机械传动部分的螺丝上润滑油。

五、免疫浊度分析仪的常见故障处理

1. 开机后报警故障　可能因为仪器的电路板之间衔接有障碍或是某电路板本身有问题,致使不能开机或工作中突然死机。处理方法是更换数据采集板。

2. 机械转动问题　开机自检数秒后机内发出咔咔声,错误信息提示样本或试剂针出现了机械传动上的问题。可能原因有:①样本或试剂针的机械传动部分润滑不良或有物体阻挡;②电机下部的光耦合传感器及嵌于电机转子上的遮光片配合不合理或控制电路板上信号连接插头与插座之间有松动接触不好。处理对策是对样本或试剂针的机械传动部分进行清洁及上油处理,检查传感器与遮光片,使其配合合理,检查信号连接线插头与插座,使其接触良好。

3. 流动池液体外流故障　故障的主要原因有:①废液瓶内废液已盛满。检查废液是否需要倾倒,连接废液瓶的管路是否打折或堵塞。②蠕动泵管运转不良。检查蠕动泵管运转是否良好,蠕动泵管是否老化,若老化应更换新的备件。③管路有堵塞。打开分析仪前面的面板,按照液体流程图对管路进行检查。若有堵塞,用注射器打气加压使其导通,再进行冲洗。

4. 中文信息处理系统无检测信号　首先检查信号传输线插头是否脱落或接触不良,其次检查主机设置情况是否得当,然后考虑中文信息处理系统是否有误,对其进行全面检修。

 ## 第三节　化学发光免疫分析仪

掌握:化学发光免疫分析仪工作基本原理、部件组成及作用。
熟悉:化学发光免疫分析仪的类型、特点及临床应用。
了解:化学发光免疫分析仪的日常维护和常见故障处理。

化学发光免疫分析技术是将发光分析与免疫反应相结合而建立起来的一种检测微量抗原或抗体的新型标记免疫分析技术。既具有免疫反应的特异性,亦兼有发光反应的高敏感性,且在技术上可以实现全自动化的操作,操作简便,实验结果可靠,已广泛应用于各种激素、肿瘤标志物、药物及其他微量生物活性物质的测定。

一、化学发光免疫分析法的工作原理与分类

（一）化学发光免疫分析法的工作原理

1. 化学发光基本原理　化学发光(chemiluminescence,CL)是指在常温下,某些特定的化学反应产生的能量使其产物或反应中间态分子激发,形成电子激发态分子,当其衰退至基态时释放出的化学能量以可见光的形式发射的现象。化学发光反应可在气相、液相、固相反应体系中发生。

化学发光免疫分析(chemiluminescence immunoassay,CLIA)的基本原理是:将发光物质或酶标记在抗原或抗体上,免疫反应结束后,加入氧化剂或酶发光底物而发光,利用仪器测量发光强度,由计算机系统转换成被测物质的浓度单位。化学发光免疫分析技术包括两个系统:化学发光系统和免疫反应系统。

2. 常见发光剂 在化学发光反应中参与能量转移并最终以发射光子的形式释放能量的化合物,称为化学发光剂或发光底物。能作为化学发光剂必须具备以下条件:其发光是由发光物质的氧化反应所产生的;光量子产量高;发光物质的理化特性要与被标记或测定的物质相匹配,能满足分析设计的要求;在所使用的浓度范围内对生物体没有毒性。常用化学发光剂种类和特点见表7-3。

(1) 酶促反应发光剂:利用标记酶的催化作用,使发光剂(底物)发光,这一类需要酶催化后发光的发光剂称为酶促反应发光剂。目前常用的标记酶有辣根过氧化物酶(HRP)和碱性磷酸酶(ALP)。辣根过氧化物酶催化的发光剂为鲁米诺(3-氨基苯二甲酰肼)、异鲁米诺(4-氨基苯二甲酰肼)及其衍生物。碱性磷酸酶催化的发光剂为AMPPD[3-(2-螺旋金刚烷)-4-甲氧基-4-(3-磷氧酰)-苯基-1,2-二氧环乙烷]。

(2) 直接化学发光剂:直接化学发光剂的化学结构上有产生发光的特定基团,在发光免疫分析过程中不需要酶的催化作用,直接参与发光反应,可直接标记抗原或抗体,常用的有吖啶酯类和三联吡啶钌。

表 7-3 常用化学发光剂种类和特点

发光剂种类	常用发光剂或底物	发光原理	发光产物或中间体	发射光波长
酶促反应发光剂	鲁米诺、异鲁米诺及其衍生物	碱性条件下,辣根过氧化物酶(HRP)催化使其氧化,加入酚类增强剂使发光强度增加	二价阴离子氨基肽酸盐	425 nm
	AMPPD	碱性条件下,碱性磷酸酶(ALP)催化脱磷酸根基团	AMP-D阴离子	470 nm
直接化学发光剂	吖啶酯类	碱性条件下被 H_2O_2 氧化后直接发光	N-甲基吖啶酮	470 nm
	三联吡啶钌	在电极表面进行的氧化还原反应,电子供体是三丙胺	激发态三联吡啶钌	620 nm

(二) 化学发光免疫分析法的分类

化学发光免疫分析根据免疫反应模式可分为夹心法、竞争法及捕获法等;根据分离技术不同可分为磁微粒分离法和塑料孔板洗涤分离法;根据标记物及反应原理的不同,可分为直接化学发光免疫分析、化学发光酶免疫分析、电化学发光免疫分析等。下面以双抗体夹心法为例进行介绍。

1. 直接化学发光免疫分析 直接化学发光免疫分析(direct chemiluminescence immunoassay)采用直接化学发光剂吖啶酯标记抗体,与待测标本中相应的抗原发生免疫反应,形成"固相磁珠包被抗体-待测抗原-吖啶酯标记抗体"复合物,再用磁颗粒分离技术分离结合状态和游离状态的化学发光剂标志物,这时只需加入氧化剂(H_2O_2)和 pH 纠正液(NaOH),在碱性环境下,吖啶酯氧化直接发光,由光电探测器接收光信号,记录单位时间内所产生的光子数,这部分光的积分与待测抗原的量成正比,可以通过标准曲线计算出待测抗原的量。检测原理见图 7-6。

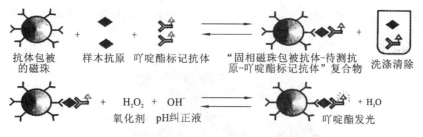

抗体包被的磁珠 + 样本抗原 + 吖啶酯标记抗体 ⇌ "固相磁珠包被抗体-待测抗原-吖啶酯标记抗体"复合物 + 洗涤清除

+ H_2O_2 + OH⁻ ⇌ 吖啶酯发光 + H_2O
氧化剂 pH纠正液

图 7-6 吖啶酯标记的化学发光免疫分析反应原理

2. 化学发光酶免疫分析 化学发光酶免疫分析(chemiluminescence enzyme immunoassay,CLEIA)是用参与催化某一化学发光反应的酶如辣根过氧化物酶(HRP)和碱性磷酸酶(ALP)来标记抗体或抗原,与待测标本中相应的抗原或抗体发生免疫反应后,形成"磁珠包被抗体-待测抗原-酶标记抗体"复合物,经过洗涤后,加入相应的发光底物鲁米诺或 AMPPD,在酶的催化作用下发光。由光电倍增管将光信号转变为电信号,经过信号整形、放大,传送至计算机数据处理系统,计算出待测样本中抗原的浓度。检测原理见图 7-7。

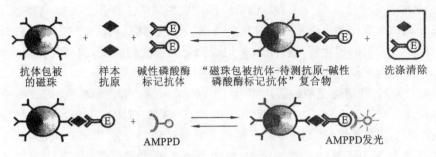

图 7-7　碱性磷酸酶标记的微粒子化学发光酶免疫分析反应原理

3. 电化学发光免疫分析　电化学发光免疫分析(electrochemiluminescence immunoassay,ECLIA)是以电化学发光剂三联吡啶钌标记抗体(抗原),以三丙胺(TPA)为电子供体,在电场中因电子转移而发生特异性化学发光反应,它包括电化学和化学发光两个过程。在电化学发光免疫分析系统中,磁性微粒为固相载体包被抗体(抗原),用三联吡啶钌标记抗体(抗原),在反应体系内待测标本与相应的抗体发生免疫反应,形成"磁性微粒包被抗体-待测抗原-三联吡啶钌标记抗体"复合物,此时将上述复合物吸入流动室,同时引入 TPA 缓冲液。当磁性微粒流经电极表面时,被安装在下面的电磁铁吸引住,而未经结合的标记抗体和标本被缓冲液冲走。与此同时电极加压,启动电化学发光反应,使三联吡啶钌和 TPA 在电极表面进行电子转移产生电化学发光。光信号由安装在流动室上方的光信号检测器检测,光的强度与待测样本中抗原的浓度成正比。检测原理见图 7-8。

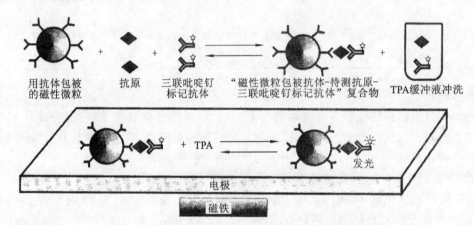

图 7-8　三联吡啶钌标记的电化学发光免疫分析反应原理

二、化学发光免疫分析仪的基本结构

各种类型的化学发光免疫分析仪基本结构主要包括:进样系统、反应分析系统、温育反应及固相载体分离清洗系统、信号检测及数据处理系统等(图 7-9)。

图 7-9　贝克曼库尔特 unicel dxl800 化学发光免疫分析仪

1. 进样系统　主要完成样本检测的前处理,包括条码扫描仪、样本盘(架)、试剂盘、传送装置、探针

（样本和试剂）、步进电机、机械臂、管路系统等。

2. 温育反应及固相载体分离清洗系统 包括反应杯装载组件、反应液混匀及温育温控装置、磁分离装置等，负责样本与试剂的混合、孵育、磁分离、洗涤等过程。

3. 信号检测及数据处理系统 几乎所有的化学发光免疫分析仪电信号的检测都采用光子计数法，由光源、光电倍增管、光电识别装置等组成。

三、化学发光免疫分析仪的特点

目前应用于临床检验的全自动发光免疫分析仪有很多种类，具有检测速度快、精度好、重复性高、系统稳定等优点。

1. 直接化学发光免疫分析 采用化学发光技术和磁性微粒子分离技术相结合，在反应体系中，固相载体用磁性颗粒，直径约 $1.0~\mu m$，极大增加了包被表面积，使反应速度加快且清洗分离趋于简单。该系统具操作简单灵活、结果准确可靠、自动化程度较高等特点。

2. 化学发光酶免疫分析 化学发光酶免疫分析仪是用参与催化某一化学发光反应的酶作为示踪物，以磁性微粒包被固相载体，酶催化底物发光进行测定的自动化仪器，这种化学发光分析仪发光稳定，持续时间较长，容易测定和控制。化学发光酶免疫分析属于酶免疫测定范畴，测定过程与 ELISA 相似，仅最后一步酶反应的底物改为发光剂和测定的仪器为光信号检测仪。

3. 电化学发光免疫分析 电化学发光免疫分析是一种在电极表面由电化学引发的特异性化学发光反应，具有以下优点：①所用标记物三联吡啶钌可与蛋白质、半抗原激素、核酸等各种化合物结合，因此检测项目广泛，且标记物在电场中可循环利用，使发光持续时间长、强度高，易于测定；②因磁性微粒包被采用"链霉亲和素-生物素"新型固相包被技术，使检测更灵敏、线性范围更宽、反应时间更短、试剂稳定性更好。

四、化学发光免疫分析仪的使用和维护

（一）化学发光免疫分析仪的使用

各类化学发光免疫分析仪的使用较为简单，其基本操作流程如表 7-4。

表 7-4 化学发光免疫分析仪操作流程图

操作步骤	操作方法
开机	打开仪器电源，等待仪器自检，按"START UP"键启动
参数设置	进入菜单，设定测量参数，放置检测试剂和消耗品
样品装载	将被测样品放入样品架，输入起始样品栏的位置和起始样品编号，选择样品的测试项目
样品测定	按已设定的参数和程序，按"Run"键仪器自动检测
结果查询传送	测定结束后，可以选择需要浏览的结果，打印报告
关机	取出试剂放入冰箱，清理废弃物，清洗探针后，关闭仪器

（二）化学发光免疫分析仪的维护

先进的设备需要正确的维护才能确保仪器的正常运转。全自动化学发光免疫分析仪的维护包括以下几方面。

1. 日维护 每日保养由选择运行一种清洁程序来完成，用来清洁样本、试剂和吸液探针。每天要保持仪器外壳及实验台的干净整洁，避免灰尘吸入仪器。在做好常规日常保养之前要检查系统温度状态、系统液路部分、系统耗材部分、废液瓶、打印纸等是否全部符合要求，之后再按保养程序进行管路清洗，各种试剂添加等。

2. 周维护 清洗探针，检查各感应点。每周保养后一定要做系统检测，确保系统检测数据在可控范围内。

3. 月维护 要保证系统能够持续正常地工作，应该在开始进行每日的工作安装前，执行月保养程序。

检查样本、冲洗等泵管连接状况，是否有管路纠结或松脱，以及在管路连接处是否存在结晶或腐蚀现象；检查吸液和加液探针是否结晶或腐蚀；检查各冲洗站是否有结晶残留物；检查废液抽屉有无出现渗漏；检查散装冲洗缓冲液容器外面是否存在液体，是否有液体溢出了一个或两个容器顶端，或者在冲洗缓冲液供应抽屉底部是否积有液体。

每月用专用小刷刷洗一次主探针、标本采样针、试剂针的内部，以除却污物，清刷后用生理盐水反复冲洗针内部，使污物全部冲干净，针外部可用酒精擦拭干净，同时按设定程序清洗各管路。

五、化学发光免疫分析仪的故障处理

1. 压力表指示为零 进行真空压力测试，能听到泵的声音，但压力表指示为零。处理方法是首先检查废液瓶所连接的真空管，是否因漏气或压力表损坏而引起，然后检查各管道的连接处有无漏气，再检测相关的电磁阀，对有问题的管道及电磁阀及时维修或更换。

2. 真空压力不足 进行真空压力测试，若测试结果正常，可知是因真空传感器检测不到真空压力引起。该机的压力测试由两只传感器分别检测高、低压力，对有问题的传感器进行调整或清洗，再次测试真空压力，压力正常后调节传感器螺丝，使高、低压力指示在规定范围内。

3. 发光体错误 检查发光体表面，若发现有液体渗出，再分三步进行检查：①检查废液探针、相关管路及清洗池是否有堵塞、漏液；②检查加样电磁阀、排液电磁阀是否有污物而引起进水或排水不畅；③检查与废液探针管相连接的碱泵清洗管路是否有漏气以及碱泵是否有裂缝。

4. 轨道错误 该故障因反应皿在轨道中错位而使轨道无法运行引起，因轨道很长，而且密闭不易拆，一般先检查与轨道相接的水平升降机，如果正常，再检查轨道，只要取出错位的反应皿，故障即可排除。

（袁海燕）

第四节 时间分辨荧光免疫分析仪

掌握：时间分辨荧光免疫分析技术的原理和特点及临床应用。

熟悉：时间分辨荧光免疫分析仪的基本结构。

了解：时间分辨荧光免疫分析仪的日常维护、保养。

随着生物标记技术的不断进步，免疫分析技术得到了长足的发展。近年来，时间分辨荧光免疫分析（time-resolved fluoroimmunoassay，TRFIA）作为一种新型的非放射性免疫标记技术，具有灵敏度高、线性范围宽、应用范围广等优点。其应用不再局限于临床诊断，已渗透到生物学研究的各个领域。

▌知识链接▐

1979 年，时间分辨荧光免疫分析的技术理论被提出，1989 年该技术获诺贝尔化学奖提名。20 世纪 90 年代以来，时间分辨荧光免疫分析具有灵敏度高、操作简便、标准曲线范围宽、不受样品自然荧光干扰、无放射性污染等特点，其方法学研究和临床应用的发展十分迅速，成为现代医学研究中最具发展前景的分析手段。目前，国外生产时间分辨荧光免疫分析仪的厂家主要有两家，一家是PerkinElmer 公司（美国），一家是 CyberFluor 公司（加拿大）。国内市场上占大多数市场份额的则主要是由三家公司生产：上海新波生物技术有限公司、广州达瑞抗体工程技术有限公司和广州丰华生物工程公司。

一、时间分辨荧光免疫分析技术的原理及特点

时间分辨荧光免疫分析技术是一种利用稀土离子及其螯合物作为示踪剂的非放射性标记免疫分析

技术。时间分辨荧光免疫分析仪的基本原理是用镧系三价稀土离子如铕(Eu^{3+})、钐(Sm^{3+})、镝(Dy^{3+})和铽(Tb^{3+})等及其螯合物作为示踪物标记抗原、抗体、核酸探针等物质。当免疫反应发生以后,将结合部分与游离部分分开,根据稀土离子螯合物的荧光光谱的特点,用时间分辨荧光免疫分析仪的门控技术,待背景荧光信号降低到零以后,再进行测定,以排除标本中非特异性荧光的干扰,此时所得信号完全是稀土元素螯合物发射的特异荧光,测定免疫反应最后产物的特异性荧光信号。根据荧光强度判断反应体系中分析物的浓度,达到定量分析的目的。

时间分辨荧光免疫分析技术可分为均相和非均相时间分辨荧光免疫分析技术两种类型:均相时间分辨荧光免疫分析技术在测量前不必将结合标记物与游离标记物进行分离,就可直接测量液相中的荧光强度。该法省去了洗涤、分离和加增强液等烦琐的步骤,具有快速、方便等优点,但不足之处是需要特殊螯合剂。非均相时间分辨荧光免疫分析技术在测量前需要将结合标记物与游离标记物进行分离,再进行液相中荧光强度的测量,具有灵敏度高、特异性强的优点。目前广泛应用于临床的主要是传统的非均相时间分辨免疫分析技术,非均相时间分辨荧光免疫分析技术又可分为解离增强测量法、固相荧光测量法、直接荧光测量法、协同荧光测量法等。

时间分辨荧光免疫分析技术有以下特点:①特异性强,标记物为具有独特荧光特性的稀土金属镧系元素,稀土离子的荧光激发光波长范围较宽,而发射光波长范围很窄,同时激发光和发射光之间有一个较大的 Stokes 位移,这十分有利于排除特异荧光的干扰,提高了荧光信号测量的特异性;②灵敏度高,稀土离子螯合物所产生的荧光不仅强度高,而且半衰期长,因此可延长测量时间,提高检测灵敏度,扩大检测范围;③标记物稳定,三价稀土离子可以与双功能螯合剂螯合,形成稳定的螯合物,从而使标准曲线稳定;④荧光信号强,荧光检测分析中加入一种酸性增强液,能使原来微弱的荧光信号增强 100 万倍甚至以上,从而使测量的线性范围更宽,重复性更好。

二、时间分辨荧光免疫分析仪的基本结构

时间分辨荧光免疫分析仪的主要结构分为两个部分,一是电控系统,二是光路系统(图 7-10)。

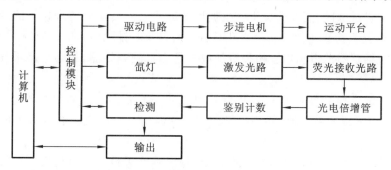

图 7-10 时间分辨荧光免疫分析仪结构示意图

三、时间分辨荧光免疫分析技术的临床应用

1. 蛋白质和多肽激素分析 一般多使用双位点法测定 HCG、胰岛素、C-反应蛋白、促黄体生成素、催乳素、铁蛋白、促甲状腺素等。

2. 肿瘤标志物分析 如 AFP、PSA、CEA、CA50、CA19-9、CA153、β_2 微球蛋白及甲状腺结合球蛋白等肿瘤标志物的分析。

3. 半抗原分析 用竞争结合荧光免疫分析法测定皮质醇、睾酮、甲状腺素、孕酮、雌酮、雌二醇、雌三醇等。

4. 病原体(抗原或抗体)分析 肝炎病毒表面抗原/抗体、免疫缺陷病毒抗体、腺病毒及轮状病毒、衣原体、梅毒螺旋体、乳头瘤病毒、呼吸道合胞病毒等的分析。

5. 核酸分析 应用于核酸分析主要有两个方面:一是应用镧系元素标记的 DNA 探针技术进行杂交分析;二是将镧系元素标记技术引入聚合酶链反应中,简单、快速地进行鉴定。

6. 测定自然杀伤细胞(NK 细胞)的活力 用 Eu^{3+}-DTPA(Eu^{3+}-二乙三胺五醋酸盐)标记肿瘤细胞,

作为 NK 细胞的靶细胞。当靶细胞受到 NK 细胞毒害时会释放 Eu^{3+}-DTPA 标记物。用时间分辨荧光免疫分析仪测量所释放的标记物的荧光,即可测量 NK 细胞的活力。

7. 干血斑样品分析 把有血样品的滤纸放入装有分析缓冲液的孔中,震荡使抗原溶于缓冲液中,用时间分辨荧光免疫分析仪进行检测。特别适用于新生儿和远离分析中心的患者。

四、时间分辨荧光免疫分析仪的操作流程

时间分辨荧光免疫分析仪的使用较为简单,不同的仪器操作方法略有不同,但都包括几个关键步骤。操作流程见表 7-5。

表 7-5 时间分辨荧光免疫分析仪操作流程

操作步骤	操作方法
开机	依次打开样品处理器电源、计算机电源等,运行系统软件
工作前准备	选择测量模式并设置系统参数,检测试剂耗材并按要求进行仪器的校准、定标和质控
样品装载	将处理好的样本放入样品架,创建工作表,编辑试管架图,选择相应的测定程序
样品测定	检查无误后,按"开始"键,仪器开始对样品测试,屏幕出现测量进程图,实时显示当前运行的状态及时间
结果查询传送	测定结束后,测试结果被保存在指定的位置,可以通过计算机屏幕浏览结果并发送报告,通过打印机打印报告
关机	处理废弃物,清洗管路,退出系统软件,关闭计算机及仪器电源

五、时间分辨荧光免疫分析仪的维护、保养

时间分辨荧光免疫分析仪所在的实验室需要适宜的温度、湿度、pH 等,仪器应安装在稳定、水平、远离干扰的试验台上,实验室内应注意清洁防尘。对仪器的维护工作主要有以下几个方面。

1. 每日维护 主要是测试、清洗洗板机。根据程序提示放入测试用的未包被的废板,待微孔板处理器加完洗液后,取出微孔板检查所加的各个微孔是否均匀。及时排除堵塞的加液针。

2. 每周维护 包括仪器消毒和检查增强液加液头是否有固态结晶,如有结晶,用蘸有增强液的棉签擦去。

3. 每月维护 ①清空样品处理器和微孔板处理器的洗液瓶。②清洁仪器外部灰尘。③用 70% ~ 80%的酒精擦净试剂传输器的传送轴,并用少量的润滑油润滑。④擦洗微孔板架上的反光镜,擦拭微孔板架。

4. 定期检定 每年至少应对仪器进行一次检定,每次维修后也应进行检定,仪器的检定一般应由生产厂家的专业工程师完成。

(王 婷)

本章小结

免疫学检验仪器是利用免疫学的检测原理和技术,对血液及其他体液中的相关物质进行检测。本章主要介绍临床常用酶免疫分析仪、免疫浊度分析仪、化学发光免疫分析仪及时间分辨荧光免疫分析仪的检测原理、基本结构、临床应用、操作方法、保养规则及常见故障的处理。

酶免疫分析仪是临床免疫学实验室最为基本的一个设备。其基本原理是光源通过滤光片处理后的单色光束进入待测标本,经待测标本选择性吸收后产生的强弱不同的光信号,由光电探测器转换成相应的电信号,电信号经处理计算后显示结果。通过酶免疫分析仪的测定,可以对酶免疫测定的结果定量化,使之更客观与准确。

免疫浊度分析技术是结合了免疫反应与比浊技术,实质上属于液相中的沉淀反应。目前应用于临床检测项目的免疫浊度分析仪,均以速率散射比浊法为主,是一种动力学测定方法,即一定时间内抗原抗体

结合的速率峰值的高低在抗体过量情况下与抗原的量成正比。各类浊度分析仪主要结构包括散射浊度仪、加液系统、试剂和样品转盘、卡片阅读器、软盘驱动器等。

化学发光免疫分析技术是新发展起来的新型标记免疫分析技术，以化学发光物质为示踪物，简便、快速、灵敏、特异、无放射性污染，在免疫学检验中应用日趋广泛。该技术的基本检测原理是免疫反应系统和化学发光系统相结合。基本仪器类型有直接化学发光免疫分析、化学发光酶免疫分析、电化学发光免疫分析等。在临床检验发展方向上化学发光免疫分析技术将是一种趋势。

时间分辨荧光免疫分析技术是一种利用稀土离子及其螯合物作为示踪剂的非放射性标记免疫分析技术，当免疫反应发生后，根据稀土离子螯合物的荧光光谱的特点，用时间分辨荧光分析仪延缓测量时间，所得信号完全是稀土元素螯合物发射的特异荧光。测定免疫反应最后产物的特异性荧光信号，判断反应体系中分析物的浓度，达到定量分析的目的。时间分辨荧光免疫分析仪的结构主要由电控系统和光路系统组成。

目前，自动化的免疫学检验仪器不断涌现，且为了适应不同的临床需求，已向大型化和微型化两个方向进行发展，智能化水平也在不断提高。通过计算机控制系统，可以自动完成取样、加试剂、混合、温育、分离、信号检测、数据处理、报告打印和检测后的清洗等全过程。

测试题

（一）选择题

1. 应用最广泛的均相酶免疫分析是（ ）。
   A. CEDIA   B. SPEIA   C. EMIT   D. ELISA   E. IFA

2. 酶免疫分析技术用于样品中抗原或抗体的定量测定是基于（ ）。
   A. 酶标记物参与免疫反应
   B. 固相化技术的应用，使结合和游离的酶标记物能有效分离
   C. 含酶标记物的免疫复合物中酶可催化底物显色，其颜色的深浅与待测物含量相关
   D. 酶催化免疫反应，复合物中酶的活性与样品测量值成正比
   E. 酶催化免疫反应，复合物中酶的活性与样品测量值成反比

3. 均相酶免疫分析法的测定对象主要是（ ）。
   A. 抗原或半抗原 B. 不完全抗体   C. 免疫复合物   D. 补体   E. 完全抗体

4. 微孔板固相酶免疫测定仪器（酶标仪）的固相支持是（ ）。
   A. 玻璃试管   B. 磁性小珠   C. 磁微粒   D. PVC 微孔板   E. 乳胶微粒

5. 下面有关酶标仪的性能指标评价的叙述中，正确的是（ ）。
   A. 灵敏度评价中，其吸光度应小于 0.01
   B. 滤光片的检测值与标定值之差越接近于零且峰值越大，则滤光片的质量越好
   C. 准确度的评价中，其吸光度应在 0.1 左右
   D. 线性测定中，利用单波长平行检测 8 次
   E. 通道差检测中，蒸馏水调零后，于 750 nm 处检测 3 次

6. 在酶免疫分析仪的精密度评价中，采用双波长做双份平行测定，每日测定 2 次，最少应连续测定的天数是（ ）。
   A. 5 天   B. 7 天   C. 12 天   D. 50 天   E. 20 天

7. 酶免疫分析仪的维护重点是（ ）。
   A. 打印机   B. 计算机   C. 传动装置
   D. 电倍增管   E. 光学部分，防止滤光片霉变

8. 散射光免疫浊度法的特异性好于透射光免疫浊度法，其原理是（ ）。
   A. 散射光免疫浊度法的入射光波长较短   B. 检测点接近光源
   C. 免疫复合物的体积大   D. 免疫复合物的折射率大

E. 避免了杂信号的影响

9. 测定半抗原或药物,常用(　　)。

A. 透射光免疫浊度法　　　　　　　B. 终点散射比浊法　　　　　　C. 速率散射比浊法

D. 速率抑制免疫比浊法　　　　　　E. 免疫胶乳浊度测定

10. 速率散射比浊法之所以能比传统的沉淀反应试验大大地缩短时间,主要是因为(　　)。

A. 在抗原抗体反应的第一阶段判定结果　　　　　　B. 不需复杂的仪器设备

C. 使用低浓度的琼脂或琼脂糖　　　　　　　　　　D. 反应的敏感度高

E. 速率散射比浊法反应速度快

11. 透射光免疫浊度法检测的原理是(　　)。

A. 测定光线通过反应混合液时,被其中免疫复合物反射的光的强度

B. 测定光线通过反应混合液时,被其中免疫复合物折射的光的强度

C. 测定光线通过反应混合液时,被其中免疫复合物吸收的光的强度

D. 测定光线通过反应混合液时,透过的光的强度

E. 测定光线通过反应混合液时,散射光的强度

12. 散射光免疫浊度法检测的原理是(　　)。

A. 测定光线通过反应混合液时,被其中免疫复合物反射的光的强度

B. 测定光线通过反应混合液时,被其中免疫复合物折射的光的强度

C. 测定光线通过反应混合液时,被其中免疫复合物吸收的光的强度

D. 测定光线通过反应混合液时,透过的光的强度

E. 测定光线通过反应混合液时,散射光的强度

13. 免疫浊度分析仪根据监测角度的不同分为（　　）。

A. 透射光和散射光免疫浊度法　　　　　　　　B. 散射光免疫浊度法

C. 透射光免疫浊度法　　　　　　　　　　　　D. 免疫胶乳浊度测定

E. 速率和终点散射比浊法

14. 影响免疫浊度分析的重要因素是(　　)。

A. 温育系统故障　　　　　　B. 伪浊度　　　　　　　C. 边缘效应

D. 携带污染　　　　　　　　E. 比色系统故障

15. 化学发光免疫检测的物质不包括(　　)。

A. 甲状腺激素　　　　　　B. 生殖激素　　　　　　C. 肿瘤标志物

D. 血清 IgG 含量　　　　　E. 血清总 IgE 含量

16. 电化学发光免疫分析中,电化学反应进行在(　　)。

A. 液相中　　　　B. 固相中　　　　C. 电极表面上　　　　D. 气相中　　　　E. 电磁铁表面

17. 关于电化学发光免疫分析,下列描述中错误的是(　　)。

A. 是一种在电极表面由电化学引发的特异性化学发光反应

B. 包括了电化学反应和光致发光两个过程

C. 化学发光剂主要是三联吡啶钌

D. 检测方法主要有双抗体夹心法、固相抗原竞争法等模式

E. 以磁性微珠作为分离载体

18. 需通过 ALP 催化才能产生发光效应的物质是(　　)。

A. 吖啶酯类　　　　B. 三丙胺　　　　C. 三联吡啶钌　　　　D. 鲁米诺类　　　　E. AMPPD

19. 电化学发光免疫分析的发光剂为(　　)。

A. 吖啶酯　　　　B. 罗丹明　　　　C. 三联吡啶钌　　　　D. 鲁米诺　　　　E. HPR

20. 主要用于测定各种激素、蛋白质、肿瘤标志物及病毒抗原的技术是(　　)。

A. 荧光偏振免疫测定　　　　　　　　　　　　B. 荧光免疫显微技术

C. 时间分辨荧光免疫分析　　　　　　　　　　D. 底物标记荧光免疫测定

E. 流式荧光免疫技术

21. 最适合于时间分辨荧光免疫分析的荧光物质是（　　）。

A. 异硫氰酸荧光素　　　　　　　　　　　　B. 四乙基罗丹明

C. 四甲基异硫氰酸罗丹明　　　　　　　　　D. 藻红蛋白

E. 镧系稀土元素

（二）名词解释

1. 免疫胶乳浊度测定　　2. 速率散射比浊法　　3. 时间分辨荧光免疫分析技术　　4. 均相时间分辨荧光免疫分析技术

（三）填空题

1. 酶标仪主要由_____、_____、_____、_____和_____组成。

2. 酶标仪双波长测定时常用的波长为_____和_____。

3. 酶标仪常用_____来表示吸光度。

4. 化学发光免疫分析仪基本结构主要包括_____、_____、_____、_____与_____。

5. 化学发光免疫分析仪的特点有_____、_____、_____、_____、_____与_____。

（四）简答题

1. 简述酶标仪的工作原理。

2. 酶标仪与普通光电比色计的区别在哪些方面？

3. 简述酶标仪的临床应用。

4. 简述免疫浊度分析仪的分类及其原理。

5. 如何进行免疫浊度分析仪的维护和保养？

6. 简述化学发光免疫分析仪的分类。

7. 化学发光剂及其相应的标记酶各是什么？

8. 简述时间分辨荧光免疫分析技术的工作原理。

9. 简述时间分辨荧光免疫分析技术的优点。

10. 简述时间分辨荧光免疫分析仪的临床应用。

（五）操作题

1. 利用酶标仪检测乙肝病毒酶联反应结果。

2. 利用免疫浊度分析仪检测类风湿因子。

3. 有条件的情况下按操作流程实际操作一次全自动化学发光免疫分析仪。

4. 实际操作一次时间分辨荧光免疫分析仪。

第八章　临床微生物检测仪器

本章介绍

　　微生物的鉴定是微生物分类的实验过程，长期以来，临床微生物实验室一直沿用100多年前由Gram、Pasteur、Koch、Petri等创造的传统的微生物学鉴定方法。这些传统的鉴定方法不仅过程烦琐，费时费力，且在方法学和结果的判定、解释等方面易发生因主观片面而引起的错误，难以进行质量控制。20世纪60年代以后，微生物学和工程技术的发展结合，对微生物的研究采用了物理、化学的分析方法，发明了很多自动化仪器，并根据细菌不同的生物学性状和代谢产物的差异，逐步发展了微量快速培养系统和微量生化反应系统，使原来缓慢、烦琐的手工操作变得快速、简单，并实现了自动化和机械化。

本章目标

　　通过本章的学习，掌握常用临床微生物检测仪器的工作原理、基本类型及主要结构，熟悉仪器的性能指标、常用仪器的基本操作方法，能够进行仪器的维护、保养和简单故障的排除。

第一节　培　养　箱

掌握：培养箱的工作原理与结构。

熟悉：培养箱的性能指标与操作。

了解：培养箱的维护与故障处理。

　　培养箱是现代大中型医院和科研单位日常工作和科学研究工作必不可少的重要设备，是一种能通过控制周围环境如温度、气体等条件，为细菌和细胞提供理想的生长环境，进行细菌、细胞和组织培养的必备仪器。常用培养箱有电热恒温培养箱、二氧化碳培养箱和厌氧培养箱。

一、电热恒温培养箱

　　电热恒温培养箱适合于普通的细菌培养和封闭式细胞培养，并常用于有关细胞培养的器材和试剂的预温及恒定。电热恒温培养箱根据加热方式可分为两种：水套式电热恒温培养箱以及气套式电热恒温培养箱。气套式电热恒温培养箱是通过遍布箱体气套层内的加热器直接对内箱体进行加热。水套式电热恒温培养箱具有一个独立的热水隔间（即水套），它的温度是通过电热丝给水套内的水加热，热水通过自然对流在箱体内循环流动，热量通过辐射传递到箱体内部，再通过箱内温度传感器来检测温度变化，控制电热丝加热与否，使箱内的温度恒定在设置温度。气套式与水套式相比，具有加热快、温度的恢复比水套式培养箱迅速的特点，特别有利于短期培养以及需要箱门频繁开关的培养。水套式的优点：水是一种很好的储热介质，当遇到断电的时候，水套式系统就能更长久保持培养箱内的温度准确度和稳定性（维持温度恒定的时间是气套式系统的4~5倍）。一般来说，水套式电热恒温培养箱现在应用得较多。

（一）电热恒温培养箱的结构

电热恒温培养箱的结构见图8-1。

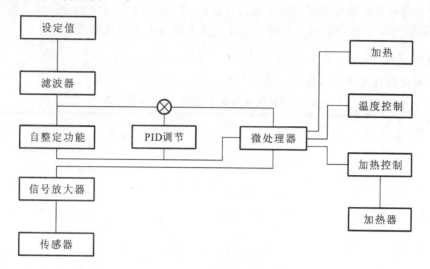

图 8-1　电热恒温培养箱结构图

水套式电热恒温培养箱为立式箱体,外壳由优质钢板制成,钢化玻璃内门既有利于观察箱内物品又有利于保温。由双层不锈钢亚弧焊接制成的工作室内一般放置2～3层不锈钢搁板用于承托培养物,工作室和钢化玻璃内门之间装有硅橡胶密封圈,培养箱的左、右和底部的工作室和外壳之间有可以加热的隔水套,为了保证箱内温度均匀,工作室顶装有一个小型风机,水套上部设有溢水口直通箱体底部,并有低水位报警功能。

气套式的加热组件环绕培养箱的所有外夹套,采用空气循环加热方式,加热均匀。箱体外壳和工作室外壁之间填充硬质聚氨酯隔热。

培养箱上部设置有微电脑智能控温仪、电源开关和电源指示灯,微电脑智能控温仪采用PID自整定技术,与传统PD控制相比具有控温迅速、精度高的特点,设定温度和箱内温度均有数字显示,具有上限跟踪报警功能。

（二）电热恒温培养箱的使用与注意事项

在使用过程中,要注意隔水层的加水和智能控温仪的温度设定。

1. 隔水层的加水　当第一次使用或培养箱发出低水位报警时,将水从箱体上侧的进水接口灌入,直至低水位报警消失。若溢水口有水溢出时,应把排水口打开放水,同时观察溢水口,如无水溢出时应立即关闭排水口。直至无报警、无溢水。

2. 温度设定　按控温仪的功能键"SET"进入温度设定状态,SV设定显示闪烁,再按移位键配合加键或减键,设定结束需按功能键"SET"确认。设定结束后培养箱进入升温状态,加热指示灯亮。当箱内温度接近设定温度时,加热指示灯反复多次忽亮忽熄,控制进入恒温状态。

3. 温度显示值　修正产品使用环境不理想,外界温度过低或过高,会引起温度显示值与箱内实际温度出现误差,如超出技术指标范围的,可以修正。一般无须修正。

4. 上限跟踪报警　设定大部分产品使用温度上限在出厂之前已设定高3℃,一般不需要进行设定。

5. 控温仪的PID自整定控制　如果对温精度和波动度有较高的要求,可采用PID自动整定控制。各种仪器的自整定控制的调节按其说明书进行。温控仪的其他各项参数不要再随便调整。

（三）电热恒温培养箱的维护、保养

（1）培养箱外壳必须有效接地,以保证使用安全。

（2）培养箱应放置在具有良好通风条件的室内,在其周围不可放置易燃易爆物品。

（3）箱内物品放置切勿过挤,必须留出空间。

（4）箱内外应每日保持清洁,每次使用完毕应当进行清洁。长期不用应盖好塑料防尘罩,放在干燥室内。

（5）设备管理员根据检定计划联系通过中国实验室国家认可委员会认可的计量单位进行检定，并保存计量证书。设备管理员定期对温度控制情况进行检查，详见《设备运行中检查操作规程》。

（6）检验员每次使用过程中至少进行两次温度检查和填写恒温培养箱温度记录。

（四）电热恒温培养箱的常见故障及排除方法

电热恒温培养箱的常见故障和排除方法如表 8-1。

表 8-1　电热恒温培养箱常见故障和排除方法

故 障 现 象	原 因	处 理
1.无电源	1.插头未插好 2.熔断器断路	1.插好插头或接好线 2.更换熔断器
2.箱内温度不升高	1.设定温度低 2.电加热器损坏 3.温控仪损坏	1.调整设定温度 2.更换电加热器 3.更换温控仪
3.设定温度与箱内温度误差大	1.温度传感器损坏 2.循环风机损坏 3.温度显示误差	1.更换传感器 2.更换风机 3.修正温度显示值
4.超温报警异常	1.设定温度低 2.控温仪损坏	1.调整设定温度 2.更换控温仪

二、二氧化碳培养箱

细胞进行体外培养时，由于细胞脱离了机体，因此，必须人为提供一个与机体相似的细胞生长环境，即充分的营养、适宜的 pH 环境、合适的生长温度和恰当的气体成分。而二氧化碳培养箱能为细胞的体外培养提供恒定的温度和气体成分。

（一）二氧化碳培养箱的工作原理

箱内温度通过温度传感器进行检测；箱体内的二氧化碳浓度通过二氧化碳浓度传感器来进行检测。箱内的温度和二氧化碳浓度高于或低于设置参数，其相应的传感器便将检测结果传递给控制电路及控制器件，达到稳定控制的目的。

（二）二氧化碳培养箱的结构

二氧化碳培养箱的基本结构一般由温度控制、气体控制、湿度控制、微处理控制、污染物控制及内门加热六大系统组成。

1. 温度控制系统　根据加热的介质不同，二氧化碳培养箱分为气套式二氧化碳培养箱和水套式二氧化碳培养箱，其加热方式与普通电热恒温培养箱相似。气套式二氧化碳培养箱是通过贴在内壁的电热丝直接加热，水套式二氧化碳培养箱则是通过对水套内的水层加热再使内部受热。前者加热比较迅速，可在短时间内使内部达到理想温度；后者则胜在稳定性，面对一些突发情况如断电等，能够在较长时间内保持内部的温度不会变化太大，维护了样品的稳定培养。如果实验环境不太稳定，并需要保持长时间稳定的培养条件，此时，水套式设计的二氧化碳培养箱就是最好的选择。

2. 气体控制系统　二氧化碳培养箱控制二氧化碳的浓度是通过二氧化碳浓度传感器来进行的。二氧化碳浓度可以通过红外（IR）传感器或热导（TC）传感器进行测量。两种传感器各有优缺点。

IR 传感器是通过一个光学传感器来检测二氧化碳水平的。IR 系统包括一个红外发射器和一个传感器，当箱体内的二氧化碳吸收了发射器发射的部分红外线之后，传感器就可以检测出红外线的减少量，而被吸收红外线的量正好对应于箱体内二氧化碳的水平，从而可以得出箱体内二氧化碳的浓度。由于 IR 系统是通过红外线减少来确定箱内二氧化碳浓度，而箱体内颗粒物能够反射或部分吸收红外线，使得 IR 系统对箱体内颗粒物的多少比较敏感，IR 传感器应用在进气口具有高效空气过滤器的培养箱较合适，又因为 IR 系统不会因温度和相对湿度的改变而受到影响，所以它比 TC 系统更精确，特别适用于需要频繁开启培养箱门的细胞培养。

TC 传感器监控二氧化碳浓度的工作原理是基于对内腔空气热导率的连续测量，输入二氧化碳气体的低热导率会使腔内空气的热导率发生变化，这样就会产生一个与二氧化碳浓度直接成正比的电信号。该控制系统的一个缺点就是箱内温度和相对湿度的改变会影响传感器的精确度。当箱门被频繁打开时，不仅二氧化碳浓度，温度和相对湿度也会发生很大的波动，因而影响了 TC 传感器的精度。当需要精确的培养条件和频繁开启培养箱门时，此控制系统就显得不太适用了。

3. 湿度控制系统　箱内湿度对于培养工作来说是一项非常重要而又经常被忽略的因素。维持饱和的湿度水平并且要有足够快的湿度恢复速度（如在开关门后）才能保证既不会由于过度干燥使培养基的水分蒸发而导致培养失败，又可以防止培养液中的二氧化碳逃逸，从而保持适宜的酸碱度。

目前大多数的二氧化碳培养箱是通过增湿盘的蒸发作用产生湿气的（其产生的相对湿度水平可达95％左右，但开门后湿度恢复速度很慢）。尽量选择湿度蒸发面积大的培养箱，因为湿度蒸发面积越大，越容易达到最大相对饱和湿度并且开关门后的湿度恢复的时间越短。

4. 微处理控制系统　不同的微处理系统虽然名字不相同，但是其原理与控制效果无甚区别。它是维持培养箱内温度、湿度和二氧化碳浓度稳定状态的操作系统。微处理控制系统通过高温自动调节和警报装置、二氧化碳警报装置、自动校准系统等的运用，使得二氧化碳培养箱的操作和控制都非常的简便。例如 PIC 微处理器控制系统，它能严格控制气体的浓度并将其损耗降至极低水平，以保证培养环境恒定不变，且能保证长期培养过程中箱内温度精准。

5. 污染物控制系统　普通二氧化碳培养箱均采用在线式持续灭菌，灭菌装置主要为紫外线消毒器和高效空气（HEPA）过滤器，培养箱内的空气经过 HEPA 过滤器过滤，可除去 99.97％的 0.3 μm 以上的颗粒，并能有效杀死过滤时被挡在滤器内的微生物颗粒；高温灭菌培养箱在在线式持续灭菌装置的基础上，增加了高温灭菌系统，能使箱内温度达到 180 ℃，从而杀死污染微生物，甚至芽孢等耐高温微生物，它与HEPA 过滤器系统结合使用能够减少污染。

6. 内门加热系统　大部分的细胞培养箱还具备内门辅助加热系统，它通过加热内门，有效防止内门形成冷凝水，以保持培养箱内的湿度和温度，降低污染。

此外，有些二氧化碳培养箱还具有许多特别的功能，如风扇管理系统实现了风量的智能化调节；单通道循环系统确保培养箱内部温度的均一性，同时也降低了污染。

（三）二氧化碳培养箱的使用注意事项

（1）二氧化碳培养箱未注水前不能打开电源开关，否则会损坏加热元件。

（2）培养箱运行数月后，水箱内的水因挥发可能减少，当低水位指示灯亮时应补充加水。先打开溢水管，用漏斗接橡胶管从注水孔补充加水使低水位指示灯熄灭，再计量补充加水，然后堵塞溢水孔。

（3）二氧化碳培养箱可以作为高精度恒温培养箱使用，这时须关闭二氧化碳控制系统。

（4）因为二氧化碳传感器是在饱和湿度下校正的，因此加湿盘必须时刻装有灭菌水。

（5）当显示温度超过设定温度 1 ℃时，超温报警指示灯亮，并发出尖锐报警声，这时应关闭电源 30 min；若再打开电源（温控）开关仍然超温，则应关闭电源并报维修人员。

（6）钢瓶压力低于 0.2 MPa 时应更换钢瓶。

（7）尽量减少打开玻璃门的时间。

（8）如果二氧化碳培养箱长时间不用，关闭前必须清除工作室内水分，打开玻璃门通风 24 h 后再关闭。

（9）清洁二氧化碳培养箱工作室时，不要碰撞传感器和搅拌电机风轮等部件。

（10）拆装工作室内支架护罩，必须使用随机专用扳手，不得过度用力。

（11）搬运培养箱前必须排除箱体内的水。排水时，将橡胶管紧套在出水孔上，使管口低于仪器，轻轻吸一口，放下水管，水即虹吸流出。

（12）搬运二氧化碳培养箱前应拿出工作室内的搁板和加湿盘，防止碰撞损坏玻璃门。

(13) 搬运培养箱时不能倒置，同时一定不要抬箱门，以免门变形。

（四）二氧化碳培养箱的常见故障和排除方法

二氧化碳培养箱常见故障和排除方法如表 8-2。

表 8-2　二氧化碳培养箱常见故障和排除方法

故障现象	原　因	处　理
1.无电源	1.插头未插好 2.熔断器断路	1.插好插头或接好线 2.更换熔断器
2.箱内温度不升高或温度失控	1.设定温度低于环境温度 2.电加热器损坏 3.温控仪损坏 4.温度传感器连接线松动 5.输出固态继电器损坏	1.调整设定温度 2.更换电加热器 3.更换温控仪 4.拧紧传感器连接线螺钉 5.更换固态继电器
3.设定温度与箱内温度误差大	1.温度传感器损坏 2.循环风机损坏 3.温控仪损坏 4.温度显示误差	1.更换温度传感器 2.更换风机 3.更换温控仪 4.修正温度显示值
4.二氧化碳流量不准	1.钢瓶压力下降 2.气泵进气量过大或过小	1.调节减压阀输出压力为 0.05 MPa 2.调节针形阀使流量准确
5.空气流量不准	电源电压波动大	调节针形阀使流量准确
6.超温报警异常	1.设定温度低 2.控温仪损坏	1.调整设定温度 2.更换控温仪

三、厌氧培养箱

厌氧培养箱是用于检测厌氧菌感染的一种仪器，厌氧菌感染（除梭状芽孢杆菌属的细菌外）多是内源性感染，由寄居在人体的体表皮肤黏膜及与外界相通腔道中正常菌群的无芽孢厌氧菌在菌群失调时致病，可引起多种类型的感染，如菌血症，败血症和中枢神经系统、口腔、呼吸道、腹部、泌尿生殖系统等多部位的感染。这类细菌因常规细菌培养检查为阴性，必须用特殊的厌氧培养方法才能分离培养，因而厌氧培养装置的改进和发展与厌氧菌分离阳性率有着密切关系。

厌氧培养箱用于临床样品中厌氧性细菌的分离培养，因此要求培养过程中完全无氧。厌氧培养过程包括样品的采集、运送、接种和培养 4 个环节。在临床样品采集、运送及样品接种过程中最低限度地接触空气，使用新鲜预还原培养基以及培养装置内可靠的厌氧状态是分离培养的基本保障。

厌氧菌最佳气体生长条件是 85％氮气、5％二氧化碳、10％氢气，培养厌氧菌必须在降低氧化还原电势的无氧环境中。常用的厌氧培养方法有厌氧罐法、气袋法、厌氧培养箱法等。前两种方法不需要特殊设备，适用于小型实验室。厌氧培养箱亦称厌氧培养系统，是目前国际上公认的厌氧菌培养的最佳设备。

（一）厌氧培养箱的工作原理

厌氧培养箱产生厌氧环境的关键技术是通过自动连续循环换气系统和催化除氧系统保持箱内厌氧环境。

1. 自动连续循环换气系统　自动连续循环换气系统可以最大限度地减少氧气含量。培养箱与真空泵相连，通过自动化装置进行自动抽气、换气，使箱内产生厌氧状态。

2. 催化除氧系统　箱内采用钯催化剂，可以催化混合气体内的微量氧气与氢气反应，生成水后再由干燥剂吸收，从而除去培养系统的氧气。

（二）厌氧培养箱的基本结构

厌氧培养箱为密闭的大型金属箱，有手套操作箱和传递两部分，操作箱面板上有两个橡皮圈固定乳胶手套,操作者通过密封的乳胶手套进行操作。箱内有一小型恒温培养箱,细菌接种完毕不接触空气,直接放入箱中进行培养。

1. **缓冲室** 缓冲室是一个传递舱,有内外两个门。在其后部与一个间歇真空泵相连。缓冲室随时可自动抽气换气造成无氧环境。在实际工作中,先将标本、培养基等放进缓冲室内,使它们变为厌氧状态后再移入操作室。

2. **自动连续循环换气系统** 培养箱与真空泵相连,自动换气系统由按钮控制,通过自动化装置自动抽气、换气、平衡气压,使箱内形成厌氧状态。当所有要转移的物品被放入缓冲室后,关闭外门,按下"CYCLE START"键可自动去除缓冲室内的氧气。自动连续循环换气系统可以最大限度地减少氧气含量。常用厌氧手套培养箱气路如图 8-2。

3. **催化除氧系统** 箱内采用钯催化剂,可以催化混合气体内的微量氧气与氢气反应,生成水后再由干燥剂吸收。催化剂片和干燥剂片分别密封于筛网中组成三层催化剂片(第一层含有活性炭过滤器,能吸附 H_2S;第二层是钯催化剂片,可催化微量氧气与氢气反应;第三层是干燥剂片,作用是吸水)。三层催化剂片插入系统,风扇使箱体内气体得到连续循环。

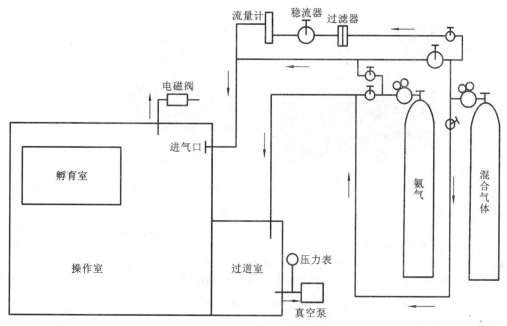

图 8-2 厌氧手套培养箱结构示意图

4. **手套操作箱** 手套操作箱前面装有塑料手套,操作者双手经手套深入箱内操作,使操作箱与外界隔绝。操作箱内侧门与缓冲室相通,由操作者用塑料手套控制开启。当标本、培养基等在缓冲室内变为厌氧状态时,便可打开内门将它们移入工作室。

5. **小型细胞培养室** 小型细胞培养室的操作温度通常固定在 35 ℃,亦可以改变,变化范围是 4~70 ℃,控制精度为±0.3 ℃。所有要转移的物品被放入缓冲室后,关闭外门,按下"CYCLE START"钮即可进行自动去除缓冲室中的氧气。经循环换气的三个气体排空阶段和两个氮气净化阶段,使缓冲室气体达 98％的无氧状态,再经缓冲室气压平衡、操作箱与缓冲室平衡,厌氧状态灯显示为"ON",此时可将内门打开,催化剂将除去余下的少量氧气。操作者经手套伸入箱内进行标本接种、培养和鉴定等全部工作。

(三)厌氧培养箱的维护和保养

三层催化剂片中,第一层活性炭使用寿命为 3 个月,不可重复使用。钯催化剂片使用寿命为 2 年,每个星期需再生一次(方法是将其置于 160 ℃标准反应炉中烘烤 2 h)。第三层干燥剂片使用寿命为 2 年,每星期需再生两次(将其置于 160 ℃标准反应炉中烘烤 2 h)。日常使用经常注意气路有漏气现象,调换气瓶时,注意要扎紧气管,避免流入氧气。

第二节 自动血培养系统

掌握:自动血培养系统的工作原理与结构。

熟悉:自动血培养系统的性能指标。

了解:自动血培养系统常见的故障处理方法。

自 BD 公司 1975 年研制生产出全球第一台自动血培养系统 BACTECTM 110 以来,随着微生物学的发展和物理、化学、微电子学、计算机学等先进技术向微生物学的渗透,自动血培养系统发展到今天,除了对血液标本进行有无病原微生物的检验外还可用于其他无菌部位标本如脑脊液、关节腔液、腹腔积液、胸腔积液等体液病原微生物的检测。在微生物鉴定过程中,不仅缩短了病原微生物的鉴定时间,还大大地提高了血培养的阳性率。本节主要介绍目前临床广泛使用的第三代血培养系统,即连续监测血培养系统(continuous-monitoring blood culture system,CMBCS)(图 8-3)。

(a)BacT/Alert自动血培养系统　　(b)Bactec9050自动血培养系统

图 8-3　自动血培养系统

一、自动血培养系统的工作原理

自动血培养系统的工作原理主要是通过自动监测培养基(液)中的混浊度、pH、代谢终产物 CO_2 的浓度、荧光标记底物或其他代谢产物的变化,定性地检测微生物的存在。目前已有多种类型自动血培养系统应用于临床微生物实验室,其检测原理主要有以下 3 点。

1. 应用光电比色原理监测的自动血培养系统　该系统是目前国内外应用最广泛的自动血培养系统。其基本原理是各种微生物在代谢过程中必然会产生终末代谢产物 CO_2,导致培养基的 pH、氧化还原电势或荧光物质的改变,利用光电比色检测血培养瓶中这些代谢产物量的变化,判断培养瓶内有无微生物生长。根据检测手段的不同,有 BacT/Alert 系统、Bactec9000 系列、BioArgos 系统和 Vital 系统。其中临床上以 BacT/Alert 系统和 Bactec9000 系列最为常见。

(1) BacT/Alert 系统:系统在将有含水指示剂的 CO_2 感受器装在每个培养瓶底部,感受器与瓶内液体培养基之间有一层只允许 CO_2 通过的离子排斥膜,培养基中的其他物质都不能通过该膜。当有微生物在培养瓶内生长时,释放出的 CO_2 可通过离子排斥膜与感受器上的饱和水发生化学反应,释放氢离子使 pH 下降,使指示剂的颜色会由绿变黄(图 8-4)。感受器上方的光发射二极管每 10 min 发一次光投射到感受器上,再由光电探测器测量其产生的反射光强度。产生的 CO_2 越多,反射光强度就越强。这是一个连续检测的过程,光信号传送至计算机后,会自动连续记忆并绘成生长曲线图,由计算机分析判断阳性或阴性,以此确定是否有微生物生长(图 8-5)。

(2) Bactec9000 系列:是 Bactec 系统的最新产品,根据检测标本的数量不同分为 9050、9120 和 9240 三种型号。该系统利用荧光法作为检测手段。其 CO_2 感受器上含有荧光物质。当培养瓶中有微生物生长时,释放 CO_2 形成的酸性环境促使感受器释放出荧光物质。荧光物质在发光二极管发射的光激发下产生荧光,光电比色检测仪直接对荧光强度进行检测。计算机可根据荧光强度的变化分析细菌的生长情况,判断阳性或阴性(图 8-6)。

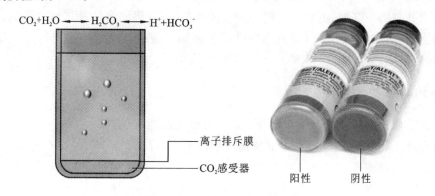

图 8-4 BacT/Alert 系统培养瓶

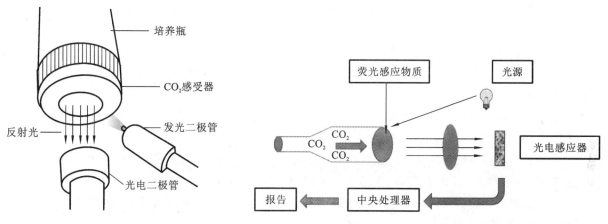

图 8-5 BacT/Alert 系统检测原理示意图　　　　图 8-6 Bactec 系统检测原理示意图

2. 检测培养基导电性和电压的自动血培养系统　该系统是由于培养基中有不同的电解质而使培养基具有一定的导电性能。微生物在代谢过程中会产生质子、电子、各种带电荷的原子团(如在液体培养基中 CO_2 变成 HCO_3^-),使培养基的导电性和电压发生改变,通过电极检测培养基的导电性和电压变化来判断培养基内有无微生物的生长。

3. 应用测压原理的自动血培养系统　微生物生长过程中,常伴有产生或消耗气体的现象,如 O_2、CO_2、H_2、N_2 等,导致培养瓶内压力改变,系统可通过检测培养瓶内压力的变化来判断瓶内是否有微生物生长。

二、自动血培养系统的基本结构

通常自动血培养系统主要由培养瓶、培养仪和数据管理系统三部分组成。

1. 培养瓶　一次性无菌培养瓶,瓶内为负压。针对微生物对营养和气体环境的要求不同、受检者的年龄和体质不同及培养前是否使用抗菌药物等要素,不仅提供不同细菌繁殖所需的增菌液体培养基,还提供适宜的气体成分。有需氧培养瓶、厌氧培养瓶、小儿专用培养瓶、分枝杆菌培养瓶、高渗培养瓶、中和抗生素培养瓶等,根据临床不同需要灵活选用,极大地提高了标本的阳性检出率。培养瓶上一般贴有条形码,用条形码扫描器扫描后就能将该培养瓶信息输入到微机内。

2. 培养仪　一般分为恒温孵育系统和检测系统两部分。

(1)恒温孵育系统:设有恒温装置和震荡培养装置。培养瓶的支架根据容量不同可放置不同数量的标本,常见的有 50 瓶、120 瓶、240 瓶等。培养瓶放入仪器后,仪器对标本进行恒温培养并可连续监测每个培养瓶的状态。

(2)检测系统:不同半自动和全自动血培养系统根据其各自检测的原理设有相应的检测系统。检测系统有的设在每个培养瓶支架的底部,有的设在每个培养瓶支架的侧面,有的仅有一个检测器,自动传送系统按顺序将每个培养瓶送到检测器所在的位置进行检测分析。

3. 数据管理系统 血培养检测系统均配有计算机,提供了必要的数据管理功能。数据管理系统是血培养检测系统不可分割的一部分,主要由主机、监视器、键盘、条形码阅读器及打印机等组成,主要功能是收集并分析来自血培养仪的数据,判读并发出阴性或阳性结果报告。通过条形码识别样品编号、记录和打印检测结果,进行数据的存储和分析等。

三、自动血培养系统的性能

目前临床上广泛使用的第三代自动血培养系统具有以下性能特点。

(1) 培养瓶采用真空负压采血技术,不需使用注射器采血,降低了成本,并减少标本污染机会。除此以外,培养基营养丰富,检测范围广泛。针对不同微生物对营养和气体的特殊要求、患者的年龄和体质差异及培养前是否使用抗生素三大要素,不仅提供细菌繁殖所必需的营养成分,而且瓶内空间还充有合理的混合气体,无须外界气体。最大限度检出所有阳性标本,防止假阴性结果。

(2) 以连续恒温震荡方式培养,使细菌易于生长。平均阳性标本检出时间为 9.65 h,最快阳性报告时间为 30 min,培养 20 h 阳性标本检出率为 88.9%,培养 48 h 阳性标本检出率为 95%。

(3) 采用封闭式非侵入性的瓶外检测方式,避免标本之间的交叉污染。

(4) 自动连续检测,缩短了检测出细菌生长的时间,85% 以上的阳性标本均能在 48 h 内被检出,保证了阳性标本检测的快速、准确。

(5) 培养瓶多采用双条形码技术,查询患者结果时,只需用计算机上的条形码阅读器扫描报告单上的条形码,就可直接查询到患者的结果及生长曲线。

(6) 通常血液培养仪不仅可进行血液标本的检测,也可以用于临床上所有无菌体液的细菌培养检测,如胸腔积液、腹腔积液、脑脊液、骨髓、关节腔液、腹透液、膀胱穿刺液、心包积液等。

(7) 数据处理功能强大,数据管理系统随时监视感应器的读数,依据读数判定标本的阳性或阴性,并可进行流行病学的统计与分析。

四、自动血培养系统的常见故障处理

仪器使用过程中,不可避免的会出现各种各样的问题,当仪器提示存在错误或警告信息时,操作者应立即对不同情况予以处理。

(1) 温度异常(过高或过低):多数情况下是由于仪器门打开的次数太多或打开时间过长引起的。需要注意尽量减少仪器门开关次数,并确保培养过程中仪器门是紧闭的。通常仪器门要关闭 30 min 后才能保持温度稳定。自动血培养系统对培养温度要求比较严格,必须在 35~37 ℃范围内,为维持适宜的培养温度,应经常进行温度核实与校正。

(2) 瓶孔被污染:如果培养瓶破裂或培养液外漏,需按要求及时进行清洁和消毒处理。

(3) 数据管理系统与培养仪失去信息联系或不工作:此类故障只在计算机与培养仪相对独立的系统(如 BacT/Alert 系统)中出现。此时自动血培养系统仍可监测标本,但只能保留最后 72 h 的数据,检测时也只能打印阳性或阴性标本的位置。此时放置培养瓶时,必须注意要先扫描条形码,再把培养瓶放入启用的瓶孔内,患者、检验号、培养瓶的信息要等到计算机系统工作之后才能输入。

(4) 仪器对测试中的培养瓶出现异常反应:有的仪器在运行时,其测定系统认为某一瓶孔目前是空的,实际上孔内有一个待测的培养瓶,此时应通过打印或"Problem Log"命令读出存在问题的瓶孔号,重新扫描后再置入。

第三节 全自动细菌分离培养系统

掌握:全自动细菌分离培养系统的工作原理与结构。

熟悉:全自动细菌分离培养系统的性能指标及使用注意事项。

在细菌检测工作中,对粪便、尿液、痰液及拭子样本中的致病细菌进行分离培养是极其普遍的。而这些样本往往具有一定的潜在传染性,要对其进行细致而认真的处理才能达到良好的目的,因此对从事该专业的技术人员来讲一直是一个棘手的问题。

使用全自动细菌分离培养系统(图 8-7)对尿液、粪便、痰液及拭子标本进行分离培养,可以全面提高微生物实验室细菌培养质量,其优点如下:对操作人员有一个良好的安全防护;随机处理送检标本,随到随做,及时而方便;标准化操作,不因人为因素影响培养结果;高质量的培养基和科学的操作程序使培养质量大大提高。

图 8-7 全自动细菌分离培养系统

一、全自动细菌分离培养系统的工作原理

用采集管采集样本后,将其置于培养装置的特定位置。然后将其放置于仪器样本盘上的样本位。开始运行后,仪器会自动阅读培养装置上的条形码,识别出插入的培养装置的类别,不同类型的样本有不同的前处理时间和画线方式。不需要进行特殊前处理的样本(如尿液样本),则直接移送至破损位置。需要进行增菌的样本(如粪便和拭子样本等)则进入增菌阶段,此时采集管内的磁性搅拌块按照一定规律上下运动,样本与增菌液充分混合,以达到理想的增菌效果;需要进行均质化的样本(如痰液)则进入均质化阶段,磁性搅拌块的规律运动使样本与消化液充分接触,使样本充分均质化。前处理结束后培养装置将被移送至破损位置,仪器机械手通过对采集管顶部施压,采集管底部被刺破,样本通过特定通道流入培养板底端的样本池,样本池中的接种环会自动接触样本。然后仪器机械手将自动抓取接种器手柄,按事先设定好的程序驱动标准接种环将样本画线接种于两侧的培养板上。进入培养阶段,仪器会提供适宜的温度和气体环境,经过一段时间的培养后(仪器自动记录开始培养时间与培养结束时间,培养时间到后仪器会自动提醒操作人员),从样本盘上取出培养装置,观察培养板上细菌的生长情况与生长量,并根据菌落的形态及颜色,结合选择性培养基的类别,对细菌的种类做出初步判定,或挑取单个菌落以做进一步的细菌检测(图 8-8)。

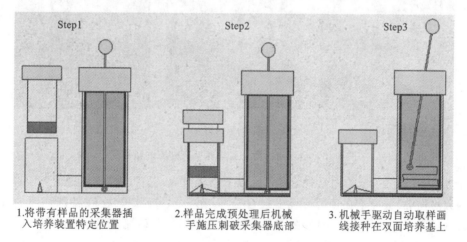

1.将带有样品的采集器插入培养装置特定位置　2.样品完成预处理后机械手施压刺破采集器底部　3.机械手驱动自动取样画线接种在双面培养基上

图 8-8 全自动细菌分离培养系统原理示意图

二、全自动细菌分离培养系统的结构

该系统由以下三个部分组成。

1. 样本采集管　用于采集粪便、尿液、拭子(鼻咽/阴道/直肠分泌物等)、痰液等生物标本,粪便采集管、拭子采集管内还有不同类别的增菌液,内有磁性搅拌块用于混合样本与增菌液,使样本与增菌液充分接触,以达到理想的增菌效果;痰液采集管内有一定量的消化液,用于对痰液标本进行均质化(图 8-9)。

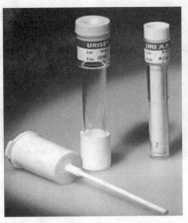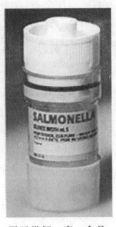

用于尿液、各种体液及环卫采样品等   用于粪便、痰、食品、   用于鼻咽、直肠、阴
液态样本   排泄物等固态样本   道等部位拭子样本

图 8-9 全自动细菌分离培养系统样本采集管

2. 分离培养装置 为样本提供分离培养用的培养基,将样本按照一定方式接种于此培养基上,这些培养基固定于培养装置内的一块长方形的培养板上,培养板的两侧灌装有不同种类的培养基以利于细菌生长。培养装置上有一个放置样本采集管的位置,与采集管接触的部位有若干个突出的尖头钉,用于刺破样本管的底部,使样本流出,经过特定通道进入培养板底端的样本池,样本池中有两个接种环,用于画线接种。接种环经一连杆与接种手柄相连,此手柄由仪器机械手控制,用于自动画线接种(图 8-10)。

用于尿液、各种体液及环卫   用于粪便、痰、环卫采样品、   用于鼻咽、直肠、阴道等
采样品等液态样本   食品、排泄物等固态样本   部位拭子样本

图 8-10 全自动细菌分离培养系统分离培养装置

3. 自动化分离培养仪 自动化分离培养仪由以下模块组成:①普通模块:尿液、粪便、痰液及拭子(鼻咽/阴道/直肠分泌物等)等样本在普通环境中进行分离培养。②特殊模块:在特殊环境中进行细菌分离培养(普通型无此模块)。③供气模块:装配有氮气发生器及二氧化碳瓶(普通型无气体供应装置)。④操作系统:由计算机与整个系统相连,可同时管理四个培养模块。

三、全自动细菌分离培养系统的性能

(1) 实现对所有非血类样本进行自动画线接种、分离培养。可以处理多范围的生理学和生物样本,包括尿、粪、痰、拭子(鼻咽/阴道/直肠分泌物等)、体液(胸腔积液/腹腔积液/心包液/脑脊液等所有体液)以及食品、环卫采样品。

(2) 实现自动化、规范化、标准化细菌分离培养,提高阳性率,保障生物安全。

①自动化:自动化预处理,增菌/均质化→取样→画线→接种→分离→培养全过程实现自动化。

②规范化:增菌/均质化→取样→画线→接种→分离→培养全过程计算机控制规范化。

③标准化:全过程在计算机监控下由机械手按程序操作,不受人为、环境影响。

④提高阳性率:使用磁性搅拌混合,达到高效增菌/均质化目的;机械手自动化操作,克服了人为因素的影响,在全密闭的仪器中由机械手操作,排除了环境因素的影响;仪器提供细菌生长的最佳温度、湿度、气体浓度环境。

⑤确保生物安全:全过程在密闭的仪器内由机械手自动操作,取代人工,不污染空间/空气;无须在空气中暴露和与检验人员直接接触。

(3) 全面优异的性能:条形码扫描自动识别样本类别及操作模式。

①自动化预处理:对不同种类标本设定不同混动时间,使样本与采集管中的增菌液/消化液充分混合(产生磁性混动搅拌),达到高效增菌/均质化,提高培养阳性率。

②机械手自动操作模式:对样本采集管顶部施压→底部破损→样本流入样本池,机械手驱动接种环,按样本类别设定不同画线程序将样本接种于双面培养板的培养基上,获得最佳接种分离培养效果。

③提供最佳孵育温度、湿度、气体等培养环境以及相关程序设定,显示不同阶段状态,自动计时提醒,16~24 h获得培养结果,观察菌落形态及颜色,初步判断细菌的种类,或取菌落做进一步细菌检测。

④内置加热系统,能迅速达到细菌孵育所需温度35~45 ℃,自动调节气体浓度(氧、氮、二氧化碳),提供最佳培养环境,自动监控、自动调节、自动记录长达50 h。

⑤全过程计算机监控,提示培养状态与时间,有记忆功能,遇断电等特殊情况时能记忆之前的样本状态。

(4) 配套消耗品:

①分离培养装置:以专用采集管、双面培养板、接种环为整套设计。

②双面培养板含两种选择的双面培养基,可根据需要组合双面培养基(如:血平板与巧克力平板相组合的双面培养板,或麦康凯与中国蓝相组合的双面培养板)。

四、全自动细菌分离培养系统的使用方法

(一) 液态样本分离培养操作——用于尿液、各种体液及环卫采样品等液态样本

用采集管采集液态样本后,将其置于培养装置的特定位置。如有必要进行残留抗生素测试,可将装有活菌(冻结储存)与生长指示剂的抗生素测试管置于培养装置的指定位置,然后将其放置于仪器样本槽上的样本位(如果进行厌氧菌的分离培养,即放入特殊模块中)。仪器开始运行后,会自动阅读培养装置上的条形码,识别出所插入培养装置的信息,然后将该培养装置移送至破损位置。通过对采集管顶部进行机械施压,仪器将液体收集管的底部压破,液态样本通过特定通道流入培养板底端的样本池,样本池中的接种环会自动接触样本。然后仪器机械手将自动抓取接种器手柄,按事先设定好的程序驱动标准接种环将样本画线接种于两侧的培养板上。系统经过一段时间的分离培养后(仪器自动记录开始培养时间与结束时间,培养结束仪器会自动报警提醒操作人员),即可从仪器样本槽上取出分离培养装置,直接观察培养板上细菌的生长情况与生长量,并根据菌落的形态及颜色,结合选择性培养基的类别,即可对细菌的种类做出初步判定,或挑取单个菌落以做进一步的细菌检测。

(二) 固态样本分离培养操作——用于粪、痰、环卫采样品、食品、排泄物等固态样本

用样本采集器采集固态样本。采集管中含有营养肉汤(痰液样本含有消化液)。将采集管置放于培养装置的特定位置。然后将其整体放入仪器(如果进行厌氧菌分离培养,即放入特殊模块中)。开始运行后仪器会通过条形码阅读器识别出培养装置,进行一定时间(可通过操作系统进行自行设定)的增菌培养(对痰液标本会进行均质化),此时采集管内的磁块会在仪器内的磁场中按一定方式运动,使标本充分地与营养物质(或消化液)混合,以达到良好的增菌/均质化目的。增菌/均质化结束,样本被自动移送至仪器的破损位置,仪器机械手对采集管顶部施压,致使采集管底部破损,样本通过特殊通道流入培养装置下端的样本池,该样本池中的两个标准接种环接触样本,进而仪器通过机械手控制接种器手柄,将样本画线接种于两侧的培养基上。经过一段时间培养后(仪器自动记录开始培养时间与结束时间),培养结束仪器

会自动报警提醒操作人员),即可从仪器中取出分离培养装置,直接观察培养板上细菌的生长情况与生长量。并根据菌落的形态及颜色,结合选择性培养基的类别,即可对细菌的种类做出初步判定。或挑取单个菌落以做进一步的细菌检测。

（三）分泌物（拭子）样本分离培养操作——用于鼻咽、直肠、阴道等部位拭子样本

用样本采集器在预先选定的解剖部位(鼻咽、直肠、阴道等或其他部位)采集样本。采集器的上端有一盖子(与一棉签相连),手持此盖子将棉签取出,采集样本并放置于拭子套中,即样本采集完成。将采集了样本的采集器的拭子端插入打开了盖子的采集管内,并在标记处折弯,使带有标本的拭子头折断掉入采集管内。至此,采集的拭子样本便处于液体基质中,此液体基质也可起到传递基质及增菌的作用。然后将此采集管放置于培养装置的特定位置,一同放入仪器样本槽。仪器条形码阅读器通过阅读培养装置上的条形码,识别出此标本为拭子标本,即按设定好的时间对拭子进行增菌培养,此阶段采集管内的磁性搅拌块会对液体基质不停地进行搅拌,使拭子上的样本与液体基质充分混合,以达到良好的增菌效果。增菌阶段结束后,仪器会自动将培养装置移送至破损位置,仪器机械手对采集管顶部进行施压,采集管底部破损,使样本流入培养装置底端的样本池,其中的接种环接触样本,仪器机械手通过控制接种器手柄,进行自动画线接种,分离培养。经过一段时间培养后(仪器自动记录开始培养时间与结束时间,培养结束仪器会自动报警提醒操作人员),即可从仪器中取出分离培养装置,直接观察培养板上细菌的生长情况与生长量。并根据菌落的形态及颜色,结合选择性培养基的类别,即可对细菌的种类做出初步判定。或挑取单个菌落以做进一步的细菌检测。

五、全自动细菌分离培养系统使用注意事项

(1) 学习和掌握医学微生物学的专业知识,熟练细菌检测技术。

(2) 使用仪器前应认真阅读《操作说明书》,为不同的样本选用不同的培养装置,选用前应熟悉各培养装置的《产品使用说明书》。

(3) 建立严格的无菌操作制度,操作时避免杂菌污染样本采集管与培养装置,严防致病性的被测菌感染自身和周围环境。

(4) 做好细菌的涂片染色、镜检观察、形态及动力观察等机外操作。

(5) 遇有比较疑难或有问题的菌株,不应轻易放过,应保留菌种做进一步试验观察。

第四节　微生物自动鉴定及药敏分析系统

掌握:微生物自动鉴定及药敏分析系统的工作原理与结构。

熟悉:微生物自动鉴定及药敏分析系统的性能指标与使用方法。

了解:微生物自动鉴定及药敏分析系统的故障处理方法。

微生物自动鉴定及药敏分析系统不仅具有特异性高、敏感度强、重复性好、操作简便、检测速度快等特点,而且自动化程度高,因此适用于临床微生物实验室、卫生防疫和商检系统,主要功能包括细菌鉴定、细菌药物敏感性试验(药敏试验)及最低抑菌浓度(minimum inhibitory concentration,MIC)的测定等(图8-11)。

一、微生物自动鉴定及药敏分析系统的工作原理

（一）微生物自动鉴定原理

临床微生物自动鉴定系统的原理是通过数学的编码技术将细菌的生化反应模式转换成数学模式,给每种细菌的反应模式赋予一组数码,建立数据库或编成检索本。通过对未知菌进行有关生化试验并将生化反应结果转换成数字或编码,查阅检索本或数据库,得到细菌名称。其实质就是计算并比较数据库内每个细菌条目对系统中每个生化反应出现的频率总和,是由光电技术、计算机技术和细菌八进位制数码

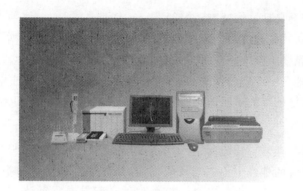

图 8-11 微生物自动鉴定及药敏分析系统

鉴定相结合的鉴定过程。

微生物自动鉴定系统的鉴定卡通常包括常规革兰阳（阴）性板和快速荧光革兰阳（阴）性卡两种，其检测原理有所不同。常规革兰阳（阴）性板对各项生化反应结果（阴性或阳性）的判定是根据比色法的原理，将菌种接种到鉴定板后进行培养，由于细菌各自的酶系统不同，新陈代谢的产物也有所不同，而这些产物又具有不同的生化特性，因此各生化反应的颜色变化各不相同。仪器自动每隔 1 h 测定每一生化反应孔的透光度，当生长孔的透光度达到终点阈值时，指示已完成反应；快速荧光革兰阳（阴）性卡则根据荧光法的鉴定原理，通过检测荧光底物的水解、荧光底物被利用后的 pH 变化、特殊代谢产物的生成和某些代谢产物的生成率来进行菌种鉴定。

（二）药敏试验（抗生素敏感性试验）的检测原理

1. 常规测试板（比浊法） 比浊法的实质是微型化的肉汤稀释试验，根据不同的药物对待检菌 MIC 不同，应用光电比浊原理，经孵育后，每隔一定时间自动测定小孔中细菌生长状况，即可得到待测菌在各浓度的生长斜率。待检菌斜率与阳性对照孔斜率之比值，经回归分析得到 MIC 值，并根据美国国家临床实验室标准化委员会（NCCLS）标准获得相应的敏感度：敏感"S（sensitive）"、中度敏感"MS（middle-sensitive）"和耐药"R（resistant）"。

2. 快速荧光测试板（荧光法） 采用 NCCLS 推荐改良的微量肉汤稀释 2～8 孔，在每一反应孔内参考荧光底物，若细菌生长，表面特异酶系统水解荧光底物，激发荧光，反之无荧光。以无荧光产生的最低药物浓度为最低抑菌浓度（MIC）。

二、微生物自动鉴定及药敏分析系统的基本结构

（一）测试卡（板）

测试卡（板）是微生物自动鉴定及药敏分析系统的工作基础，不同的测试卡（板）具有不同的功能。最基本的测试卡（板）包括革兰阳性菌鉴定卡（板）和革兰阳性菌药敏试验卡（板）、革兰阴性鉴定卡（板）和革兰阴性菌药敏试验卡（板）。使用时应根据涂片、革兰染色结果进行选择。此外，有些系统还配有特殊鉴定卡（板）（鉴定奈瑟菌、厌氧菌、酵母菌、需氧芽孢杆菌、嗜血杆菌、李斯特菌和弯曲菌等菌种）以及多种不同菌属的药敏试验卡（板）。

各测试卡（板）上附有条形码，上机前经条形码扫描器扫描后可被系统识别，以防标本混淆。

（二）菌液接种器

绝大多数自动微生物鉴定及药敏分析系统都配有自动接种器，大致可分为真空接种器和活塞接种器，一般以真空接种器较为常用，操作时只需把稀释好的菌液放入仪器配有的标准麦氏浓度比浊仪中确定浓度即可。

（三）培养和监测系统

孵箱/读数器是培养和监测系统。一般在测试卡（板）接种菌液放入孵箱后，监测系统要对测试板进行一次初扫描，并将各孔的检测数据自动储存起来作为以后读板结果的对照。有些通过比色法测定的测

试板经适当的孵育后,系统会自动添加试剂,并延长孵育时间。

监测系统每隔一定时间对每孔的透光度或荧光物质的变化进行检测。常规测试板通过光感受二极管测定通过每个测试孔的光量所产生相应的电信号,从而推断出菌种的类型及药敏结果;快速荧光测定系统则直接对荧光测试板各孔中产生的荧光进行测定,并将荧光信号转换成电信号,数据管理系统将这些电信号转换成数码,与原已储存的对照值相比较,推断出菌种的类型及药敏结果。

（四）数据管理系统

数据管理系统始终保持与孵箱/读数器、打印机的联系,控制孵箱温度,自动定时读数,负责数据的转换及分析处理,就像整个系统的神经中枢。当反应完成时,计算机自动打印报告,并可进行菌种发生率、菌种分离率、抗菌药物耐药率等流行病学统计。有些仪器还配有专家系统,可根据药敏试验的结果提示有何种耐药机制的存在,对药敏试验的结果进行"解释性"判读。

三、微生物自动鉴定及药敏分析系统的性能与评价

1. 自动化程度较高　可自动加样、联机孵育、定时扫描、读数、分析、打印报告等。

2. 功能范围大　包括需氧菌、厌氧菌、真菌鉴定及药敏试验、MIC测定。

3. 检测速度快　绝大多数细菌的鉴定可在4～6 h得出结果,快速荧光测试板的鉴定时间一般为2～4 h,常规测试板的鉴定时间一般为18 h左右。

4. 系统具有较大的细菌资料库　鉴定细菌种类可达100～700种,可进行数十甚至一百多种不同抗生素的敏感性测试。

5. 使用一次性测试卡（板）　可避免由于洗刷不洁而造成人为误差。

6. 数据处理软件　功能强大,可根据用户需要,自动对完成的鉴定样本及药敏试验做出统计和组成多种统计学报告。

7. 数据管理系统和测试卡（板）　大多可不断升级更新,检测功能和数据统计功能不断增强。

8. 设有内部质控系统　保证仪器的正常运转。

四、微生物自动鉴定及药敏分析系统的使用、维护与常见故障处理

（一）微生物鉴定及药敏分析系统的使用

以VITEK2自动微生物鉴定及药敏分析系统为例。

（1）按要求配制菌液后,将菌液管放入专用试管架,在紧挨待检菌液管的位置放入一空的菌液管（供药敏试验用）。

（2）打开检验信息录入工作站电源,仪器自检完成后,进入操作程序,将试管架放入工作站。

（3）输入待检菌样品编号,扫描输入鉴定卡和药敏卡的ID号,将鉴定卡和药敏卡放入相应的槽位,进样管插入相应的菌液管中。取下试管架,关闭工作站电源。

（4）打开鉴定仪,按要求设定参数,仪器自检完毕后自动进入检测程序。

（5）仪器自动检测并读取样品信息,自动完成稀释、进样、封闭程序,并将卡片送入孵育检测单元。

（6）读数器定时对卡片进行扫描并读数,记录动态反应变化。当卡内的终点指示孔达到临界值,则表示实验完成。

（7）微生物鉴定及药敏分析完成后,检测数据自动传入数据管理系统进行计算分析,结果经人工确认后即可打印报告。

（二）微生物自动鉴定及药敏分析系统的维护

（1）严格按操作手册规定进行开、关机及各种操作,防止因程序错误造成设备损伤和信息丢失。

（2）定期清洁比浊仪、真空接种器、封口器、读数器及各种传感器,避免由于灰尘而影响判断的正确性。

（3）定期用标准比浊管对比浊仪进行校正,用ATCC标准菌株测试各种测试卡,并做好质控记录。

（4）建立仪器使用以及故障和维修记录,详细记录每次使用情况和故障的时间、内容、性质、原因和解

决办法。

（5）定期由工程师做全面保养，并排除故障隐患。

（三）微生物自动鉴定及药敏分析系统常见故障处理

（1）当仪器出现故障时，会发出声音警报、可视警报或者两种方式同时警报。

①声音警报：即仪器可通过设置选择声音警报，当出现故障时仪器发出警报声。

②可视警报：这种警报方式显示在操作屏幕上，当这种警报方式启动时，屏幕会闪动，提示用户有新的警报或错误信息，应及时处理。

（2）当仪器初始化或测试卡正在检测时出现错误警报，即需要用户进行干预。

①在填充测试卡时出现警报，根据系统提示应立即终止继续操作，先检查填充门是否能关闭，不能关闭者应选择删除测试卡 ID，放弃测试卡，再根据用户使用说明一一进行错误信息处理。

②填充完成后，测试卡架装载至装载箱中时出现警报，应删除测试卡 ID，放弃测试卡。

（3）条形码读数错误，可使用仪器上用户界面的数字键盘输入测试卡 ID。

（4）操作不能继续，仪器发出干预警报时，应先确认测试卡架在装载/卸载区内放置位置是否正确，证实填充门是否关闭，若没有此类问题，再检查是否出现阻塞，仪器可以检测出测试卡在仪器中的任何位置，根据提示打开用户门去除阻塞物。注意：当排除阻塞时，不可交换转盘部件和单个测试卡，防止出现不正确的结果。

一般情况下根据系统提示进行操作即可排除故障，出现无法处理的故障时应及时联系专业技术人员进行检查维修。

（费　嫦）

本章小结

在临床工作中需要将机体的血液、尿液、粪便、脑脊液、呼吸道和生殖道等各种体液或组织标本中具有感染性的病原体分离培养出来，此外，一些生物医学研究和细胞工程技术也有大量的细胞培养工作。微生物培养和细胞培养是临床医学和检验医学的重要工作，因此，学习各种培养箱的工作原理、结构、性能指标、操作方法及故障排除是非常必要的。

自动血培养系统通过自动监测培养基（液）中的混浊度、pH、代谢终产物二氧化碳的浓度、荧光标记底物或其他代谢产物等的变化，定性地检测微生物的存在。

全自动细菌分离培养系统的高效率、标准化、稳定化和自动化的程序，令现有的工作过程从标本的收集乃至画线、接种、分离、培养真正实现自动化，取代常规微生物培养的手工全过程，使得常规微生物检测更准确、准时和有效。

微生物自动鉴定及药敏分析系统采用了数码鉴定的原理，通过数学的编码技术将细菌的生化反应模式转换成数学模式，给每种细菌的反应模式赋予一组数码，建立数据库或编成检索本。抗生素敏感性试验实质是应用光电比浊原理和快速荧光检测原理。

测试题

（一）选择题

1. 二氧化碳培养箱结构的核心部分，主要是（　　　）。

A. 湿度调节装置　　　　　　　　　　B. 湿润的含水托盘

C. 温度调节器　　　　　　　　　　　D. CO_2 调节器、温度调节器和湿度调节装置

E. 气体保护器装置

2. 二氧化碳培养箱调节 CO_2 浓度范围为（　　　）。

A. $0\%\sim20\%$　　　　　　　B. $20\%\sim40\%$　　　　　　　C. $10\%\sim20\%$

D. 20%～30%　　　　　　　　　E. 30%～40%

3. 厌氧培养箱催化除氧系统箱内采用钯催化剂,其作用是(　　)。

A. 催化箱内 O_2 与 H_2 反应生成水后再由干燥剂吸收

B. 催化无氧混合气体内的微量 O_2 与 H_2 反应,生成水后再由干燥剂吸收

C. 除去箱内 CO_2

D. 除去箱内充满的 O_2

E. 除去箱内 H_2S

4. 目前国内外应用最广泛的第三代自动血培养系统检测目标为(　　)。

A. H_2　　　　　B. N_2　　　　　C. NO　　　　　D. O_2　　　　　E. CO_2

5. BacT/Alert 自动血培养系统判断阴性或阳性,是通过(　　)。

A. 感受器颜色的变化　　　　　B. 电压的变化　　　　　C. 导电性的变化

D. 荧光信号强度的变化　　　　E. 放射性强度变化

6. Bactec9000 系列自动血培养系统的检测手段是(　　)。

A. 同位素标记　　　　　B. 测压力　　　　　C. 荧光法

D. 测导电性　　　　　E. 颜色变化

7. BacT/Alert 自动血培养系统的底部含一个传感器,用于检测(　　)。

A. 荧光　　　　　B. CO_2　　　　　C. 同位素

D. 压力　　　　　E. 导电性

8. 微生物自动鉴定及药敏分析系统的工作原理是(　　)。

A. 光电比色原理　　　　　B. 荧光检测原理　　　　　C. 化学发光原理

D. 微生物数码鉴定原理　　　E. 呈色反应原理

9. 自动化抗生素敏感性试验的实质是(　　)。

A. K-B 法　　　　　B. 琼脂稀释法　　　　　C. 肉汤法

D. 扩散法　　　　　E. 微型化的肉汤稀释试验

10. 自动化抗生素敏感性试验主要用于测定(　　)。

A. 抑菌圈　　　B. MBC　　　C. MIC　　　D. MIC50　　　E. MIC90

11. VITEK 微生物自动鉴定及药敏分析系统是(　　)。

A. 采用光电比色法,测定微生物分解底物导致 pH 改变而产生的不同颜色,来判断反应的结果

B. 采用传统呈色反应法,同时采用敏感度极高的快速荧光测定技术来检测细菌胞外酶

C. 采用荧光增强技术与传统酶、底物生化呈色反应相结合

D. 底物中加入酶基质,不同的细菌作用于不同的底物,激发出不同强度的荧光

E. 利用微生物对不同碳源代谢率的差异

(二)名词解释

1. 培养箱　2. 手套操作箱　3. 自动血培养系统　4. 微生物自动鉴定及药敏分析系统

(三)简答题

1. 常见细胞培养箱有哪些类型?

2. 各种细胞培养箱可应用于哪些方面?

3. 自动血培养系统按检测原理可分为哪几类?各类型的工作原理是什么?

4. 简述 BacT/Alert 自动血培养系统工作原理。

5. 简述 Bactec 自动血培养系统工作原理。

6. 简述全自动细菌分离培养系统的工作原理。

7. 简述微生物自动鉴定的工作原理。

8. 简述自动化抗生素敏感性试验的检测原理。

(四)操作题

1. 上网查阅全自动细菌分离培养有关新进展。

第九章 临床分子生物学检验仪器

本章介绍

　　随着临床分子生物学检验技术的不断发展与推广应用,越来越多的相关检验项目进入临床,为多种疾病的预防、筛查、诊断、治疗及预后判断等提供分子水平的信息。临床分子生物学检验仪器即是进行分子生物学检验的分析仪器,常用仪器主要包括核酸自动化提取仪、PCR扩增仪、全自动DNA测序仪及蛋白质自动测序仪等。其中核酸自动化提取仪用于多样本、大量核酸的提取;PCR扩增仪是进行PCR的仪器;全自动DNA测序仪主要用于DNA序列的测定;蛋白质自动测序仪用于分离鉴定蛋白质及其氨基酸序列的测定。目前,临床分子生物学检验仪器的自动化、智能化、现代化程度越来越高,分析的准确度、精密度也不断提高。本章着重介绍上述常用临床分子生物学检验仪器的工作原理、基本结构、仪器类型及应用、性能评价、仪器操作、维护和保养等内容。

本章目标

　　通过本章的学习,掌握常用临床分子生物学检验仪器的工作原理、基本类型及主要结构,熟悉仪器的性能指标与评价及临床应用,学会常用仪器的基本操作方法,能够进行仪器的维护、保养和简单故障的排除。

第一节　核酸自动化提取仪

掌握:核酸自动化提取仪的工作原理、分类与结构。
熟悉:核酸自动化提取仪的性能指标、操作与维护。
了解:核酸自动化提取仪的主要应用。

　　临床分子生物学检验项目首先面临的问题往往是如何从复杂多样的生物样本中获得核酸(DNA和RNA),再将其作为标本进行分析、检测。核酸提取纯化的速度与质量都会直接影响到后续的检验结果。目前,大多数临床分子生物学检验实验室的工作量较大,更需要速度快、质量高的提取核酸方式。以往手工法提取核酸,已经很难满足大规模、高通量的实验要求。

　　核酸自动化提取仪,亦可称为核酸自动纯化仪或核酸自动化提取系统,是应用配套的提取试剂来自动完成样本核酸提取工作的仪器。它操作简单、快速,且具有一致性好、稳定性高及高通量的特性,一般只需加入标本(血液、无细胞体液、细菌、病毒、组织、植物和培养细胞等),就可以自动完成核酸提取纯化的全过程,是临床分子生物学检验重要的仪器之一。另外,核酸自动化提取仪还可以配合相应的试剂,进行蛋白、细胞的分离与纯化。

一、核酸自动化提取仪的工作原理

　　核酸分离提取的原则是保证其一级结构的完整性及尽量排除其他分子的污染,保证提取的纯度。理论上提取过程越简单,获得的效果越好。传统核酸提取的方法主要有酚-氯仿抽提法、碱裂解法、溴化乙锭-氯化铯梯度离心法、溴化十六烷基三甲基铵裂解法和异硫氰酸胍法等,不同的方法侧重于不同的标本。分离与纯化往往包括细胞裂解、酶处理、核酸与其他生物大分子分离、核酸纯化及溶解保存等几个主要步骤。这些方法虽然有很多的优点,但大多操作过于繁琐,无法进行自动化。随着分子生物学技术的发展,出现了以磁珠或吸附柱为基础的提取试剂盒,简化了核酸提取过程。在上述商品化试剂盒的基础上,厂家研制出了核酸自动化提取仪。

核酸自动化提取仪主要针对大批量实验样品而设计,进一步简化了核酸提取步骤,节省工作时间,降低人工成本,提高操作者自身安全,而且提取的核酸质量好、方法的重复性好。目前市售的核酸自动化提取仪种类和型号有很多,其工作原理也不完全相同。但是,绝大多数核酸自动化提取仪在细胞裂解技术的基础上,采用了磁珠法或层析法的技术原理。

（一）磁珠法

磁珠法核酸提取纯化技术采用纳米级磁珠作为载体,磁珠表面包裹硅涂层活性基团,在特定的条件下能够与游离的核酸进行特异、可逆性结合,而其他生物大分子不被吸附。磁珠在外磁场的作用下可以定向移动、富集与释放,进而实现对核酸的分离、纯化(图 9-1)。不同性质的磁珠所对应的纯化原理有所差异。磁珠法是一种高效简便的核酸提纯技术,不使用传统方法中的苯酚、氯仿等有毒试剂,无须离心、操作简单、用时短、重复性好、高通量,最大的优点是容易实现自动化,是目前市场上主流核酸自动化提取仪主要的工作原理。

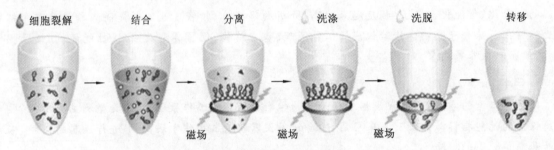

图 9-1 磁珠法核酸提取纯化技术原理示意图

（二）层析法

层析法是利用不同生物分子理化性质的差异而建立的核酸分离方法,包括吸附层析、亲和层析及离子交换层析等。在一定的离子环境下,核酸可被选择性地吸附到二氧化硅基质、硅胶或玻璃表面及阴离子交换介质等固相基质上,而与其他生物分子分离。然后通过洗涤除去固相基质上的蛋白质、脂类、糖类和其他核酸等杂质,最后用合适的溶液洗脱获得纯化的核酸(图 9-2)。层析法适用于大规模核酸的纯化,产物纯度高,稳定性好。因分离与纯化同步进行,并且有商品化试剂盒供应,而被广泛应用于核酸的提取纯化。由于需多步离心,目前主要用于手工提取,也能够实现自动化,尤其是采用真空抽滤代替离心,是市场上少数核酸自动化提取仪的工作原理。

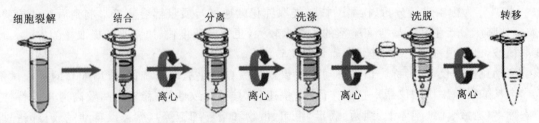

图 9-2 层析法核酸提取纯化技术原理示意图

二、核酸自动化提取仪的分类与结构

自动化技术的迅速发展带动了核酸自动化提取仪的发展。根据核酸自动化提取仪工作原理不同,可将其分为基于磁珠法和基于层析法设计的两个主要类型。磁珠法核酸自动化提取仪由于其原理的独特性,可设计成多种通量,既可以单管提取,也可以提取多至 96 个样本,且操作简单快捷,实验效率高,成本低廉,因而在不同实验室广泛使用。层析法核酸自动化提取仪采用离心机或真空泵与自动移液装置相结合的方法,通量一般不高,操作时间较长,且价格昂贵,不同型号仪器的耗材也不能通用,仅适合经费充足的大型实验室使用。

磁珠法核酸自动化提取仪按照操作方式不同又可分为磁棒法和抽吸法两种。磁棒法的外磁场可由特制的固定磁棒提供,通过其吸附、转移和释放磁珠,从而实现样本与磁珠的转移,避免液体处理过程,提高了自动化程度。溶液、样品及磁珠置于微孔板或微型离心管中,磁棒表面附有专门的磁套或吸头来防止磁棒与溶液、样品或磁珠直接接触(图 9-3)。抽吸法即移液法,采用液体的转移来实现核酸的提取纯化,一般通过控制机械臂来完成移液。核酸分离与纯化过程主要包括吸附、分离、洗涤和洗脱等步骤。两种类型仪器的特点不同,磁棒法核酸自动化提取仪应用相对较多。

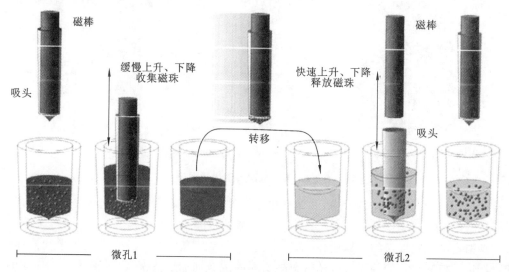

图 9-3 磁棒法核酸自动化提取仪工作过程示意图

由于磁珠法核酸自动化提取仪是目前市场上的主流,故本节主要介绍这一类型仪器的基本结构。其结构主要包括机械模块、工作平台、温控和搅拌模块、控制模块及计算机软件模块等。机械模块一般由磁棒、磁套和机械操作臂组成。在控制模块的控制下,机械模块配合温控和搅拌模块完成工作平台上样品的吸附、结合、搅拌、洗涤、晾干、洗脱及磁珠释放等动作。计算机软件模块的主要功能是建立提取方案,通常可编辑多个程序,匹配各种商品化提取纯化试剂盒,控制和管理仪器部件的运动,带动磁珠在不同缓冲液间转移,完成全部核酸提取工作。核酸自动化提取仪通常还内置有紫外消毒灭菌装置,减少交叉污染并为样本和操作环境提供安全保证。另外可选择条形码扫描识别功能,帮助用户追踪记录样品信息和过程控制。

在核酸自动化提取仪的基础上,厂家整合扩增、检测等其他功能模块,从而形成了自动化液体工作站。其功能非常强大,既可以自动完成液体分液、吸液等工作,还可以一次性实现标本提取、扩增、检测等全自动化操作。但由于价格高昂,运行成本高,一般应用于一次提取大量同一类标本(可多至 384 个)的实验需求上,不太适合常规实验室使用。

三、核酸自动化提取仪的性能指标

目前国内外有很多种品牌、型号的核酸自动化提取仪(图 9-4)在售及使用,各自的性能差别较大,主要的性能指标包括自动化程度、处理样品类型、通量、工作时长、核酸得率及纯度、商品试剂盒兼容性、安全性及功能扩展等。

四、核酸自动化提取仪的操作与维护

不同厂家、型号核酸自动化提取仪的操作有所差异,往往都比较简单,通常仅需三个步骤即可完成:

(a) SPRI-TE型核酸自动化提取仪

(b) KingFisher Duo Prime
核酸自动化提取仪

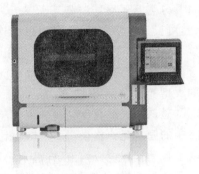

(c) MagNA Pure LC 2.0 全
自动核酸分离纯化加样仪

(d) m2000sp型核酸自动化提取仪

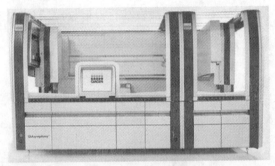

(e) QIAsymphony 核酸提取纯化分析仪

图 9-4　部分核酸自动化提取仪

①将样品及试剂加到微孔板或试剂管中;②微孔板或试剂管放到仪器工作平台上,扫描条形码(可选),选择程序,按下"开始"按钮;③仪器自动运行直到获得纯化的核酸。

　　为保障核酸自动化提取仪的可靠运作,需对其进行日常保养与维护。应避免灰尘和液体侵蚀仪器,定期清理仪器以保持其良好的外观。可用软布蘸温和的洗涤剂加以清洗,不要使用容易损坏油漆的腐蚀性清洗剂。如发现有盐溶液、溶剂或酸碱性溶液溢出至仪器外表面,应立即进行清除。

五、核酸自动化提取仪的主要应用

　　基于诸多优点,现在核酸自动化提取仪被广泛地应用于多个领域。

　　1. 临床分子生物学检验　适用于乙型肝炎、丙型肝炎、艾滋病等各种流行性、感染性病毒及其他病原体核酸的快速提取,满足后续荧光定量 PCR 等实验工作需求。还可应用于遗传性疾病、复杂性疾病、器官移植、细菌耐药检测及医院感染控制等分子生物学检验的样品前处理。

　　2. 疾病监测与控制　可用于解决禽流感、SARS、手足口病及麻疹病毒等的快速自动化疾病监测系统,提高重大疫情应对响应能力。在基因多态性检测的大样本筛查中,可以进行批量核酸提取,满足后续的 PCR 或基因芯片检测等。

　　3. 输血安全　核酸检测可有效地缩短病毒特异抗原和抗体免疫测定的"窗口期",并检出病毒变异株,从而降低输血风险,提高输血安全。核酸提取效果直接影响到检测的灵敏度和特异性,是核酸检测的前提。

　　4. 法医学鉴定　核酸自动化提取仪适用的样品类型(尤其是微量、陈旧样品)较多、灵敏度较高,因此在法医学方面有较广泛的应用。DNA 分型是目前法医检验的支柱技术,从各种检材中提取 DNA 则是 DNA 分型分析的关键环节,样品质量好坏将直接关系到后续实验的成败,核酸自动化提取仪能够完全满足法医学实验室的需求。

　　5. 其他领域　核酸自动化提取仪可以处理植物、动物及环境微生物等多种标本,且能满足高通量、大样本的需求,是农业、畜牧业、林业、检验检疫、环境微生物检测、食品安全检测和分子生物学研究等诸多领域的重要仪器设备。

第二节 聚合酶链反应(PCR)扩增仪

掌握:PCR 技术的原理;PCR 扩增仪的工作原理、结构与分类。
熟悉:PCR 扩增仪的性能指标及操作。
了解:PCR 扩增仪的维护、保养与应用。

聚合酶链反应(polymerase chain reaction,PCR)亦称多聚酶链反应,是一种体外酶促扩增特定核酸片段的重要分子生物学技术,它具有操作简便、快速省时、敏感度高、特异性强、重复性好及可自动化等特点。PCR 技术现广泛地运用于生命科学、医学、遗传学、食品卫生防疫与检疫、考古学、环境与生态学等多个领域。

PCR 基因扩增仪简称 PCR 扩增仪或 PCR 仪,是以温度控制为核心进行 PCR 的专用仪器,故也称为 PCR 热循环仪。PCR 扩增仪自动化程度高,可从多种生物标本中扩增出足量的 DNA 供分析研究和检测鉴定使用,通常温度控制范围为 4～100 ℃。PCR 技术的发展和各种衍生技术的产生,与 PCR 扩增仪的发展息息相关,目前 PCR 扩增仪已越来越完善和智能化,分类也更细化。PCR 扩增仪是临床分子生物学检验最常用的仪器,在医学检验中发挥重要的作用。

一、PCR 技术的原理及发展

(一) PCR 技术的原理和反应过程

PCR 技术以待扩增的核酸片段为模板,以可与模板末端互补的寡核苷酸片段为引物,利用 DNA 聚合酶的作用,按照碱基配对原则,使模板链延伸达到合成 DNA 的目的。通过重复这一过程,可使目的 DNA 片段得到扩增,而新合成的 DNA 片段也可作为模板,可使 DNA 的合成量呈指数型增长。

PCR 过程主要由变性、退火和延伸三个基本步骤反复循环构成(图 9-5)。

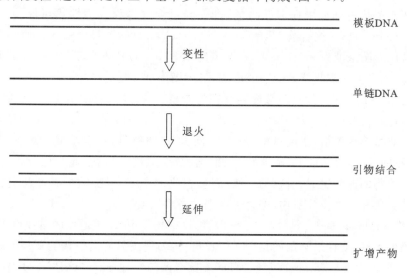

模板DNA

变性

单链DNA

退火

引物结合

延伸

扩增产物

图 9-5 PCR 技术的反应过程示意图

1. 变性(denaturation) 模板 DNA 片段在高温(90～98 ℃)条件下,DNA 双链解离,生成两条 DNA 单链。在首个 PCR 循环之前,通常加热较长时间以使模板完全变性。

2. 退火(annealing) 在寡核苷酸引物的熔解温度(40～68 ℃)以下时,两条引物与模板 DNA 单链特异地互补结合,形成引物-模板复合物,为 DNA 合成提供起点。

3. 延伸(extension) 在 DNA 聚合酶的适宜温度(70～75 ℃)条件下,引物 3′端作为合成起点,从引物的 5′端向 3′端,以四种脱氧核苷三磷酸(dNTP)为原料按碱基配对原则酶促合成新的 DNA 片段。

经过一个 PCR 循环,DNA 产量即增加一倍。经过多个循环,即可得到大量扩增的特异性 DNA 片段。在 PCR 过程中,首个循环扩增出的 DNA 片段大小是不相同的,可产生超出引物结合部位间距离的长片段 DNA。在第二个循环中,以首个循环产物为模板扩增出的 DNA 的长度便得以固定,长片段 DNA 仅以算术倍数增加。经 n 个循环以后,扩增出的特异 DNA 片段拷贝数理论上可达到 2^n,如经过 30 个循环后,理论上可使 DNA 达到 2^{30} copies,10^9 倍以上,实际上一般可达到 $10^6 \sim 10^7$ 倍。

（二）PCR 的体系和反应条件

通常 PCR 体系包括反应缓冲液、模板、dNTP、DNA 聚合酶和引物五部分。

1. 反应缓冲液　由 Tris-HCl、KCl、$MgCl_2$ 等成分组成。通常使用 10 mmol/L Tris-HCl（pH 为 8.3～8.8）、50 mmol/L KCl、1.5 mmol/L $MgCl_2$ 的标准反应缓冲液,为 DNA 聚合酶提供最适酶促反应条件。Mg^{2+} 浓度对于 DNA 聚合酶活性很重要,直接影响 PCR 的产量和特异性,Mg^{2+} 浓度过低会降低酶活性,过高则会使酶催化非特异性扩增,故需在其浓度范围（1～10 mmol/L）内寻找适宜的浓度。缓冲液中可加入一定浓度的牛血清白蛋白（BSA）、明胶（gelatin）、吐温 20（Tween 20）、二硫苏糖醇（DTT）等物质,有助于酶的稳定,尤其是在扩增长片段 DNA 时。当待扩增的 DNA 片段中 GC 碱基含量较高时,变性后易形成影响退火的二级结构,可加入 10% 的二甲基亚砜（DMSO）抑制二级结构的产生。

2. 模板　即待扩增的核酸片段,包括基因组 DNA、噬菌体 DNA、质粒 DNA、单双链 DNA 片段、cDNA 和 mRNA 分子等。另外,PCR 还可以直接以细胞为模板。模板的浓度与纯度,是 PCR 成败与否的关键因素。各种模板的浓度因来源不同,PCR 过程中常需控制和调整。模板中不应含有核酸酶、蛋白酶、DNA 聚合酶抑制剂及能结合 DNA 的蛋白。

3. dNTP　DNA 合成的基本原料,由 dATP、dTTP、dCTP 及 dGTP 混合而成。dNTP 的质量、浓度与 PCR 扩增效率密切相关。四种 dNTP 的浓度必须一致（等摩尔浓度配制）,如其中任何一种浓度不同于其他几种时,会引起错配。dNTP 常配成高浓度（2.5 mmol/L 或 10 mmol/L）溶液低温冰冻保存,反复冻融会使其降解。PCR 体系中 dNTP 浓度过高会抑制 DNA 聚合酶活性,且易导致核苷酸错误掺入;而浓度太低,会降低扩增的产量,通常的终浓度为 50～200 μmol/L。

4. DNA 聚合酶　以 dNTP 为原料酶促合成 DNA,是 PCR 技术实现自动化的关键。耐热 DNA 聚合酶是从嗜热真细菌或嗜热古细菌中提取获得的,即使经过变性过程其活性仍可保持。除最常用的 Taq DNA 聚合酶外,还有 Pfu DNA 聚合酶、Tth DNA 聚合酶、Vent DNA 聚合酶等及兼顾几种 DNA 聚合酶特点的混合酶。常用的酶浓度为 2.5 U/μL,在典型的 25～50 μL PCR 体系中,一般需要 0.5～2.5 U 的 DNA 聚合酶。酶量过多会导致非特异产物的增加,过少则降低扩增的产量。

5. 引物　与待扩增的 DNA 片段两端序列互补的寡核苷酸片段,通常由 18～25 个核苷酸人工合成,决定了扩增产物的特异性及大小。在 PCR 体系中,引物的浓度一般是 0.1～1 μmol/L,浓度过高易形成引物二聚体且产生非特异性扩增,浓度过低,则会降低 PCR 的产量,甚至不能扩增。引物的设计适宜与否是决定 PCR 成败的关键,要保证 PCR 能特异、准确、有效地进行扩增,通常引物设计要遵守一定的原则,如引物的长度、引物的碱基组成、引物的二级结构、引物的末端、引物的特异性及引物的 T_m 值等。目前多使用专用的计算机软件来设计引物,综合考虑上述各种因素。

PCR 条件需考虑温度、时间及循环次数三个因素,这些均是 PCR 扩增仪的重要设置参数。①PCR 过程中三个阶段的温度不同,变性最常用的是 94 ℃,也可提高;退火温度由引物的 T_m 值决定,通常比 T_m 值低 3～5 ℃;延伸一般固定于 72 ℃,此时大多数 DNA 聚合酶的活性最高。②PCR 过程中三个阶段的时间由模板及待扩增的核酸片段长度决定,大片段模板需要较长的变性时间,才能变性充分,但可能影响 DNA 聚合酶的活性;引物与模板退火在短时间内（数秒至数十秒）即可完成;延伸时间可按照待扩增的核酸片段长度（通常 1 kb/min）计算。③循环次数决定扩增产物的量,一般为 25～35 个循环,可依照具体情况选择。

典型 PCR 条件为 94 ℃变性 60 s,55 ℃退火 30 s,72 ℃延伸 30～60 s,共进行 30 次循环,最后 72 ℃再继续延伸 7～10 min,4 ℃冷却终止反应。

（三）PCR 技术的发展和衍生技术

自 PCR 技术发明之后,由于其高特异性、高敏感性和高产量而被广泛应用于生命科学的各个领域。

随着各种耐热 DNA 聚合酶及 PCR 扩增仪的使用,PCR 技术变得更加简便、高效、省时,并且派生出许多以普通 PCR 为基础的衍生技术。到目前为止,PCR 衍生技术已有三十种左右,如实时荧光定量 PCR、反转录 PCR、多重 PCR、梯度 PCR、兼并 PCR、反向 PCR、巢式 PCR、原位 PCR、不对称 PCR、诱变 PCR、免疫 PCR 及锚定 PCR 等。尽管这些衍生技术的应用、操作有很大差别,但基本都遵循变性、退火和延伸这三个基本过程,并反复循环使靶核酸片段得以扩增。

实时荧光定量 PCR(real-time fluorescence quantitive PCR),简称实时定量 PCR(real-time quantitive PCR,RQ-PCR)或荧光定量 PCR(fluorescence quantitive PCR,FQ-PCR),是在普通定性 PCR 技术基础上发展起来的核酸定量技术。它基于荧光共振能量转移(fluorescence resonance energy transfer,FRET)或荧光淬灭(fluorescence quenching)技术,在 PCR 体系中加入不同荧光标记物,利用荧光信号实时监测整个 PCR 进程,使每一个循环变得"可见",最后通过荧光扩增曲线的 C_t 值和标准品的标准曲线对样品中的核酸的起始浓度进行定量分析的方法。在实时荧光定量 PCR 体系中加入的荧光标记物有荧光染料和荧光探针两大类,其中荧光染料包括饱和荧光染料和非饱和荧光染料,饱和荧光染料有 Eva Green、LC Green 等,非饱和荧光染料的典型代表就是目前最常用的 SYBR Green Ⅰ;荧光探针包括 TaqMan 探针、LightCycler 探针、分子信标和复合探针等。在实时荧光定量 PCR 中,随着扩增产物的增加,荧光信号强度也随之成比例累积。

实时荧光定量 PCR 技术是目前确定样品中核酸拷贝数最敏感、最准确的技术。它具有灵敏度高、特异性强、反应速度快、可重复性好、自动化程度高、无污染、实时和准确等特点,在医学检验及临床医学研究方面有着重要的意义。

二、PCR 扩增仪的工作原理与结构

PCR 扩增仪是开展 PCR 技术所必需的专用设备,其核心部分是控温装置和检测装置(主要针对定量 PCR 扩增仪)。从 PCR 技术原理和反应过程中可以看出,准确控制温度,迅速升降温对于 PCR 来说至关重要。

最初 Kary Mullis 等发明的简易 PCR 操作装置采用梯度水浴法达到升降温的作用,3 个不同温度的恒温水浴箱作为控温装置,需人工移动控制反应过程,虽控温准确,升降温快,但自动化程度低,仪器体积庞大,温度范围窄。第一台商品化 PCR 扩增仪采用电加热块升温、自来水降温的方式,随后各公司开发出了压缩机或半导体自动升降温装置,金属导热的 PCR 扩增仪,控温方便、体积小、产品质量和性能稳定性好,一台仪器即可完成整个 PCR 流程,但存在一定边缘效应,温度均一性尚有欠缺。另外就是离心式空气升降温的 PCR 扩增仪,由金属线圈加热,空气导热,温度准确均一,可满足实时荧光定量 PCR 的要求。

温度的控制还需要反馈调节控制装置,有模块温控模式、试管温控模式和热敏电极温控模式三种,探测并控制金属加热块、反应试管及反应样品的温度。除温控元件外,其他部件对于 PCR 也很重要。例如热盖装置,通常设置在 100 ℃左右,可防止加热蒸发的样品在管盖处凝结而减少反应体积,反应体系中不用添加可能影响后续实验的封闭油。各种 PCR 扩增仪均采用微电脑自动控制温度、时间及循环次数,提高其准确性及自动化程度。一般 PCR 扩增仪具有屏幕和控制面板,可实时显示反应信息,方便反应程序的设置和监测。

实时荧光定量 PCR 扩增仪是在普通 PCR 扩增仪的基础上增加荧光信号检测系统和计算机分析处理系统。其 PCR 扩增原理和普通 PCR 扩增仪原理相同,但在 PCR 扩增时加入荧光染料或荧光探针,可与模板特异性结合。扩增的结果通过荧光信号检测系统实时采集,信号随时输送到计算机分析处理系统得出量化的实时结果输出。实时荧光定量 PCR 扩增仪的荧光信号检测系统有单通道、双通道和多通道,只用一种荧光标记物的时候,选用单通道,多种标记物的时候使用多通道。单通道也可以检测多荧光标记物的扩增产物,但因一次只能检测一种目的核酸片段的扩增量,需多次扩增才能检测不同的核酸片段的量。多通道检测系统可同时检测多种荧光信号,适用范围广,性能强大,是目前的主流趋势。荧光信号检测系统包括激发光源和光学检测器。激发光源有卤素钨灯、发光二极管 LED 光源、氩离子激光器等。卤素钨灯可配多色滤光镜而实现不同激发波长,发光二极管 LED 价格低、寿命长、能耗少,不过因为是单色,需要几个 LED 形成阵列才能实现不同激发波长。激发光源不同,激发波长也不同,范围通常在 350～

750 nm。光学检测器有电荷耦合器件(charge coupled device,CCD)成像系统、光电倍增管(photomultiplier tube,PMT)及光电二极管等,CCD可以一次对多点成像,PMT灵敏度高但一次只能扫描一个样品,需要通过逐个扫描实现多样品的检测,对于大量样品来说需要较长的时间。光学检测器的有效检测波长范围通常为350~700 nm。由于定量PCR需借助样品与标准品间的对比来实现定量,故温度的均一性对于实时荧光定量PCR扩增仪极其重要,以避免微小的差别被指数级放大。实时荧光定量PCR扩增仪需要考虑的另外一个因素是专用软件的设计,目前新型号仪器都有不错的配套软件供常规使用。

三、PCR扩增仪的分类

根据DNA扩增的目的和检测的标准,可以将PCR扩增仪分为普通PCR扩增仪和实时荧光定量PCR扩增仪两大类。

(一)普通PCR扩增仪

普通PCR扩增仪采用各种方法扩增特异的DNA片段,再用其他方法进行检测。其包括普通定性PCR扩增仪、梯度PCR扩增仪和原位PCR扩增仪等,其中梯度PCR扩增仪和原位PCR扩增仪为普通定性PCR扩增仪的衍生物(图9-6)。

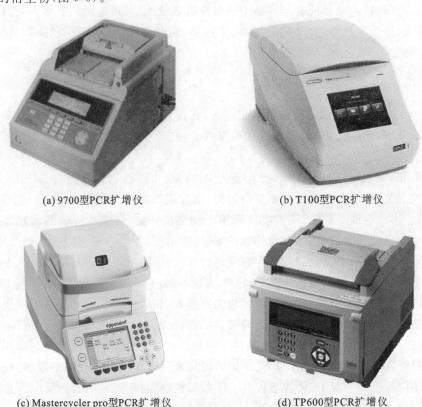

(a) 9700型PCR扩增仪

(b) T100型PCR扩增仪

(c) Mastercycler pro型PCR扩增仪

(d) TP600型PCR扩增仪

图9-6 部分普通PCR扩增仪

1. 普通定性PCR扩增仪　即传统的PCR扩增仪,一次PCR只能运行一个特定的退火温度,需不同的退火温度时要多次运行,只能用于扩增特定的核酸片段。普通定性PCR扩增仪是目前各领域中应用最普遍的PCR扩增仪。

2. 梯度PCR扩增仪　一次性PCR可以设置一系列不同的退火温度,呈梯度递增或递减。运用PCR扩增不同的核酸片段时,最适退火温度存在差别,通过设置一系列的梯度退火温度进行扩增,一次性PCR就可以筛选出扩增效率高的最适退火温度。主要用于研究未知核酸退火温度的扩增,节约反应成本的同时也节约了时间。梯度PCR扩增仪在不设置梯度的情况下,也可以作为普通定性PCR扩增仪使用。

3. 原位PCR扩增仪　原位PCR是在组织细胞里进行的PCR,它结合了具有细胞定位能力的原位杂交和PCR技术的优点,在保持细胞或组织的完整性的同时,既能分辨鉴定含特定核酸序列的细胞,又能显示出核酸序列在细胞内的位置。原位 PCR 要在载玻片上进行,PCR 体系渗透到组织和细胞中。原位 PCR 扩增仪配有原位载盘,可使载玻片保持水平,而且还可以对载玻片进行均匀的加热,完成扩增反应。

(二) 实时荧光定量 PCR 扩增仪

实时荧光定量 PCR 扩增仪具有检测装置,可实时检测荧光信号的改变。另外还配有记录装置、专门的结果处理软件系统。目前实时荧光定量 PCR 扩增仪主要有板式定量 PCR 扩增仪、离心式实时定量 PCR 扩增仪和独立控温的荧光定量 PCR 扩增仪(图 9-7)。

1. 板式定量 PCR 扩增仪 它采用半导体加热,金属基座可容纳大量样本进行批量反应,无须特殊耗材,但由于样品孔多导致温度均一性较差,存在位置效应和边缘效应,反应速度也较慢。样品孔的位置固定,每个样品孔距离光源和检测器的光程各不相同,有可能对结果产生影响。检测在试管管底进行,试管质量不同会对结果产生影响。板式定量 PCR 扩增仪是目前市场上主流的实时荧光定量 PCR 扩增仪。

2. 离心式实时定量 PCR 扩增仪 以 LightCycler 型荧光定量 PCR 扩增仪为代表。它以空气作为热传导媒介,将样品槽设计成离心转子方式,通过转子旋转,使样品孔间的温度差小于 0.01 ℃,保障了温度的均一性。其升温速度快,可达每秒 20 ℃,加热均匀,耗时短,优于大多数的板式定量 PCR 扩增仪。荧光信号检测系统实时检测旋转到跟前的样品管,样品孔距离光源和检测器的光程相同,减少了系统误差。其缺点是离心转子较小,容纳的样本量有限,不适宜大体积样品的分析,有的需特殊的消耗品及试剂,成本较高。

3. 独立控温的荧光定量 PCR 扩增仪 以 SmartCycler 型荧光定量 PCR 扩增仪为代表。其机型小巧,有 16 个样品槽,各样品槽分别拥有独立的自动升降温装置,故同一台 PCR 扩增仪上可以进行不同条件的反应,这一特点是其他类型荧光定量 PCR 扩增仪所不具备的。升降温速度快,不存在温度均一性问题,反应速度快,工作效率高。其缺点是需使用特制的反应管,成本高,不适合批量反应。

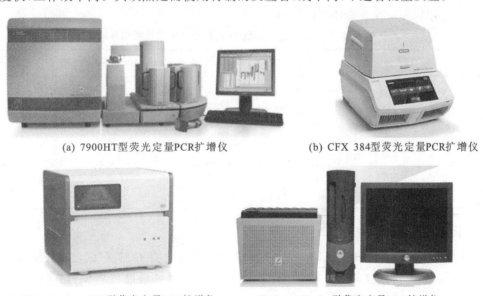

(a) 7900HT型荧光定量PCR扩增仪   (b) CFX 384型荧光定量PCR扩增仪

(c) LightCycler 1536型荧光定量PCR扩增仪   (d) SmartCycler型荧光定量PCR扩增仪

图 9-7 部分实时荧光定量 PCR 扩增仪

四、PCR 扩增仪的性能指标与操作

(一) PCR 扩增仪的性能指标

各厂家生产的 PCR 扩增仪,工作原理、型号和结构部件不同,其性能指标也有较大差异。性能指标是衡量不同 PCR 扩增仪优劣的标准,可帮助使用者选购到质量优良的 PCR 扩增仪并更明确地应用。普通 PCR 扩增仪的性能指标主要包括温控方式、样品基座类型、热盖装置以及控制软件的优劣等。

1. 温控方式 首要的性能指标,主要包括温度的准确性、温度的均一性及升降温速度。温度的准确性是指反应样品温度与仪器设置温度的一致程度,直接决定扩增结果。一般实验要求设置温度与反应样品温度差距在 0.5 ℃以内,最好不超过 0.1 ℃。温度的均一性是指多个反应样品同时进行 PCR 时,各反应管温度的一致程度,在进行样品间相互比较的 PCR 中至关重要。如各反应管温度不一致,会导致 PCR 在不同的反应条件下进行,进而影响结果的比较。升降温速度是指从一个设置温度到另一个设置温度过程的速率,直接决定 PCR 所需的时长。升降温速度越快,PCR 各步骤时间越短,而且也降低反应的非特异性。对于梯度 PCR 扩增仪,还须考虑仪器在梯度模式和标准模式下是否具有同样的温度特性。

2. 样品基座类型　PCR 大多在 500 μL 或 200 μL 的样品管中进行,大部分 PCR 扩增仪的样品基座只有一种型号的样品孔,少数有两种不同大小的样品孔,还有些可通过更换基座分别使用两种不同大小的样品管和不同容量的孔数,有些 PCR 扩增仪可通过添加原位适配器作为原位 PCR 扩增仪来使用。

3. 热盖装置　目前 PCR 扩增仪一般均配备热盖装置,通常是旋转加压,使用者需根据经验将热盖旋到合适位置,不太容易掌握。过松或过紧都会影响反应,甚至可能造成热盖的机械故障。有些 PCR 扩增仪的热盖装置采用 ESP 技术,加热时不接触样品管,避免加热样品管导致非特异扩增,加热到设定温度后热盖才下降,将样品管压入加热模块,下降时间和压力都由电子控制。

4. 控制软件　要求程序编写简易,可为使用者减少不必要的麻烦,储存程序量多对于使用人员多、运作频繁的实验室来说比较方便。另外,其他的性能指标,如显示屏幕大小、倒计时、程序记忆存储功能、自动断电保护等都有助于人员使用。有的普通 PCR 扩增仪还可以升级为荧光定量 PCR 扩增仪。

荧光定量 PCR 扩增仪除具有普通 PCR 扩增仪的上述基本性能指标,还具有荧光信号检测系统和计算机分析处理系统的性能指标。相对于普通 PCR 扩增仪,荧光定量 PCR 扩增仪的性能指标要复杂得多,包括应用技术方法、适用荧光标记物类型、激发光源类型、激发波长范围、光学检测器类型、检测波长范围、检测通道数量、荧光滤光片类型、多重荧光信号监测功能、温度梯度范围及最大梯度温差、线性范围、检测分辨率、C_t 值重复性误差、最大检测样品数量、耗材及试剂的通用性、运行模式、运行速度、升级功能、操作系统及分析处理软件系统简易性等(表 9-1)。

表 9-1　不同厂家型号荧光定量 PCR 扩增仪主要性能指标对比

指标	7900HT 型	iQ5 型	Mx3000P 型	LightCycler 480 型	SmartCycler 型
控温方式	金属加热	金属加热	金属加热	空气加热	金属加热
最大样品数	96 或 384	96	96	96 或 384	16 或 96
激发光源	激光器	卤素钨灯	卤素钨灯	氙灯	LED
检测器	CCD	CCD	光电二极管	CCD	光测定器
检测通道	8	5	4	6	8

(二) PCR 扩增仪的操作指南

为了保证 PCR 扩增仪的正确使用,应在仔细阅读说明书的前提下,制订仪器操作的标准操作程序,置于仪器旁。不同 PCR 扩增仪的操作不同,现以 TP650 型 PCR 扩增仪和 7900HT 型荧光定量 PCR 扩增仪为例加以说明。

1. TP650 型 PCR 扩增仪

(1)开机:连接电源线,打开电源开关,屏幕显示用户界面。

(2)建立用户:在用户界面中,按控制面板上的"MENU"键,用上下箭头选择"New",按"ENTER"键确认,出现建立用户名界面。输入用户名后,按"MENU"键,选择"Save As",按"ENTER"键确认。选择"USER",按"ENTER"键确认,返回用户名界面。

(3)选择用户:在用户名界面,选择已建立的用户名,按"MENU"键,弹出菜单,选择"OK",按"ENTER"键确认,进入该用户名的主窗口。

(4)建立程序:在用户名的主窗口中,按"MENU"键选择"New",按"ENTER"键确认,显示编程界面,用箭头移动光标,输入温度(Temp)、时间(Time)和循环次数(Cyc)。也可添加及删除程序片段,或改变温度个数。

（5）保存程序：建立程序后，按"MENU"键，弹出菜单，选择"Save"，按"ENTER"键确认，出现保存程序名界面，输入程序名后，按"MENU"键，选择"Save As"键，按"ENTER"键确认。

（6）运行程序：在用户名的主窗口中，选择"Run"，按"ENTER"键确认，选择所要运行的程序，按"MENU"键，弹出菜单，选择"Start"，出现选择反应模式界面，输入参数值，按"MENU"键，弹出菜单，选择"OK"，按"ENTER"键确认。

（7）终止程序：按"Stop"键，出现确认界面，按"ENTER"键确认，即可终止程序，同时出现运行情况信息，按"ENTER"键确认，返回主窗口界面。选择"USER"，按"ENTER"键确认，返回用户名界面，进行关机。

2. 7900HT 型荧光定量 PCR 扩增仪

（1）开机：启动计算机，进入操作系统，打开 7900HT 电源，红、橙、绿灯依次闪动 2 次，然后绿灯点亮，打开 SDS 应用软件。

（2）新建文件：菜单"File"→"New"，新建一个文件。"Assay"代表试验类型，实时定量选"Absolute Quantification"；终点读板选"Allelic Discrimination"；"Container"指反应板类型，根据需要选择 96 孔板、384 孔板或微量反应卡；"Template"项用于选择事先设置好的模板文件；"Barcode"为反应板的条形码，可用扫描仪扫入或者手工输入。设置完毕，点"OK"确认。

（3）填写样品表：设定 Detector，菜单"Tools"→"Detector Manager"，点"New"新建探针，设定名称、报告基团、淬灭基团等相关参数；选定探针后点"Copy to Plate Document"复制到板文件，指定各个孔所用探针、样品类型和样品名，扫描或输入条形码。

（4）循环参数：切换到"Instrument"窗口，在"Thermal profile"选单下设定、修改 PCR 循环的温度、时间、反应体积等。其中"Add A Dissociation Stage"指令仪器进行融解曲线实验，只适用于 SYBR Green I 荧光染料法。

（5）保存文件：设置完毕，保存文件；也可以保存为模板文件，方便以后使用。

（6）运行：在"Instrument"窗口点击"Open/Close"按钮，弹出样品架。把样品板置入托盘，再单击"Open/Close"按钮，样品架自动收回并关闭上样门。按"Start"，开始时有样品架到位、扫描头到位、热盖升温等工作，等待出现"Remain Time"若干时间后即开始正式运行。

（7）数据处理：实验结束，自动或手工设置基线和阈值，单击"Analyze"分析结果，切换到"Result"窗口查看扩增曲线、标准曲线、原始数据、实验报告等结果。保存数据，也可以按"Export"键导出各种数据。

五、PCR 扩增仪的维护和保养

各种 PCR 扩增仪均需进行日常维护和保养，有条件的最好定期进行性能检测，不同厂家类型的 PCR 扩增仪要求不同。现以 7500 型荧光定量 PCR 扩增仪为例，简单介绍 PCR 扩增仪的维护和保养要点。

1. 计算机及软件的维护　工程师现场安装时，会确认计算机是否合乎要求，不要自行更换计算机或安装第三方软件。不得使用与实验无关的移动存储器，使用 U 盘转存实验数据时，必须先把 U 盘格式化，最好使用专用的 U 盘。定期做计算机软件的维护，如整理硬盘碎片、更新 SDS 软件、实验数据整理备份等。

2. 主机的维护　维护实验室良好的环境，如温度、湿度、通风、空气质量、空间等。保持主机表面清洁，可定期用不脱毛的毛巾擦拭仪器表面。使用专用厂家洗涤剂清洗样品孔，避免使用强酸强碱、浓酒精和有机溶剂。清除荧光污染物，按说明书定期进行背景校正、ROI 校正、荧光校正。根据需要更换保险丝及激发光源。

六、PCR 扩增仪的主要应用

PCR 技术因其快速、简便、自动化程度高及灵敏性、特异性、重复性好等优点，广泛应用于诸多领域。在医学检验中以预防、诊断、疾病监测、治疗为目的，PCR 技术已成为分子生物学检验最常用的技术。PCR 扩增仪也成为分子生物学检验所使用的主要仪器，应用于传染性疾病的分子诊断、遗传性疾病的分子诊断、复杂性疾病的分子诊断、器官移植配型、亲子鉴定、个体识别以及基因分离和克隆等。

1. 传染性疾病的分子诊断 细菌、病毒、支原体、衣原体及寄生虫等病原微生物感染人体时,无论是否致病,均会将其核酸物质带入到体内。PCR 技术可以检测这些外源核酸的存在,成为传染性疾病分子诊断的有效方法,尤其适用于检测一些培养周期长或缺乏稳定可靠检测手段的病原微生物,例如各型肝炎病毒、HIV、SARS 病毒、HPV、淋球菌及结核分枝杆菌等。与血清学检查和病原微生物分离相比较,PCR 技术的敏感性更高。应用 PCR 扩增仪,可进行定性或定量检测,为传染性疾病的诊断、耐药分析、疗效评估和预后判断等提供客观的依据。

2. 遗传性疾病的分子诊断 人体核酸分子结构变异或其表达的蛋白质结构异常是遗传性疾病的发病基础。传统的临床诊断方法通常是对患者进行表型诊断,往往难以早期发现。目前,PCR 扩增仪在遗传性疾病的分子诊断和研究方面的应用越来越多,敏感性及特异性均优于传统的遗传学检测方法,主要用于单基因遗传性疾病,如地中海贫血、Huntington 舞蹈病、镰刀状红细胞贫血、杜氏肌营养不良症、苯丙酮尿症及血友病等的分子诊断。

3. 复杂性疾病的分子诊断 由于复杂性疾病是在众多遗传、环境等因素共同作用下发生的,PCR 扩增仪主要用于其疾病机制的研究。在肿瘤基因的诊断与研究方面,可用于恶性肿瘤分子标记的检测、癌基因及抑癌基因缺失与点突变的研究、微小残留病变的检测、肿瘤相关病毒基因的检测;在糖尿病的基因诊断方面,主要检测线粒体基因、胰岛素基因、胰岛素受体基因及葡萄糖激酶等糖代谢相关酶的突变;在高血压、冠心病的分子诊断,主要进行相关基因多态性的检测。

4. 分子生物学检验的其他领域 在法医学鉴定方面,应用 PCR 扩增仪以微量的多种检材为标本,能够扩增出特异的产物,结合指纹图谱等技术进行个体识别、性别鉴定以及亲子鉴定等;在器官、组织移植方面,主要应用 PCR 扩增仪进行 HLA 基因分型。

 # 第三节 全自动 DNA 测序仪

掌握:全自动 DNA 测序仪的工作原理及结构。
熟悉:全自动 DNA 测序仪的性能与操作。
了解:全自动 DNA 测序仪的主要应用、常见故障及维护。

核酸作为生物遗传物质包括 DNA 和 RNA,其主要区别在于组成 DNA 的戊糖为脱氧核糖,组成 RNA 的戊糖为核糖;组成 DNA 的碱基为 A、T、G、C,组成 RNA 的碱基为 A、U、G、C。核酸的碱基序列即其一级结构,决定了二级、三级结构及其功能。虽然组成核酸的碱基各只有四种,但它们的不同排列组合构成的核酸却千差万别。如 DNA 四种碱基自由组合可达 64 种密码子,除 3 个是终止密码子外,能编译蛋白质的有 61 种。核酸序列发生改变会导致其生物学含义改变,测定核酸的序列,是研究其结构、功能及相互关系的前提,在生命科学研究及临床应用中是非常重要的。DNA 测序仪是测定 DNA 序列的专门仪器,主要采用双脱氧链终止法或化学降解法原理。目前多个厂家推出各种类型的全自动 DNA 测序仪,具有准确、快速、简便、自动化程度高、高通量等特点,广泛应用于未知序列核酸测定、重组 DNA 的方向与结构确定、核酸突变的定位和鉴定、检测 PCR 产物的准确性、系统发育及物种鉴定、基因组测序及疾病诊断等多个领域。

> **‖ 知识链接 ‖**
>
> 1977 年,英国生物化学家 Frederick Sanger 等发明了双脱氧链终止法来进行 DNA 序列分析,并用该法完成了 ΦX174 噬菌体基因组 5386 个核苷酸序列的测定;同年美国生物化学家 Walter Gilbert 等发明了化学降解法,用该法测定了 SV40 DNA 的 5224 个核苷酸的序列;此后核酸测序技术不断发展和改进,荧光标记物及毛细管电泳等技术的应用使得测序自动化成为现实,多种全自动 DNA 测序仪问世,加速了人类基因组计划的进程。Frederick Sanger、Walter Gilbert 及美国生物化学家 Paul Berg(重组 DNA 技术首创者)共同获得了 1980 年的诺贝尔化学奖。

一、全自动 DNA 测序仪的工作原理

（一）DNA 序列分析的基本原理

1. 双脱氧链终止法（dideoxy chain termination method） 也称为酶法或 Sanger 法。将单链 DNA 模板、DNA 聚合酶、特异测序引物、四种 dNTP 混合，分成四个独立的测序反应，每个反应体系中再分别按一定比例加入四种双脱氧核苷三磷酸（ddNTP）中的一种。由于 ddNTP 缺乏延伸所需要的 3'-OH 基团，只要 ddNTP 结合到延伸链的 3'端，延伸即停止，而掺入 dNTP 的可继续延伸。所以每个反应体系中便合成以引物为 5'端，以 ddNTP 为 3'端终止的一系列长短不一的 DNA 片段。通过高分辨率变性聚丙烯酰胺凝胶分四个泳道电泳分离，即可将长度仅相差一个碱基的 DNA 单链分开。由于 dNTP 其中一种或引物反应前用标记物标记过，经放射自显影处理或非同位素标记检测后，依次阅读合成 DNA 片段的碱基排列顺序并推算出 DNA 模板的序列（图 9-8）。

使用双脱氧链终止法测序时，一般先将待测的 DNA 大片段用限制性内切酶消化成小片段，然后将其分别克隆到测序载体上再测序。由于测得的小片段 DNA 之间存在重叠序列，可通过计算机软件组装成完整的序列。测序载体、DNA 合成技术及双脱氧链终止法测序反应的不断改进，使得双脱氧链终止法成为现今最常用的 DNA 测序方法。

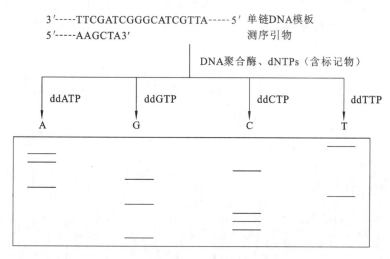

图 9-8 双脱氧链终止法测序原理示意图

2. Maxam-Gilbert 化学降解法 简称化学降解法，将待测 DNA 片段的 5'端做放射性标记，再分组采用不同的化学方法修饰和裂解特定碱基，从而产生一系列长度不一的 DNA 片段，这些以特定碱基结尾的 DNA 片段通过变性聚丙烯酰胺凝胶分离，再经放射自显影检测末端标志，而得到待测 DNA 片段的碱基序列。化学降解法的特点是可以对合成的寡核苷酸进行测序，也可以分析甲基化等 DNA 修饰情况，还可以用来研究 DNA 的二级结构及其与蛋白质的相互作用。

待测 DNA 分子的性质、测序目的和测序方法不同，所应用的测序策略也有所不同，大致包括已知序列的确证性测序和未知序列的从头测序。新的测序方法不断涌现，第一代测序技术以双脱氧链终止法和化学降解法为代表，第二代测序技术包括 454 技术、Ion Torrent 技术、Solexa 技术和 SOLiD 技术，单分子测序技术、单分子实时测序技术和纳米孔单分子测序技术被认为是第三代测序技术。目前已商品化或正在开发的测序方法包括鸟枪法、人工转座子法、定向测序法、毛细管电泳法、质谱法、连接酶测序法、杂交测序法、焦磷酸测序法、流式细胞仪测序法、离子半导体测序法、DNA 纳米球测序法及 DNA 芯片法等。

（二）自动化 DNA 序列分析的原理

DNA 测序技术的不断改进及仪器自动化程度的不断提高，使得原来的手工测序发展成目前的自动测序。第一代自动化的 DNA 测序仪普遍采用双脱氧链终止法的原理，PCR 测序反应代替酶反应方法，测序反应产物的读取不再通过放射自显影检测，而是应用荧光标记检测技术，集束化的毛细管电泳代替传统的凝胶电泳，序列数据可自动采集并传输到计算机进行分析。DNA 测序仪的自动化程度高，样品分析

量大,连续运行,无须监控,可以实现 24 h 不间断自动灌胶、自动上样、自动电泳分离、自动检测及自动数据收集分析。

1. 荧光标记

(1) 单色荧光染料标记法:采用单一 Cy5 荧光染料标记测序引物或终止底物 ddNTP,沿用双脱氧链终止法原理,A、G、C、T 四个反应分别进行,各管反应产物也分别在不同泳道上电泳。

(2) 多色荧光染料标记法:采用 4 种荧光染料标记测序引物或终止底物 ddNTP,前者 A、G、C、T 四个反应需分别进行,而后者的四种反应可以在同一管中完成。多色荧光染料标记法可使测序反应产物在同一泳道上分离识别,从而减低泳道间迁移率差异对结果分析的影响,极大提高了测序的准确性、测序长度以及测序速度。

2. 毛细管电泳(capillary electrophoresis,CE)　DNA 测序仪所采用的毛细管电泳是以高压直流电场为驱动力,使带有荧光的 DNA 片段在毛细管内的凝胶聚合物中从负极向正极泳动,按相对分子质量大小进行分离。它具有分辨率、灵敏度高,重复性好,快速及易于自动化等特点。常用于 DNA 测序的毛细管电泳有毛细管凝胶电泳、非凝胶基质毛细管电泳、阵列毛细管电泳、扫描毛细管电泳和芯片毛细管电泳等。

3. 激光检测技术　DNA 测序仪的激光器可发出极细的光束,通过光学系统被导向检测区,激发已分离的测序反应产物。反应产物上的荧光发色基团吸收激光束提供的能量会发射特征性波长的荧光,代表不同碱基信息的不同颜色荧光经光栅分光后再投射到 CCD 成像系统上同步成像,经计算机软件分析后显示测序结果(图 9-9)。

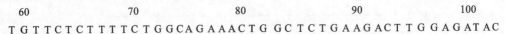

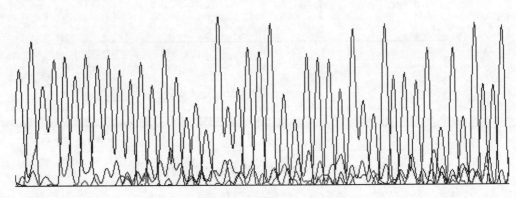

图 9-9　多色荧光染料标记法测序结果

二、全自动 DNA 测序仪的结构与性能

目前临床上应用最多的第一代全自动 DNA 测序仪实际上就是带有检测系统的高压电泳装置。不同厂家生产的全自动 DNA 测序仪的原理、型号各异,但基本结构大致相同,主要由主机(包括电源、电泳系统、激光器、检测系统)、计算机及应用软件等组成。主机是 DNA 测序仪的核心部分,具有自动灌胶、进样、电泳分离、荧光检测等功能,大致可分为自动进样器区、电泳分离块区、检测区三个功能区。计算机可以实时控制测序全程,测序前各种参数的设置,如进样排序、进样时间、电压、数据分析模式(包括 DNA 序列分析、单链构象多态性分析、微卫星序列分析等),工作中的灌胶、进样、电泳、检测及结果的分析都可以全部由计算机自动完成。此外计算机还控制电泳的时间、温度、电压等,同步监测电泳情况,在分析上一个样品数据的同时还可以收集下一个样品的数据。部分全自动 DNA 测序仪见图 9-10。

不同公司生产的全自动 DNA 测序仪基于不同的测序技术,性能特点和技术指标不同,发展趋势是高通量、速度更快、准确性更高,一次可分析更长的序列,应用软件处理能力更强大、操作更简单、功能更强大,除测序外还可进行其他分析(表 9-2)。

(a) 3730xl型全自动DNA测序仪

(b) MegaBACE 4000型全自动DNA测序仪

(c) HiSeq 2000型全自动DNA测序仪

(d) GS FLX型全自动DNA测序仪

(e) RS型全自动DNA测序仪

图 9-10 部分全自动 DNA 测序仪

表 9-2 不同厂家全自动 DNA 测序仪性能特点和技术指标对比

	主要性能和指标
CEQ8000 型	8 条毛细管电泳装置,4 色荧光染料标记,半导体激光器,一次接受 1 个 96 孔板,每天的测序产率为 192 个样品
3730xl 型	96 条毛细管电泳装置,每天的测序产率为 1152 个样品,单模激光器,双光束双侧激光激发,4 色荧光同时检测,后置超薄 CCD 检测器,最大测序长度为 1100 bp,每个循环的数据产出量为 56 kb,温控范围 18～70 ℃
MegaBACE 4000 型	384 条毛细管电泳装置,可同时测定 384 个样品,采用共聚焦扫描检测,最大测序长度为 1000 bp,测序精度为 98.5%,样品测定全过程在 2 h 以内
HiSeq 2000 型	基于 Solexa 技术的测序系统,边合成边测序,两个流动槽和双表面成像方法,单次运行产生 200 Gb 的数据,每天能产生 25 Gb,操作流程简单,启动运行的手工操作仅需 10 min
GS FLX 型	使用 454 技术,平均读取长度为 450 bp,测序准确性大于 99.99%,每个循环能产生总量为 400～600 Mb 的序列,耗时约 10 h
RS 型	采用了 SMRT 测序技术,短时间内可对长 DNA 片段进行测序,读长超过 1000 bp,最大测序长度可达 100 kb,典型的测序运行时间低至 30 min
Ion PGM 型	应用 Ion Torrent 技术,测序读长 35～400 bp,单次运行的最短时间为 90 min,单次运行的测序通量为 10 M 至 1 G

三、全自动 DNA 测序仪的操作

不同厂家生产的全自动 DNA 测序仪因工作原理不同,其操作差别很大,在使用前必须认真阅读仪器的操作手册。

1. 310 型全自动 DNA 测序仪 首先要制备测序样品,包括 PCR 测序反应、产物纯化及测序样品前处理。然后进行上机操作,安装定位毛细管,校正光谱,灌胶并建立运行的测序顺序文件。仪器将自动灌胶至毛细管,按编程次序自动进样,进行预电泳和电泳。电泳结束后仪器会自动清洗、灌胶、进下一样品。全部样品电泳结束后仪器会自动分析或打印出彩色测序图谱。接下来仪器将自动进行序列分析,并可根据用户要求进行序列比较。

2. Ion PGM 基因组测序仪 首先构建含 Ion Torrent 测序接头的 DNA 测序文库。将文库片段克隆到离子微球颗粒上并进行PCR扩增,含有扩增模板的离子微球颗粒应用到Ion Torrent芯片上,然后将芯片放置在Ion PGM基因组测序仪上。设立并运行测序程序,仪器自动完成测序全程。测序结果以标准的文件格式显示,下游的数据处理用Torrent Suite软件系统进行分析。

四、全自动DNA测序仪的常见故障及维护

以3730xl型全自动DNA测序仪为例,简要说明全自动DNA测序仪的常见故障排除和日常维护。

1. 电泳无电流　确认溶液槽中有足够的缓冲液,并接触到毛细管的两端。每三天更换一次缓冲液和超纯水,每周冲洗一次水密封环。

2. 毛细管堵塞　测序前检查泵胶块、连接管、各通道中的气泡,使用Bubble Remove向导去除气泡,结束后需将毛细管负极端浸在蒸馏水中,避免凝胶干燥而堵塞毛细管。毛细管不正确使用或储存条件不佳可引起堵塞,定期运行Water Wash向导,冲洗毛细管或更换毛细管。严格按要求使用试剂等相关物品,每周更换一次测序胶。

3. 电极及毛细管损坏　确认样品板组装正确并牢靠平正地固定在托盘上,测序前检查毛细管的取样末端,确认其未损坏。每三个月清洁一次毛细管外端的扫描窗口。

4. 电泳时产生电弧　通常由于仪器内部进入灰尘所致,发生时应立刻停机,定期清洁仪器表面。

五、全自动DNA测序仪的主要应用

全自动DNA测序仪的应用广泛,不仅包括DNA测序(未知序列测定和已知序列的比较测序)、基因比较研究、重组克隆的鉴定与确认、突变的定位及鉴定和PCR产物的检测,此外还可以进行各种基因组测序、生物工程药物的筛选、动植物杂交育种、系统发育及物种鉴定、杂合子分析、单核苷酸多态性分析、单链构象多态性分析、微卫星序列分析、长片段PCR等。在医学检验中,可用于人类遗传性疾病、感染性疾病和复杂性疾病(如肿瘤)的分子诊断、器官移植配型分析、亲子鉴定和个体识别等方面。

 ## 第四节　蛋白质自动测序仪

掌握:蛋白质自动测序仪的工作原理。

熟悉:蛋白质自动测序仪的结构、分类及操作。

了解:蛋白质自动测序仪的维护与主要应用。

蛋白质是生物功能的执行者,几乎参与所有的生理过程,在生命活动中起至关重要的作用。作为重要生物大分子之一的蛋白质,有其独特的结构特征,并决定了其各自的复杂功能。氨基酸是组成蛋白质的基本单位,不同蛋白质的氨基酸组成和含量不同,多种氨基酸按照一定的顺序通过肽键相连而形成蛋白质。蛋白质具有一级结构和高级结构,肽链中氨基酸从N端至C端的排列顺序即是蛋白质的一级结构。一级结构是了解蛋白质完整结构、进化与变异、作用机制及其生理功能的基础,因此测定一级结构具有十分重要的意义。蛋白质自动测序仪是分离鉴定蛋白质的自动化仪器,主要用于蛋白质一级结构的测定,其具有测序方便、省时省力、准确度高、样品用量少等特点,是最常用的蛋白质结构超微分析的方法。目前蛋白质自动测序仪被广泛应用于生命科学研究、生物制药、医学等领域。

一、蛋白质自动测序仪的工作原理

蛋白质N端氨基酸自动测序仪,简称蛋白质自动测序仪。它的工作原理主要沿用了Edman化学降解法,该方法将氨基酸从蛋白质N端逐个降解下来,形成乙内酰苯硫脲(PTH)氨基酸。蛋白质自动测序仪实际上是执行自动化的该反应、分离游离氨基酸并鉴定的仪器。

在弱碱性条件下,异硫氰酸苯酯(PITC)可与蛋白质多肽链的N末端的自由氨基发生反应,生成苯氨基硫代甲酰胺(PTC)衍生物,后者用酸处理后可使靠近PTC基的氨基酸环化并断裂下来,形成噻唑啉酮

苯胺(ATZ)衍生物。ATZ衍生物不稳定,会继续反应,转变为稳定的PTH氨基酸,完成一次Edman化学降解。余下的多肽链的酰胺键不受影响,可以进行下一次降解循环,如此反复循环,可使多肽链N端的氨基酸依次逐一降解。每次形成的PTH氨基酸通过蛋白质自动测序仪的高效薄层层析系统或高效液相层析(HPLC)系统进行实时分离检测,根据PTH氨基酸保留值不同确定各种氨基酸。将每次断裂下来鉴定的氨基酸依次拼接在一起就可以获得完整的蛋白质一级结构。此法对样品量的要求少,一般只需10~100 pmol即可测定氨基酸序列。对于肽链较长的蛋白质,可以先将其切断成多个小肽,对这些小肽进行氨基酸测序,然后进行拼接。

上述反应大致分为四个步骤,在蛋白质自动测序仪的不同部位进行。偶联反应和环化断裂发生在反应器中,转化在转化器中进行,PTH氨基酸的分析则在检测器中进行。

二、蛋白质自动测序仪的结构及分类

商品化的蛋白质自动测序仪诞生以来,虽然其技术改进不多,但仍是测定蛋白质序列的黄金标准。质谱技术特别是电喷雾(ES)和基质辅助激光解吸电离飞行时间质谱(MALDI-TOF-MS)可对微量蛋白质样本进行更快速的分析,已成为日益重要的蛋白质序列测定工具。蛋白质自动测序仪的优势在于已被化学验证的精确性、系统初始投资较小,缺点主要是分析时间过长、测序长度过短(典型的范围为20~50个氨基酸序列)。

蛋白质自动测序仪的结构较为复杂,大体由供气系统、计算机和主机组成。供气系统包括惰性气体储气瓶、电磁阀、气路管等。计算机用于控制测序过程和分析结果。主机包括进样系统、反应系统和分析系统,主机为蛋白质自动测序仪的核心部分。部分蛋白质自动测序仪见图9-11。

(a) ABI 491型蛋白质自动测序仪 　　　　　(b) PPSQ-31A型蛋白质自动测序仪

图9-11　部分蛋白质自动测序仪

1. 进样系统　可自动完成进样,只需微量的样品即可满足测序要求。

2. 反应系统　主要部件为反应器。因反应要求一定的温度、时间、液体流量等条件,所以通过计算机的控制系统来调节这些因素,可无人离线遥控操作。蛋白质在此完成偶联反应和环化断裂过程。

3. 分析系统　通常由HPLC毛细管层析柱组成,层析是测序过程中最关键的一步,温度、液体的分配速度、电流电压都可影响层析结果。所以分析系统配有稳压、稳流、自动分配流速装置,各种鉴定的氨基酸通过这一系统会产生特征性吸收峰。

按照蛋白质自动测序仪的结构和分析方法不同,可将其大致分为四类:液相蛋白质自动测序仪、固相蛋白质自动测序仪、气相蛋白质自动测序仪和脉冲式蛋白质自动测序仪。

三、蛋白质自动测序仪的操作与维护

不同厂家类型的蛋白质自动测序仪的操作模式不同,有些操作为共性的,可相互借鉴。以下为ABI 491型蛋白质自动测序仪的基本操作步骤:①打开气阀,开泵,然后启动检测器和主机,等待检测器自检完毕后开启计算机;②进入计算机操作软件系统的主菜单控制界面,准备测序前工作,编制测序程序;③将固定有蛋白质样品的玻璃纤维膜片或转印有蛋白质斑点的PVDF膜放置在反应器中;④调整HPLC系统状态,预做标准氨基酸循环,启动测序程序开始分析;⑤测试完毕,分析数据,打印测序图谱;⑥退出运行程序,然后依次关闭计算机、主机、检测器、泵和气阀开关。

蛋白质自动测序仪的日常维护主要包括:①定期更换溶剂瓶,连续几天不使用仪器时,要用有机溶剂(如甲醇)清洗管路系统;②如测序仪部件中有气泡存在,应进行脱气;③定期使用强溶剂冲洗分析柱,避免固定相干枯及流动相组成、极性剧烈变化;④不要频繁开启氙灯,否则容易损坏。

四、蛋白质自动测序仪的主要应用

虽然其他蛋白质测序技术发展迅速,但蛋白质自动测序仪仍是获得蛋白质一级结构的重要工具,它主要应用于以下方面。

1. 未知蛋白质的鉴定　可以利用蛋白质自动测序仪测定未知蛋白质的序列,为蛋白质后续的功能研究提供基础。

2. 基因工程研究　通过测定的蛋白质序列信息设计寡核苷酸探针,用于 PCR、cDNA 文库或基因组文库的筛选、核酸分子杂交等。

3. 蛋白质或肽类纯度的鉴定　从天然生物材料中提取、人工合成或重组 DNA 技术表达的蛋白质和多肽,可通过蛋白质自动测序仪测定其纯度。

4. 蛋白质功能、蛋白质组学研究　可用于研究蛋白质的结构与功能的关系、多种蛋白质的结构同源性。确定蛋白酶的生物活性中心、催化位点及酶与底物的结合位点。

5. 核酸研究　确定核酸转录的起始和终止位点,提供蛋白质的乙酰化、磷酸化、糖基化等翻译后修饰情况以及信号肽及蛋白质源的断裂位点。

6. 其他　蛋白质自动测序仪测定的序列可以更好地解释蛋白质的高级结构、蛋白质分子进化机制、分子遗传性疾病的发病机制、分子免疫机制等。

(邬　强)

本章小结

核酸自动化提取仪是进行核酸提取纯化的专用仪器,具有高通量,可处理不同类型样品,操作简单、快速,安全、环保、无污染,提取效果好,且结果稳定等特点,广泛应用于诸多领域。国内外厂家的核酸自动化提取仪,其主要工作原理、类型及结构有所差异,性能、操作方式与保养维护也不同。随着核酸自动化提取仪的不断发展与推广,代替人工将成为必然。

PCR 技术模拟 DNA 的天然复制过程,可在短时间内获得大量拷贝的核酸片段,目前广泛应用于多个领域。PCR 扩增仪是进行 PCR 的仪器,以控温装置和检测装置为核心,分为普通 PCR 扩增仪和实时荧光定量 PCR 扩增仪两大类。不同的 PCR 扩增仪,其主要工作原理、类型和组成部件不同,性能指标和操作规程也不同。为了保障 PCR 扩增仪正常工作,需对其进行日常维护和保养。

全自动 DNA 测序仪采用双脱氧链终止法、化学降解法、454、Solexa、单分子等测序技术,主要用于 DNA 序列的自动测定。目前常用的第一代全自动 DNA 测序仪大多应用荧光标记检测技术及集束化的毛细管电泳,进行序列数据的自动采集和分析。全自动 DNA 测序仪主要由主机、计算机及应用软件等组成。由于采用不同的测序技术,全自动 DNA 测序仪的性能指标与操作差异较大,功能及应用也不同。为了保证全自动 DNA 测序仪的正常工作,应正确使用仪器并学会常见的故障排除方法。

蛋白质的一级结构是蛋白质高级结构、生物功能、作用机制的基础。蛋白质自动测序仪是用于分离鉴定蛋白质、测定其一级结构的仪器。蛋白质自动测序仪主要采用 Edman 化学降解法,进行蛋白质 N 端氨基酸序列的测定,分析过程中包括偶联、环化断裂、转化及分析四个阶段。蛋白质自动测序仪主要由供气系统、计算机和主机组成,广泛应用于许多领域。应正确操作蛋白质自动测序仪并进行必要的维护工作。

测试题

（一）选择题

1. 目前市场主流核酸自动化提取仪采用的主要工作原理为（　　）。
   A. 层析法　　　　　　　　　　B. 酚-氯仿抽提法　　　　　　　C. 磁珠法
   D. 碱裂解法　　　　　　　　　E. 异硫氰酸胍法

2. 以下不属于核酸自动化提取仪主要结构的是（　　）。
   A. 控制模块　　　　　　　　　B. 机械模块　　　　　　　　　　C. 计算机软件模块
   D. 荧光信号检测模块　　　　　E. 温控和搅拌模块

3. 以下哪种物质不应存在于 PCR 体系中？（　　）
   A. 引物　　　　　　　　　　　B. 反应缓冲液　　　　　　　　　C. DNA 聚合酶
   D. 模板　　　　　　　　　　　E. RNA 酶

4. PCR 的正确过程为（　　）。
   A. 变性→退火→延伸　　　　　B. 退火→延伸→变性　　　　　　C. 变性→延伸→退火
   D. 延伸→退火→变性　　　　　E. 退火→变性→延伸

5. DNA 聚合酶的适宜温度为（　　）。
   A. 93～98 ℃　　　B. 40～68 ℃　　　C. 70～75 ℃　　　D. 37 ℃　　　E. 50～65 ℃

6. 可在组织细胞里进行 PCR 的仪器是（　　）。
   A. 普通定性 PCR 扩增仪　　　B. 梯度 PCR 扩增仪　　　　　　C. 原位 PCR 扩增仪
   D. 板式定量 PCR 扩增仪　　　E. 离心式实时定量 PCR 扩增仪

7. 以空气作为热传导媒介的 PCR 扩增仪是（　　）。
   A. 独立控温的荧光定量 PCR 扩增仪　　　　　　B. 原位 PCR 扩增仪
   C. 板式定量 PCR 扩增仪　　　　　　　　　　　D. 离心式实时定量 PCR 扩增仪
   E. 梯度 PCR 扩增仪

8. 可以在同一台 PCR 扩增仪上进行不同条件 PCR 的是下列哪种型号？（　　）
   A. 7900HT 型　　　　　　　　B. LightCycler 480 型　　　　　C. SmartCycler 型
   D. iQ5 型　　　　　　　　　　E. Mx3000P 型

9. PCR 扩增仪最核心的部分是（　　）。
   A. 荧光信号检测系统　　　　　B. 控温装置　　　　　　　　　　C. 计算机分析处理系统
   D. 热盖装置　　　　　　　　　E. 样品基座

10. PCR 扩增仪升降温速度的优点不包括下列哪一项？（　　）
    A. 缩短反应时长　　　　　　　B. 提高工作效率　　　　　　　　C. 提高反应特异性
    D. 提高温度的均一性　　　　　E. 降低反应的非特异性

（二）名词解释

1. 核酸自动化提取仪　2. 磁珠法核酸提取纯化技术　3. PCR 技术　4. 实时荧光定量 PCR（real-time fluorescence quantitive PCR）　5. PCR 扩增仪　6. 梯度 PCR 扩增仪　7. 离心式实时定量 PCR 扩增仪　8. 独立控温荧光定量 PCR 扩增仪　9. 双脱氧链终止法　10. Maxam-Gilbert 化学降解法　11. 多色荧光染料标记法　12. 蛋白质自动测序仪　13. Edman 化学降解法

（三）填空题

1. 蛋白质 N 端氨基酸自动测序过程主要包括_____、_____、_____和_____等阶段。

2. 蛋白质自动测序仪的基本结构主要由_____、_____和_____等部分组成。

（四）简答题

1. 简述核酸自动化提取仪的工作原理。

2. 简述核酸自动化提取仪的分类与各自特点。

3. 核酸自动化提取仪的主要性能指标有哪些?

4. PCR 过程的主要步骤有哪些?

5. 简述典型 PCR 的体系组成和反应条件。

6. 简述 PCR 扩增仪的主要工作原理。

7. 简述 PCR 扩增仪的分类和各自主要特点。

8. 如何对 PCR 扩增仪进行技术性能评价? 指标有哪些?

9. 简述 DNA 测序的主要技术和方法。

10. 简述自动化 DNA 序列分析的原理与方法。

11. 简述全自动 DNA 测序仪的结构及功能。

12. 全自动 DNA 测序仪主要应用于哪些方面?

13. 导致全自动 DNA 测序仪毛细管堵塞的常见原因有哪些?

14. 简述蛋白质自动测序仪的工作原理。

15. 简述蛋白质自动测序仪的结构及其各部件的功能。

16. 简述蛋白质自动测序仪的主要应用。

(五) 操作题

1. 正确使用某一型号核酸自动化提取仪进行一次核酸提取。

2. 正确使用普通 PCR 扩增仪进行一次 PCR。

3. 在教师指导下,指认全自动 DNA 测序仪的结构并完成一次 DNA 序列分析。

4. 在教师指导下,指认蛋白质自动测序仪的结构并完成一次蛋白质测序。

第十章　临床即时检验仪器

本章介绍

　　即时检验(point-of-care testing,POCT)也称床边检验,POCT 仪器是基于 POCT 技术而发展起来的小型便携式仪器,它具有小型、便携、操作简便、即时报告结果等特点,广泛使用于医院、护理病房、救护单位、保险公司、家庭保健网络和事故现场等领域,是检验医学发展的新领域。本章主要介绍 POCT 的概念、特点、基本原理、主要技术和常用 POCT 仪器的临床应用,以及 POCT 面临的问题及对策。

本章目标

　　通过本章的学习,掌握 POCT 的定义、特点、基本原理及主要技术。熟悉常用 POCT 仪器原理、使用及维护、保养和简单故障的排除。了解 POCT 仪器分类。

第一节　临床即时检验仪器的工作原理及基本检测技术

掌握:POCT 的概念及特点。

熟悉:POCT 的基本原理及其检测技术。

了解:POCT 仪器的分类。

　　POCT 是检验医学发展中应运而生的新事物,它顺应了目前快节奏、高效率的工作方式,使患者尽早得到诊断和治疗。它以作为大型自动仪器的补充,节省分析前、后标本处理步骤,缩短标本检测周期,快速准确报告检验结果,节约综合成本等优势得到人们青睐。近年来,POCT 在临床应用中得到了快速发展,出现了大型自动化和小型快速化发展的趋势,同时也促进了检验医学仪器的发展。

一、POCT 的概念

　　目前,国内外还没有一个统一的名称可以概括 POCT 的确切含义,但围绕缩短检验周期这一核心,将 POCT 译为"即时检验"更能表达其内涵。POCT 是指在患者旁边分析患者标本的技术,或者说是测试项目不在主实验室进行,并且它是一个可移动的、简单、快捷的系统,就可以称为 POCT。

二、POCT 的特点

　　POCT 主要强调的是快、旁、便、易四大特点,一般不需要专用的空间,不需要临床实验室的仪器设备,不需要麻烦的标本收集与处理,也不需要高技术素质的人才,它包括一些可以快捷移动、操作简便、结果可靠、易读的技术与设备。POCT 与传统实验室检测的主要区别见表 10-1。

表 10-1 POCT 与传统实验室检测的主要不同点

比 较 项 目	POCT	传统实验室检测
周转时间(TAT)	快	慢
标本鉴定	简单	复杂
标本处理	不需要	通常需要
血标本	多为全血	血清、血浆
操作步骤	简单	繁杂
校正	不频繁	频繁
试剂	随时可用	需要配制
检测仪器	简单	复杂
对操作者的要求	普通人也可以	专业人员
单个试验费用	高	低
实验结果质量	一般	高

POCT 有着小巧、易携带、检测方便的优势,但是在灵敏度和可靠性上存在不足,还有各个试纸条的质量和标准都不很一致,所以在质量上很难得到有效控制。目前国内尚未有 POCT 严格的质量保证体系和管理规范,往往出现实验结果质量不易保证的现象,造成对 POCT 结果可靠性的诸多争议,这是 POCT 发展中值得重视的首要问题。

三、POCT 的基本原理及主要技术

目前 POCT 检测系统已经变得非常多样化,其操作简单,便于储藏和使用,并与临床实验室检测结果相一致。POCT 检测技术的原理主要有以下几种。

(1) 将传统方法中的相关液体试剂浸润于滤纸和各种微孔膜的吸水材料内,成为整合的干燥试剂块,然后将其固定于硬质型的基质上,成为各种形式的诊断试剂条。

(2) 将传统分析仪器微型化,操作方法简单化,使之成为便携式和手掌式的设备。

(3) 将上述二者整合为统一的系统。

(4) 应用生物感应技术,利用生物感应器检验待测物。

具体来讲,POCT 检测系统主要有以下几种检测技术。

(一)简单显色技术

简单显色技术是运用干化学测定的方法,将多种反应试剂干燥并固定在纸板上,被测样品中的液体作为反应介质,被测成分直接与固化于载体上的干试剂进行反应。加入待测标本后产生颜色反应,可以直接用肉眼观察(定性)或仪器检测(半定量)。如尿液干化学分析测定的蛋白质、葡萄糖、比密、维生素 C、pH 等项目以及血中降钙素原(PCT)的半定量检测多采用此技术。

(二)多层涂膜技术

多层涂膜技术是从感光胶片制作技术引申而来的,也属于干化学测定,将多种反应试剂依次涂布在片基上并制成干片。这种干片比运用简单显色技术的干化学分析试纸片均匀、平整,用仪器检测,可以准确定量。按照干片制作原理的不同,可分为采用化学涂层技术的多层膜法和采用离子选择电极原理的差示电位多层膜法。

1. 化学涂层技术的多层膜法 该类仪器是在干片的正面加上样品,样品中的水将干片上的试剂溶解,使之与待测成分在干片的背面产生颜色反应,并用反射光度计检测,进行定量。干片中的涂层按其功能分 4 层:分布层(有时又分成扩散层和遮蔽或净化剂层)、试剂层、指示剂层、支持层。此类方法的使用已经比较多见,最具代表性的仪器为干式全自动生化分析仪,可用于血糖、尿素氮、蛋白质、胆固醇、酶活性、胆红素等 30 多个生化项目。

2. 差示电位多层膜法 该类仪器使用的膜片(干片)包括两个完全相同的"离子选择性电极",两者均

由离子选择敏感膜、参比层、氯化银层和银层组成,并以一纸盐桥相连。测定时将血清和参比液分别加入并列而又独立的两个电极构成的加样槽内,即可测定两者的差示电位。若样品液与参比电极中的待测无机离子浓度相同,则差示电位为零,若两者浓度不同,则可以由差示电位的相应值计算该离子的浓度。该多层膜的使用是一次性的,不存在电极老化和蛋白沉积的缺点,且标本用量少,在临床上广泛应用,如钠、钾、氯的测定。

(三)免疫金标记技术

胶体金技术也属于POCT的范畴,胶体金颗粒具有高电子密度的特性,可以牢固吸附在抗体的表面而不影响抗体的活性,当金标记抗体与抗原反应聚集到一定程度时,肉眼可见红色或粉红色斑点,这一反应可以通过金颗粒的沉积被放大。该类技术主要有斑点免疫渗滤法和免疫层析法。

1. **斑点免疫渗滤法** 免疫渗滤技术是以硝酸纤维素膜为载体,利用微孔薄膜的可过滤性,使抗原抗体反应和洗涤在一特殊的渗滤装置上以液体过滤膜的方式迅速完成。在免疫渗滤技术相关POCT中,斑点金免疫渗滤技术(dot immunogold filtration assay,DIGFA)广泛应用于临床各种定性指标的测定,如检测血清抗精子抗体、抗结核杆菌抗体、抗核抗体、人全血中抗HBc抗体以及血或尿中的HCG等。此类方法所测定的项目大多数为定性或半定量的结果,不需要特殊仪器。免疫渗滤装置及操作见图10-1。

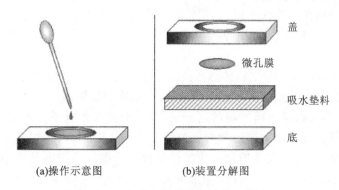

(a)操作示意图   (b)装置分解图

盖
微孔膜
吸水垫料
底

图 10-1　免疫渗滤装置及操作示意图

2. **免疫层析法** 免疫层析技术按照检测原理和运用方式的不同,可分为两个系统:①免疫层析法,以酶反应显色为基础,主要用于小分子药物的定量检测,见图10-2;②复合型免疫层析法,以胶体金颗粒或着色胶乳颗粒等有色粒子作标记物,层析条为多种材料复合而成,多用于定性的检测,也有定量分析系统。目前,大多采用复合型免疫层析技术,如斑点免疫层析试验(dot immunochromatographic assay,DICA),其分析原理与DIGFA基本相同,只是反应液体的流动不是直向的穿透流动,而是层析作用的横向流动。此类技术操作简便、快速(只用一种试剂,只有一步操作),可肉眼观察,给出定性结果;也可以用金标定量仪器测定出定性结果,如一些性激素、病原微生物、肿瘤标志物、毒品以及大便潜血的检测。

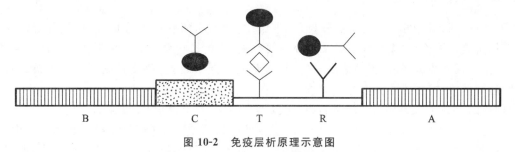

B　　　　　C　　T　　R　　　　A

图 10-2　免疫层析原理示意图

(四)免疫荧光技术

免疫荧光技术是将免疫学方法(抗原抗体特异性结合)与荧光标记技术结合起来研究特异蛋白抗原在细胞内分布的方法,又称为荧光抗体技术(fluorescent antibody technique)。由于荧光素所发出的荧光可在荧光显微镜下检出,从而可对抗原进行细胞定位,也可通过检测板条上激光激发的荧光,定量检测板条上单个或多个标记物。

荧光抗体技术相关的 POCT 仪器是目前使用较多的 POCT 系统,自动化程度及检测灵敏度较高,具备内置质控,整体检测系统的变异系数小,一台仪器上可以检测多个项目。检测系统通常由荧光读数仪和检测板组成。检测板多采用层析法,分析物在移动的过程中形成免疫复合物,根据检测区域、质控区域的荧光信号强弱的变化与分析物浓度呈一定比例关系,获得定标曲线,可用于检测未知样品中分析物的浓度。

近年来,出现了一种新型检测技术——时间分辨荧光免疫分析(time-resolved fluoroimmunoassay, TRFIA),同传统的免疫荧光技术相比,大大提高了床边诊断的准确性和精确性,可用于心肌损伤、生殖和感染标志物等指标的定量测定。

(五)红外分光光度技术

红外分光光度技术是利用物质对红外光的选择吸收进行结构分析、性质鉴定和定量测定。此类技术常用于经皮检测仪器,用于检测血液中血红蛋白、胆红素、葡萄糖等成分。这类床边检验仪器可连续检测患者血液中的目的成分,无需抽血,可避免抽血可能引起的交叉感染和血液标本的污染,降低每次检验的成本和缩短报告时间。

(六)生物传感器技术

生物传感器技术是利用离子选择电极、底物特异性电极、电导传感器等特定的生物检测器进行分析检测。该类技术是酶化学、免疫化学、电化学与计算机技术结合的产物,利用它可以对生物体液中的分析物进行分析。

1. 葡萄糖酶电极传感器　目前,生物传感器技术已经广泛应用于手掌型血糖分析仪以及相关的胰岛素泵领域。电化学酶传感器法微量血快速血糖测试仪,采用生物传感器原理将生物敏感元件酶同物理或化学换能器相结合,对所测定对象做出精确的定量反应,并借助现代电子技术将所测得信号以直观数字形式输出的一类新型分析装置。采用酶法葡萄糖分析技术,并结合丝网印刷和微电子技术制作的电极,以及智能化仪器的读出装置,组合成微型化的血糖分析仪。根据所用酶电极的不同可以分为两类,一类采用葡萄糖脱氢酶电极,另一类采用葡萄糖氧化酶电极。

2. 荧光传感器　待测标本通过微型电极传感器,由传感器通过电化学的原理将各种电信号转化为参数,最后由微处理器对这些数据处理后将结果存储和显示。血气分析仪是有代表性的一种采用荧光传感器的仪器。

(七)生物芯片技术

生物芯片是现代微加工技术和生物科技相结合的产物,它可以在小面积的芯片上短时间内同时测定多个项目。利用生物芯片技术可以实现对原有检验仪器微型化,制成便携式仪器,用于床边检验,如血细胞分析、酶联免疫吸附试验、血气和电解质分析等都可进行 POCT。

四、POCT 仪器的分类

POCT 仪器按照用途可以分为血液分析仪、电解质分析仪、酶联免疫分析仪、血气分析仪、抗凝测定仪、药物应用检测仪等;根据体积和重量又可分为便携式、手提式和桌面式。根据使用一次性装置的不同又可以分成单一或多垫试剂条(包括单层、多层试纸垫)、酶层析装置、免疫横流(层析)分析装置、卡片式装置、微制造装置、生物传感器装置等。

一台理想的 POCT 仪器应具备以下特点:①仪器小型化,便于携带;②操作简单化,一般 3～4 个步骤即可完成实验;③报告即时化,缩短检验周期;④经权威机构的质量认证;⑤仪器和配套试剂中应配有质控品,可监控仪器和试剂的工作状态;⑥仪器检验项目具备临床价值和社会学意义;⑦仪器的检测费用合理;⑧仪器试剂的应用不应对患者和工作人员的健康造成损害或对环境造成污染。

 # 第二节　常用临床即时检验仪器与应用

掌握:常用 POCT 仪器的原理及应用。

熟悉：常用 POCT 仪器的操作。

了解：常用 POCT 仪器的常见故障处理。

一、几种临床常用的 POCT 仪器

（一）快速血糖仪

1. 检测原理　目前快速血糖仪多采用的是葡萄糖脱氢酶法，根据酶电极的相应电流与被测血样中的葡萄糖浓度呈线性关系计算血标本中的葡萄糖浓度值。当被测血样滴在电极的测试区时，由于电极施加有一定的恒定电压，电极上固定的酶与血中的葡萄糖发生反应，快速血糖仪显示葡萄糖浓度值。

2. 基本结构　快速血糖仪的结构比较简单，主要包括设置键、显示屏、试纸插口、密码牌、标本测量室等。检测采用生物电子感应技术，所用试纸利用了葡萄糖脱氢酶法的原理和钯电极技术。

3. 使用与维护

（1）仪器操作：快速血糖仪的操作十分简单，使用前认真阅读说明书，严格按操作流程使用。现简要总结如下。

①调试所用血糖试纸条的代码与仪器显示代码一致。

②打开电源按钮。

③待仪器显示屏显示代码和闪烁的"插入试纸"符号，插入试纸。

④待仪器显示屏显示"滴血"标志。

⑤用采血笔采集末梢血一滴，滴入试纸条的测试区，几秒后，显示屏显示结果。

（2）维护：快速血糖仪虽然体积较小，操作简单，几秒内就可以出结果，但也需要进行一定的维护，才能保证其测量的正确度和精密度。

①快速血糖仪的清洁：当快速血糖仪有尘垢、血渍时，用软布蘸清水擦洗，不要用清洁剂或将水渗入仪器内，更不要将仪器浸入水中或直接用水冲洗，以免损坏。

②快速血糖仪的校准：利用模拟血糖液（购买仪器时配送）检查快速血糖仪和试纸条相互运作是否正常。模拟血糖液含有已知浓度的葡萄糖，可与试纸条发生反应。当出现以下几种情况时需要对快速血糖仪进行校准：a. 第一次使用新购买的快速血糖仪；b. 使用新的一盒试纸条时；c. 怀疑快速血糖仪和试纸条出现问题时；d. 测试结果未能反映患者感觉的身体状况时；e. 快速血糖仪不小心摔落后。

4. 常见故障处理　见表 10-2。

表 10-2　快速血糖仪的常见故障及处理方法

故障现象	处理方法
插入错误的密码或不能识别密码牌	取出密码牌，重新插入与试纸条配套的密码牌
检测光路出现错误或测量光路污染	清洁光路，检测试纸在插槽内是否平整和垂直。若仍显示该信息，联系客服中心
试纸插入有误	将检测垫面朝上，沿箭头方向插入试纸，直至其嵌入插槽
快速血糖仪暴露于强电磁场	移至别处测定，不要靠近移动电话

5. 注意事项　快速血糖仪测量血糖由于受到多种因素的影响，检测者要定期用标准品校正仪器，到目前为止只适合日常监测，而不能作为准确诊断糖尿病的工具。

（二）血气分析仪

下面以 IRMA 快速血气分析仪为临床应用实例，介绍快速血气分析仪的检测原理、基本结构、使用和维护、常见故障和处理等。

1. 检测原理　血气分析仪是采用荧光传感器的 POCT 仪器最具代表性的一种。其使用光学传感器检测技术，利用干化学的方式自动测量血液 pH、PCO_2、PO_2、K^+、Na^+、Ca^{2+}、Cl^-、Glu、BUN 等。IRMA 快速血气分析仪由 7.5 V 电池供电。以 PO_2 检测为例，血样被仪器吸入到测试片中，并覆盖光电极传感器。血样平衡后荧光发射，灯泡发射的光通过光栅只让特定的光照到传感器上，产生荧光反应。荧光的

强度取决于与传感器直接接触的血液中的 PO_2，荧光传感器发射的光透过透镜和其他光学元件（如光过滤器等）后可被仪器检测。探头输出的信号通过微处理器转换成一个常规测量单位的数字读数，并显示结果。

2. 基本结构　IRMA 快速血气分析仪主要由 IRMA 分析仪、电池充电器、电源供给、两个可充电的电池、温度卡及两卷热敏打印机纸构成。

3. 使用与维护　IRMA 快速血气分析仪的日常维护主要包括电池的维护、打印机的清洁、气压表的校准以及一般清洁。为了获得最佳的电池性能，使用电池接近"空"时要及时充电，充完电的电池不要继续留在充电器中，否则会降低电池的性能。打印机要经常清洁，气压表要每年校准一次，确保分析仪的准确度。常需清洁的系统部件如下。

（1）清洁触摸屏、充电器、电源供给器及分析仪表面。

（2）定期清洁电池接触点、电池充电器的接触点。

（3）清洁红外探头：每天检查红外探头的表面，细看有没有灰尘或污染，清洁后探头的方玻璃表面应当是光亮的，反射性能良好，测试前探头一定要干透。

（4）清洁边缘连接器：当边缘连接器意外受血液或其他污染物玷污了，或者是进行室间质量控制（EQC）、全面质量控制（TQC）均测试失败，传感器出现错误码指出边缘连接器可能受到污染时必须清洁。仅外部清洁不起作用时，首先切断电源，仪器顶部朝上，拆除左右两个血盒导条，拧掉分析仪下方两个螺钉，将边缘连接器组件提起来，确认连接器插座是否干燥、是否有污染，如果有污染，清洁、干燥后安装，在安装时不要触摸边缘连接器组件的引线，引线受污染会导致室间质量评价（EQA）失败，或传感器出错，安装完毕后用新血盒插入边缘连接器进行一次 EQA 测试来验证分析仪的功能。

4. 常见故障和处理　IRMA 快速血气分析仪常见故障和处理见表 10-3。

表 10-3　IRMA 快速血气分析仪的常见故障和排除方法

常见故障	排除方法
TQC 测试失败	（1）清洁红外探头 （2）清洁温控卡的接口 （3）验证是否使用了正确的温控卡的校准码 （4）验证分析仪与温控卡均已达到室温
EQC 测试失败	重复 EQC
传感器出错	（1）验证血盒已正确平衡 （2）用新血盒重新按程序进行测试 （3）如果出错率一直很高，清洁红外探头与边缘连接器后再运作 EQA，测试仍然不通过，就要按照清洁边缘连接器的顺序更换电子接口
温度出错	（1）血盒温度超过工作温度范围（15～30 ℃/59～86 ℉），换一新血盒在工作范围内进行测试 （2）分析仪温度超过工作温度范围（12～30 ℃/54～86 ℉），按退出键，断开分析仪电源，让分析仪平衡到工作温度范围内达 30 min 后再测试

5. IRMA 快速血气分析仪检测结果的质量控制

（1）抗凝剂要求：12500IU 的肝素钠用 100 mL 生理盐水稀释做抗凝剂，注射器抽取抗凝剂转动数次，针筒向上将抗凝剂排空准备抽血。

（2）采血要求：不用抗凝剂，采血量仅为 0.5 mL，须在 3 min 内检测完毕；用抗凝剂，采血量大于 1.5 mL，在 30 min 内检测完毕。

（3）测试片保存温度在 4～30 ℃，从冰箱取出后不可再放入冰箱。

（4）定期检测温度质控和电子质控，确保结果稳定可靠。

（5）按保养规程菜单进行仪器保养。

6. IRMA 快速血气分析仪的临床应用价值　IRMA 快速血气分析仪密闭，零污染、零使用限制、零保养，采用完善成熟的技术原理、完善全面的质量控制体系、完善准确的信息存储和管理系统。一次性使用测定片,快速、简易、方便,无须电极保养,无须处理定标偏移,随意选择测定指标,降低成本;螺旋式、封闭式进样口,封闭式注入血样,防止医护人员因溅出的血液而感染;全自动定标,一次性完成定标省时省力,进样前确保机器工作正常无误不致使样本浪费;测定片室温储存,无须冷藏,运输使用方便,可放置机器旁边,随时使用。IRMA 快速血气分析仪具备广泛的临床价值。广泛应用于手术室、化验室及急救车等现场工作中,特别适用于 ICU 病房的血气监测和急诊的快速有效诊断。

（三）药物及毒品分析仪

毒品类 POCT 产品主要是试纸类产品,以金标法进行尿液检测为主,主要特点是快速、方便、便于携带、准确率高等。现在毒品测试的一个很重要的研究方向就是研制各种快速检测试纸和试剂。全球毒品类 POCT 产品是一个热点,广泛适用于海关、边检、商检、戒毒所、医院、军队征兵、高危人群普查、特种行业和招工体检工作中筛检以及卫生防疫部门对食品检查等。

二、POCT 仪器的临床应用

1. 在糖尿病中的应用 糖尿病诊治必须测定并动态监测血糖、糖化血红蛋白与尿微量白蛋白等指标,血糖仪使用全血标本(甚至无创)进行即时测定,报告时间大大缩短,是临床、患者家庭最常用的检测仪器。

2. 在心血管疾病中的应用 急性心肌梗死发病急,严重影响到患者的生命安全。POCT 的运用可使急性心肌梗死患者得到及时的诊断和治疗。金标定量检测仪、全定量免疫荧光检测仪、快速 CRP 检测仪等可检测特异性血清早期标志物如肌钙蛋白 I(cTnI)、肌红蛋白(Mb)、肌酸激酶同工酶 MB(CK-MB)、D-二聚体、脑钠肽(BNP)、CRP;利用干片式血细胞凝集分析仪进行凝血酶原时间(PT)测定、活化部分凝血活酶时间(APTT)测定;干化学分析仪可检测血液中天门冬氨酸氨基转移酶(AST)、乳酸脱氢酶(LDH)、肌酸激酶(CK)等生化指标;传感器相关分析可检测患者血气及电解质等指标。

3. 血液学方面的应用 POCT 在血液学方面主要有 2 个不同的应用领域,一是血液的凝血与止血方面,如口服抗凝剂治疗监测、心脏手术进行时的凝血监测;二是血红蛋白定量和血细胞计数,如怀孕妇女和老年人群需要定量监测血红蛋白含量,放疗、化疗患者随访时的白细胞计数。

4. 感染性疾病急性期的应用 POCT 在微生物检测方面要比传统的培养法或染色法快速和灵敏得多,例如细菌性阴道病、衣原体、性病等的检测。POCT 也可用于手术前传染病四项检测(HBsAg、HCV、HIV、TP)、内镜检查前的病毒性肝炎筛查等。

5. 儿科疾病中的应用 适合儿童的诊断行为需要轻便、易用、无创伤或创伤性小、样品需求量少、无须预处理、快速得出结论等要素,以缩短就诊周期,还需要关注父母的满意度。POCT 能较好地达到上述要求,而且在疾病诊断时父母可一直陪伴在孩子身边,更好地与医护人员交流。

6. 在 ICU 病房内的应用 在 ICU 病房里,必须动态监测患者某些生命指标。目前应用于 ICU 病房的 POCT 仪器有用于体外系统的电化学感应器,可周期性监控患者的血气、电解质、血细胞比容和血糖等;用于体内系统的,将生物传感器安装在探针或导管壁上,置于动脉或静脉管腔内,由监视器定期获取待测物的数据。

7. 在循证医学中的应用 循证医学是遵循现代最佳医学研究的证据,并将证据应用于临床对患者进行科学诊治决策的一门学科。POCT 弥补了传统临床实验室流程繁琐的不足,操作人员可以在实验室外的任何场所进行,快速、方便地获取患者某些与疾病相关的数据。

8. 在医院外的应用 医院外的 POCT 应用领域更加广泛,如家庭自我保健,社区医疗,体检中心,救护车上,事故现场,出入境检疫,禁毒,戒毒中心,公安部门等。

第三节 临床即时检验仪器发展及存在的问题

掌握:POCT 的发展趋势。

熟悉：POCT 存在的问题。

了解：解决 POCT 存在问题的相应对策。

目前 POCT 几乎涉及医学的每个领域，如感染科、小儿科、妇科、内分泌科等，它不仅用于疾病的诊断，还包括日常生活中的监测，因此其发展方向逐渐趋向多项目、多科室、多种疾病同时检测。

一、POCT 的发展趋势

近年公布的一份报告指出，由于准确、快速检测方法的不断问世，患者对立即获取结果的要求以及家用检测试剂需求的增多，未来几年 POCT 市场将会保持均衡增长。许多的专业人士预测在未来几年，诊断检验的大部分工作将会是在现场而不是中心实验室完成；但这并不意味着高通量实验室检测会走向末路。POCT 的增长将成为中心实验室的有效补充。一些新技术如纳米技术和新标记物等将会给 POCT 的发展带来新的突破。

（1）微型芯片技术的应用使仪器向更小型化、操作更方便化、更人性化方向发展，例如应用蓝牙技术将使结果更快地传至医师、实验中心。

（2）未来几年无创性 POCT 检测系统有望从临床研究全面走向市场，目前一种不需指血的血糖仪已得到美国 FDA 的市场许可。

（3）高新技术在 POCT 中的应用将会出现新的高潮，POCT 新技术不断涌现：胶体金技术、化学、点发光、时间分辨荧光、免疫层析、免疫斑点渗滤技术、生物传感器技术以及生物芯片的新技术不断推出，成为 POCT 技术发展的有力支柱。

总之，由于 POCT 技术快速、方便、准确等优点，已经成为当前检验医学发展的潮流和热点。为了适应实际需要，理想的 POCT 仪器应该是结构灵巧、体积小、容易使用、保养简单、无须特殊工作环境、不需额外人工处理标本、不需非常精确的加样、结果准确并能自动保存所有结果记录的微型移动系统。

二、POCT 存在的问题

POCT 是一个新兴发展的领域和方向，不可避免地存在一些不足和问题，需要我们不断去探讨、规范和管理，以利于进一步发展及完善。

1. 质量保证问题　质量保证问题是影响 POCT 发展的最大因素。各种 POCT 分析仪的准确度和精密度各不相同，且没有统一的室内和室间质量控制。POCT 主要由非检验人员（如医师和护士等工作人员）进行检测。他们没有经过适当的培训，不熟悉设备的性能和局限性，缺乏临床检验操作经验，不懂质量控制和质量保证，这是导致 POCT 产生质量不稳定的重要原因，将会影响 POCT 的开展和应用。POCT 在国外的应用已有较长时间，它的运行受到各个临床实验室相关组织的规范化管理，包括 POCT 项目的监管、操作规程、能力验证、质量控制、程序手册、结果报告、试剂、校准与标准、设备保养、人员培训、实验安全等内容。国际标准化组织（International Standards Organization，ISO）也制订了 POCT 的国际标准——ISO 22870:2006，旨在对 POCT 给出可行的、特定的质量要求，在使用中与 ISO15189 相结合；当医院、诊所及提供救护帮助的医疗组织使用 POCT 时应用 ISO 22870:2006 的质量要求。

中国对 POCT 的管理尚无系统的规范化文件，主要接受国家卫生和计划生育委员会和各省、市级临床检验中心的管理。中国医院协会临床检验管理专业委员会于 2006 年 10 月在北京成立床旁检测技术分会，首届分会主任委员为首都医科大学附属北京天坛医院实验诊断中心康熙雄教授，委员由全国知名检验、急诊、内科等相关领域专家和国内外 POCT 专业厂家技术专员组成。目前正在积极从各环节制定我国《床旁检测技术管理办法草案》，同时界定其在医院内和医院外的使用项目和范围。医院也应成立专门的 POCT 委员会，委员会可以包括院领导（人员调配）、医务处（协调管理）、采购人员（仪器、试剂采购标准、条件的制备等）、检验人员（质量控制、比对方案、技术培训及考核等）、医护人员（具体操作）及相应厂家技术人员（仪器调试、技术培训等），特别强调的是 POCT 的培训、考核、认证、质控等应由委员会领导下的检验科负责，这样更能保证检测程序的标准化和可操作性，只有规范及系统化的管理才能保证 POCT 结果的准确可靠，使其真正发挥优势，得到更好的应用。

2.质控措施的缺乏和仪器试剂科技含量的不足 其是影响质量的重要因素。POCT 质量控制与传统的生化大型仪器不同。POCT 所用的试剂板、条、块,每个检测单位都是自成体系。大型生化仪所用的液体试剂,有标准品和曲线校正。而 POCT 所用的每块试剂板,受保管条件等多种因素的影响,每块试剂板间可能存在误差,因而对试剂板的要求比液体试剂要求更高。质量控制对于不同的对象应有所区别。医院 POCT 应用者应参考传统检验的模式,建立质量控制程序。接收临检中心室内质控的监督和室间质评、盲点现场检测的考核,质量控制主要由检验科负责。POCT 仪器试剂应用的终端客户是患者,其质量管理的难度更大。这些使用者大都没有医学背景,而且年龄偏大者居多。这方面工作面广、量多,质量控制只能由仪器和试剂供应商来完成。在购买仪器时做一次全面的培训,要明确可能遇到的问题及解决办法。仪器的日常维护和校准应通过使用者在试剂消耗品供应点进行,供应商应强化责任服务意识,确保仪器始终处于良好状态。

3.循证医学评估问题 从疾病的诊断和治疗来说,POCT 缩短了检验周期,对中心实验室有很好的补充,但对 POCT 仪器及检测结果本身来说,尚缺乏循证医学的评估。美国国家临床生化学会(NACB)在其《检验医学应用准则》文件中提到,POCT 必须在循证医学基础上进行,即要通过系统评价和 Meta 分析等加以证实。循证医学的评价需要全面收集大样品范围内的研究结果,进行大规模的随机对照试验,联合所有研究结果进行综合分析和评价(Meta 分析),得出综合结论,提出尽可能减少偏倚的证据,再制订新的临床诊疗原则,最后推广到临床实践。由于 POCT 仅仅处于起步阶段,要完成这一整套过程还需要一段较长的时间,只有极少数的科研能够说明使用 POCT 的确能给患者带来实实在在的好处。

4.费用问题 在目前条件下,POCT 单个项目的检测费用高于常规性检测。在大多数人们没有充分认清 POCT 可缩短检测结果回报时间(TAT)、及时诊疗、缩短病程、降低总体医疗费用的优势前,对应用 POCT 有单个项目高费用的心理障碍;同时由于单个项目高费用的问题所带来的检测成本与新收费标准也存在潜在的矛盾。

5.报告书写不规范问题 如使用热敏打印纸直接发报告,报告单上患者资料填写不完整,报告内容不规范(包括检测项目或英文缩写、检测结果、计量单位等)和检测报告者签名不规范等。

6.思想认识上的误区 人们对 POCT 没有全面正确的认识,总认为 POCT 被定性为床边检测,结果的可靠性较差,但实际上许多 POCT 测试项目已经获得很大的改进。

三、解决 POCT 存在问题的相应对策

1.尽快建立 POCT 分析仪严格的质量保证体系和管理规范 目前,许多国家和地区已经或将要颁布适合本国或地区的 POCT 使用原则。我国已经出台了《关于 POCT 的管理办法(施行草案)》,该办法对 POCT 的组织管理、人员的培训、专用仪器的认可、质量保证计划、操作规范、人员安全性及废物处理、POCT 的操作程序、结果的报告以及费用等问题都做了详细的规定与说明。类似的管理规范文件将有效提高 POCT 的质量保证。

2.对医护等非检验人员进行严格的 POCT 仪器使用的操作培训 据调查,POCT 大部分的不准确结果均由操作误差或仪器使用不当导致。虽然 POCT 可允许非检验人员操作,但是严格操作培训是保证质量的前提,应放在首位。在美国,开设 POCT 必须接受政府有关部门的评审,要求规章制度、质控措施、操作程序、实验记录、结果报告、方法局限、参考范围、注意事项、仪器保养及试剂批号等都在每个 POCT 操作手册中体现。培训合格、上岗证确认后方可上岗操作。

3.降低单个 POCT 检测项目的高检验费用 人们已经清楚地认识到影响 POCT 进一步发展的瓶颈是高成本的问题。开展 POCT 的主要目的是方便患者尽快而又价廉地得到可靠的检验结果,因此,降低 POCT 的检测费用势在必行。随着高科技的应用,研制出价廉、简便而且性能好的 POCT 仪器和低成本试剂是最有效的措施。此外更普遍地增加 POCT 仪器使用量亦可节约综合成本。

4.加强检测结果的管理与联通 保证 POCT 设备与常规实验室设备检验结果一致,定期将 POCT 检测与常规实验室检测进行比对分析,建立有效的质控措施,建立室内质控,参与室间质评活动。建立 POCT 与医院信息系统的联通,保证检测结果传输的正确性。

5.对 POCT 仪器的使用应加强组织管理及多部门协调的管理 省市临检中心对 POCT 仪器使用应

做好组织管理,与各部门协调开展 POCT 仪器质控、校准、使用的管理。

总体来看,POCT 已经作为检验医学的新领域迅速发展起来,并因其便捷快速获取结果的优势得到人们青睐,朝着仪器更小型化、便携化、检测项目多元化、制度管理完善化发展,期望能更好地成为中心实验室的有益补充,为改善医患关系及疾病的防治做出贡献。

(赵 威)

本章小结

临床常用的 POCT 仪器有基于多层涂膜技术、免疫金标记技术、免疫荧光技术、生物传感器技术、生物芯片技术及红外和远红外分光光度技术的仪器,广泛应用于糖尿病、心血管疾病、感染性疾病、发热性疾病等疾病检测及 ICU 病房、儿科、循证医学等领域。

临床常用的 POCT 仪器主要有快速血糖仪、血气分析仪、药物及毒物分析仪等,广泛应用于糖尿病、心血管疾病、ICU 病房及其他相关领域。

目前,POCT 仪器存在质量保证及质控措施缺乏、单个检验费用高、报告书写不规范、报告格式不统一等问题。通过建立 POCT 仪器的质量保证体系,加强管理规范和操作人员培训等措施可提高 POCT 使用的可靠性,促进 POCT 的快速发展。

测试题

(一) 选择题

1. POCT 的组成包括( )。

A. 地点、时间、保健、照料、检验、试验　　　　B. 地点、时间、保健、照料、目标、对象

C. 保健、照料、目标、对象、地点、时间　　　　D. 目标、对象、保健、照料、检验、试验

E. 家用检验、床边测试、医师诊所检验、靠近患者的测试

2. 红外和远红外分光光度技术用于制作多种无创检测仪,下述中除外的是( )。

A. 无创伤自测血糖仪　　　　　　　　　　B. 血红蛋白检测仪

C. 无创(经皮)胆红素检测仪　　　　　　　D. 血小板聚集仪

E. 无创全血细胞测定仪

3. POCT 技术不包括( )。

A. 湿化学测定技术　　　　　　B. 免疫金标记技术

C. 生物传感器技术　　　　　　D. 生物芯片技术、红外和远红外分光光度技术

E. 免疫荧光技术

4. 下列哪项不属于 POCT 分析系统的一次性分析装置?( )

A. 酶层析装置　　　　B. 免疫横流(层析)分析装置　　　　C. 生物传感器装置

D. 阅读装置　　　　　E. 单一或多垫试剂条

5. 临床检测中使用的蛋白芯片是以特异性抗原抗体反应为主要生物学基础的生物芯片,又称为( )。

A. 免疫芯片　　B. 细胞芯片　　C. 组织芯片　　D. DNA 芯片　　E. 芯片实验室

6. 无创性血糖仪主要采用了下述哪种技术?( )

A. 红外及远红外分光光度技术　　B. 免疫金标记技术　　　　　C. 免疫荧光技术

D. 生物传感器技术　　　　　　　E. 生物芯片技术和多层涂膜技术

7. POCT 仪器的临床应用范围包括( )。

A. 在糖尿病诊治方面的应用　　　　　　　B. 在心血管疾病方面的应用

C. 在感染性疾病中的应用　　　　　　　　D. 在 ICU 病房内的应用

E. 在儿科诊疗及其他方面的应用

8. POCT 的主要特点是(　　)。

A. 实验仪器小型化、检验结果标准化、操作方法简单化

B. 实验仪器综合化、检验结果标准化、操作方法简单化

C. 实验仪器小型化、操作方法简单化、结果报告即时化

D. 实验仪器综合化、检验结果标准化、结果报告即时化

E. 操作简便快速、试剂稳定性、便于保存携带

9. 在 POCT 仪器的分型中，下列哪项不是根据 POCT 仪器的重量和大小来划分的？(　　)

A. 便携型　　　　　　　　B. 微制造装置　　　　　　　C. 桌面型

D. 手提式　　　　　　　　E. 手提式一次性使用型

10. 目前 POCT 存在的主要问题是(　　)。

A. 质量保证问题　　　　　B. 费用问题　　　　　　　　C. 循证医学评估问题

D. 操作人员问题　　　　　E. 报告单书写问题

11. 由于 POCT 在使用和管理中的不规范导致对患者仍然存在潜在的危险，因此许多国家和地区均颁布了使用原则和管理办法，我国出台的相关政策是(　　)。

A. 评估程序　　　　　　　B. 关于 POCT 的管理办法(试行草案)

C. AST2-P 文件　　　　　D. POCT 使用原则

E. 管理法规

12. 微量快速血糖仪的质量控制措施不包括下述哪一项？(　　)

A. 质控物的测定　　　　　B. 密码牌校准

C. 及时清洁终点法白参考片　D. 室间质量控制

E. 血糖仪与大生化仪结果的比对

13. 未来的 POCT 仪可能的发展方向不包括(　　)。

A. 小型化　　　　　　　　B. 多用途　　　　　　　　C. 无创性／少创性技术

D. 与生物芯片技术相关　　E. 大型化

第十一章 其他临床检验仪器

本章介绍

　　好的实验环境和实验设备,是完成高质量检验的物质基础和必要手段,建立、实施全面质量管理系统是检验医学技术的生命。因此,随着自动化、信息化技术的普及,临床实验室自动化系统及临床实验室信息系统出现并逐步进入各大中型医院。生物芯片技术是伴随着人类基因组计划而出现的一项高新技术,已成为生物学研究的一种重要技术手段,并逐步发展成为实验室中常规的技术,同时也具有良好的市场前景。本章重点介绍临床实验室自动化系统的分类、基本组成和工作流程,以及临床实验室信息系统的工作流程、功能模块及条形码技术的应用,最后简单介绍基因芯片的概念、应用、相关技术及仪器。

本章目标

　　通过本章的学习,掌握临床实验室自动化系统的工作流程、组成结构,熟悉临床实验室信息系统的功能及应用和条形码的应用,了解基因芯片技术的应用及相关仪器。

第一节　临床实验室自动化系统

掌握: 临床实验室自动化系统概念、分类及基本组成。
熟悉: 临床实验室自动化系统的工作流程。
了解: 临床实验室自动化的发展概况及临床意义。

　　临床实验室自动化系统(laboratory automation system,LAS)又称临床全实验室自动化(total laboratory automation,TLA)或临床实验室自动化流水线,是指为实现临床实验室内某一个或几个检验系统(如临床化学、免疫学、血液学等)的功能整合,将临床实验室中相同的或不同的自动化分析仪器与分析前、分析后的相关设备,通过自动化传输轨道和信息网络进行连接的系统。LAS对提升临床实验室管理水平、加强检验质量管理、简化工作流程、提高工作效率和实验室的生物安全性、减少人力财力及降低人为差错率有很大的改善,已成为21世纪临床实验室检测自动化发展的趋势和方向。

一、临床实验室自动化系统发展概况

　　临床实验室自动化系统开始于20世纪50年代,主要经历了实验室仪器设备自动化,实验室信息管理系统和随之出现的前、后样本自动化处理及全实验室自动化流水线系统。全实验室自动化(TLA)的概念是20世纪80年代由日本的Masahide Sasaki博士提出的,通过轨道将众多模块自动化分析系统(包括前处理自动化系统、各种类型的自动化分析仪器和后处理自动化系统)整合成一个大的系统,实现对标本处理、传送、分析、数据处理和分析的全自动化过程。如今,自动血液分析、自动生化分析、自动免疫分析已经完全取代了手工操作,甚至对于某些传统上一直是用肉眼进行观察的形态学检查,如细菌鉴定、尿沉渣分析等,也都有了全自动化的检测仪器。

二、临床实验室自动化系统的分类

目前,临床实验室样本的自动化处理系统可分为两大类。

1. 离线式目标任务自动化(task target automation,TTA)系统 也叫离线式全自动前处理系统。TTA 系统的特点是在一台独立运行的设备中整合了样本前处理的各个步骤,如离心、血清和试管拍照、去盖、分杯及自动识别条形码、封膜和分类出样(图 11-1)。样本经过前处理后根据要去往检测的仪器设备自动被分类到相应的出样区域,自动化前处理的出样区比较大,可同时容纳超出 1000 个样本,并且实验室可根据科室的设备和工作流程对出样区进行规划,实验室操作人员也可直接把出样区的样本放到相应的仪器中检测,目标明确。

TTA 系统结构紧凑、占地面积小,适合场地有限的实验室。出样区可根据客户需求进行自行规划布局,并放置不同的试管架,同时,样本处理量较大,处理速度较快。

2. 全实验室自动化(TLA)系统 将众多模块分析系统整合成一个实现对标本处理、传送、数据处理和分析的全自动化过程。各功能组件如离心、去盖、分杯、仪器检测和后处理冰箱等,是独立运行的模块,通过轨道连接起来,使用软件控制系统协同工作(图 11-2)。TLA 由于需要用轨道连接各独立模块,占地面积大,较 TTA 来说,系统开放性不好,只能为那些在线上仪器中检测的样本进行前处理操作,同时,一个公司生产的流水线系统通常不能连接其他厂家生产的分析仪器。一个样本的处理时间较为恒定,可根据流水线各模块的处理速度和线上仪器的分析速度推算出样本在流水线上的时间。TLA 包含系统处理的所有步骤和模块,可自动完成整个检测过程,并最终存档保存,功能较齐全。

图 11-1 离线式目标任务自动化(TTA)系统

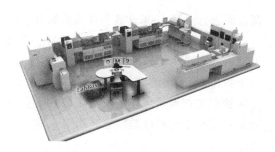

图 11-2 全实验室自动化(TLA)系统

三、临床实验室自动化系统的基本组成

临床实验室自动化系统通常包括硬件和软件两部分,硬件为样本处理和检测所需的全部仪器设备,软件主要是执行流程控制系统。根据工作流程,硬件可分为样本前处理模块、仪器分析系统、分析后输出系统和样本传送系统四大部分。流程控制软件即流水线信息管理系统参与各部分的控制和协调。下面将分别介绍各部分模块的功能及组成单元(图 11-3)。

(一)样本前处理模块

实现样本前处理部分自动化,包括样本分类和识别、开盖、离心、把样本装入分析仪器、样本管去盖和样本再分注及标记等,使样本前处理完全摆脱手工操作。系统可对样本进行多种方式的标识,包括二维条码、条形码、ID 芯片、图像处理技术等,最常用的是条形码。样本前处理模块包括以下子模块。

1. 进样模块 通常包括样本进样架、机械臂、样本识别组件。样本在此模块由人工进行上载,机械臂从进样区抓取样本至内部小轨道,通过样本识别组件(条形码扫描、试管拍照等)获取样本信息,自动完成对线上样本进行筛选,不合格样本将被识别并用机械臂抓出,集中放置在相应的试管架上,合格样本可顺利进入流水线。

2. 离心模块 样本进入该模块后,系统会根据样本类型判断是否需要离心,机械臂将需要离心的样本管抓取到离心机中进行离心,离心结束后再返回轨道。离心模块可以根据客户的实际工作需求来选配,同时,当流水线关闭时自动离心机也能手工操作。

3. 血清液面检测模块 样本离心完成后,被送入血清液面检测模块,经过光学探测器可以对样本的血

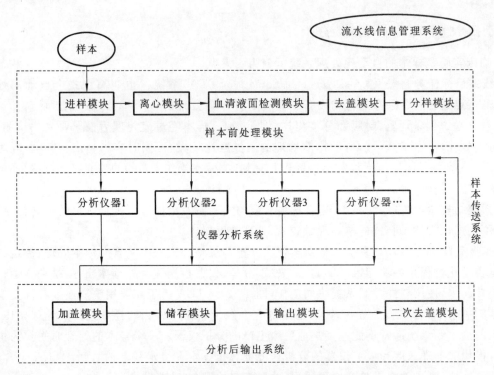

图 11-3　临床实验室自动化系统结构框图

清液面进行记录,用于计算分杯所需的血清量。该模块同样也可对血清质量进行判断,但是结果仅作参考。

4. 去盖模块　主要功能是自动除去样本管的盖子放入专用回收容器中,以便样本进入分析仪器完成测试。样本进入去盖模块后,到达去盖位置,会被气动抓手从两侧固定住,去盖器从试管盖顶部刺入,将盖子拔出,被拔出的盖子将通过滑道进入专门储存盖子的生物危害容器。样本去盖过程的自动化,减少了实验室工作人员与样本直接接触的机会,避免生物源污染环境,也提高了工作效率。需要注意的是,为避免不同样本的不同盖帽方式所带来的复杂的机械装置,一般需选相同规格试管盖的试管,试管长度也要求一致。

5. 分样模块　不同仪器的分样方式不同,一般有原始样本加样和分注后加样两种方式。原始样本加样是指直接吸取原始样本管中的样本进行检测,不同的仪器共用同一管样本。分注后加样是指将与原样本检测项目相匹配的条形码打印出来并贴在多个子样本管上,根据不同测试项目由带有吸样头的机械臂按照分杯量将血清从原始管中取出加入多个子样品管中,随后母管和子管通过内部小轨道进入相应的仪器分析系统。前者可以降低成本,简化工作流程,后者可以提高处理速度并且采用一次性吸样头,可以避免样本间的交叉污染,也可以不受干扰地保存样本。

（二）仪器分析系统

连接的自动化分析仪器根据用户的要求不同,可以是生化分析仪、免疫分析仪、血液分析仪、电解质分析仪或凝血分析仪。既可以是几台相同的仪器,也可以是几台不同的仪器的组合。

（三）分析后输出系统

包括样本加盖模块、储存模块和输出模块。有些流水线还设计有二次去盖模块。各模块功能如下。

1. 加盖模块　加盖模块是给已经完成分析实验并将进入储存模块冰箱的样本试管加上盖子,以防止样本在储存期间被污染和浓缩,与去盖模块的工作模式刚好相反。样本试管到达加盖器内部加盖位置,气动抓手从两侧固定住试管,位于试管上方的加盖套筒向下运动套住试管口并向下压迫试管,使其套筒内部的试管盖塞紧试管口,完成加盖。

2. 储存模块　样本完成所有检测之后,通过轨道进入样本储存模块,随后机械臂将样本从轨道抓入该模块进行储存,该模块可直接进行在线的样本储存、检索及丢弃。本模块一般包含一个在线的样本储存冰箱,储存温度为 2～8 ℃,最大样本储存量在 3000 管以上。样本可通过软件控制由系统随时自动取出,进行项目添加和重做。

3. 输出模块 功能是存放从样本储存模块中抓出的样本和有项目无法在线上仪器完成的样本,工作模式与进样模块非常相似。每套系统可连接两个出样模块,每个出样模块可设定 15 个分选区,分选区可放入常规架子或特定架子,可通过软件控制每个架子收集各自特定项目的样本。

4. 二次去盖模块 二次去盖模块的作用是对于一些已经加盖并进入冰箱后的样本,如需重新做检测,则被抓出后需要再次去盖,然后再返回相应的检测仪器进行二次检测。

（四）样本传送系统

主要用于连接主轨道和分析仪器,通过轨道将处理好的样本输送到各分析仪上和将各类自动分析仪（生化分析仪、免疫分析仪、血液分析仪等）连为一体。样本完成自动化的前处理后,通过条形码阅读器的扫描,根据测试项目、编程信息、仪器和试剂状态,及装载暂停状态,确定发送至哪一台仪器进行检测。连接模块具有智能平衡功能,依据样本的分析项目和线上各仪器的状态来调节样本在各个仪器的分配,能最大程度地提高样本的处理速度。

目前传输系统传送样本的方式主要有智能自动机械臂和智能化传输轨道。机械臂将样本从主轨道抓入仪器进行检测。传输轨道为连接流水线各个部分的通道,依靠电机驱动,传送皮带可直接将样本传输入仪器进行检测。根据实验室场地的要求,轨道可以设计成不同形状如 L 形、T 形、U 形等,使实验室整体布局整洁合理。

（五）流水线信息管理系统

流水线信息管理系统从实验室信息系统（laboratory information system,LIS）获取样本的测试请求和样本信息（包含样本编号、患者信息等）,经过软件前期设置并做出智能判断,发出相应的指令给硬件部分来实施,控制样本在轨道上的走向和仪器上工作量的平衡,并且能够结合质控信息、仪器的错误报警和旗标信息对测试结果进行自动审核。

四、临床实验室自动化系统的工作流程

不同厂家不同型号的设备在细节上有所区别,设计的流程也会根据实验室实际情况有所调整,具体到不同的实验室,流水线系统会根据配置的不同有所不同。下面是自动化流水线 POWER PROCESSOR 设计的一例工作流程（图 11-4）。

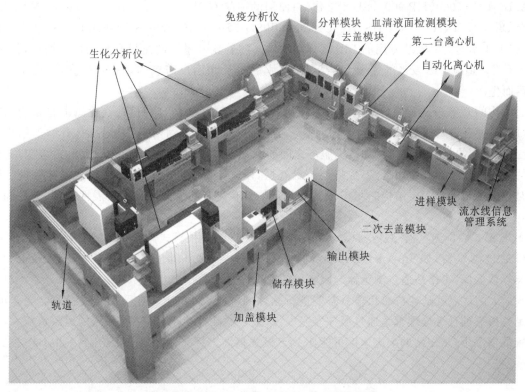

图 11-4 POWER PROCESSOR 的工作流程图

由于临床实验室自动化系统一般情况下可以完成整个实验室的操作流程,仪器包含的设备多,并且有轨道连接,在样本自动通过轨道传输时需要合理规划布局。

第二节　临床实验室信息系统

掌握:临床实验室信息系统的概念、工作流程和功能模块。
熟悉:临床实验室中间件软件和条形码技术。
了解:临床实验室信息系统的发展历程和运行模式。

临床实验室信息系统(clinical laboratory information system,CLIS)简称实验室信息系统(laboratory information system,LIS),是指利用计算机技术及计算机网络,根据临床实验室(或检验科)的工作流程而设计开发的,能实现临床实验室的信息采集、存储、处理、传输、查询,并提供分析及诊断支持的计算机软件系统。LIS的出现可调整并规范实验室的工作流程、保证检验工作质量、提高实验室的自动化程度,目前,已经成为临床实验室最重要的组成部分之一。

一、LIS 的发展历程

LIS的第一代产品的开发环境一般采用DOS平台和FoxPro数据库,以单机运行为主,接收仪器结果、中文报告,进行简单的查询统计;第二、三代产品的开发环境以Windows系列为平台,运用PowerBuilder等可视化编程语言,SQL Server、Oracle等大型数据库,引入条形码技术,结合了Internet技术。近十几年,第四代LIS以全流程化质量控制为目标进行重新规划和设计;以机器人技术及全流水线一体化检验设备为依托,和仪器交流更加紧密;采用现代统计技术加强LIS质控的分析能力。

二、LIS 的运行模式和组成结构

LIS一般采用C/S和B/S两种运行模式。

1. C/S模式　即客户/服务器(client/server)模式。使用的计算机有PC、DEC Micro VAX、ALPHA、IBM RS-6000、HP-9000、SUN工作站;使用的网络有Novell、Ethernet、Windows NT、OS/2;操作系统有DOS、UNIX、OPEN VMS、HP-UX;并采用SQL Server、Oracle、Sybase、Informix等大型数据库系统,所有工作站均需要安装专用的LIS客户端软件。随着软件系统的规模和复杂性的增加,传统的C/S模式已经难以适应LIS发展的需要,随着网络技术的普及和用户需求的进一步提高,三层结构的C/S模式应运而生。

三层结构的C/S模式是在传统两层的基础上,增加了新的一层,这种模式在逻辑上将系统功能分为三层:应用层、业务逻辑层、数据层。应用层是为客户提供应用服务的前台图形界面,有助于用户理解和操作;业务逻辑层提供客户应用层和数据服务之间的联系,主要功能是执行应用策略和封装应用模式,并将封装的模式呈现给客户应用程序;数据层是最底层,用来定义、维护、访问和更新数据并管理和满足应用服务对数据的请求。三层结构的C/S模式的优点是具有良好的灵活性和可扩展性、可共享性和较好的安全性。

2. B/S模式　即浏览器/服务器模式(browser/server)。这种模式只需将LIS安装在服务器上,所有的客户机通过浏览器,如Internet Explorer等登录服务端,服务器安装SQL Server、Oracle、Sybase、Informix等数据库,工作站通过浏览器与服务器的数据库进行数据交互。

B/S最大的优点就是客户端几乎不需要进行软件的维护,系统升级时只要升级服务器端就可以了;它的不足是所有的任务处理都是通过服务器完成,对服务器硬件要求较高、服务器的运载负荷大,在相同硬件配置的情况下,工作站的响应速度可能比C/S模式稍慢。目前,有部分LIS开始采用B/S模式,但应用不够普遍。

三、LIS 的工作流程及主要功能

LIS 的工作流程以门诊为例:医生下达检验医嘱→医院信息系统(HIS)中的检验信息转化为检验申请单→患者持挂号条交费→收集标本或采血(打印、粘贴条形码)→检验中心接收标本(扫描条形码)→化验→结果修正、报告审核→审核发布→打印检查报告/通过网络将检验结果传输至医生工作站。

LIS 把每个实验室的工作步骤设计成模块,用条形码技术把各个模块贯穿起来,用户能个性化地设置和组合各个模块(图 11-5)。在这个框架模式下,就能满足不同规模、流程的临床实验室的需求。其主要功能可以概括如下。

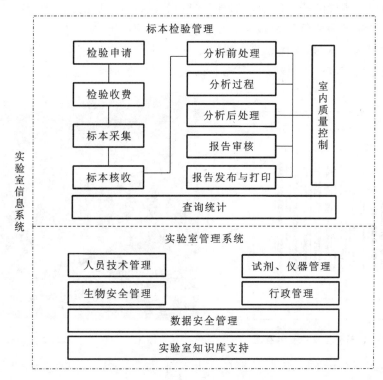

图 11-5　实验室信息系统功能框架

(1) 自动接收检验单,也支持手工录入检验申请单。

(2) 自动接收检验仪器传送过来的结果数据,并根据检验者的指令,将仪器传出的检验数据包括手工检测后录入的数据传输给医生和护士工作站。

(3) 自动审核化验结果、打印或发送检验报告单。临床医生、护士或者患者能够在终端计算机阅读检验结果或直接打印检验结果报告单。

(4) 患者检验结果查询功能。标本架号位置、数据存储分析、数据通信情况等系统中的所有信息及传递信息过程中的每个节点均能被实时记录且可供相关人员查询。

(5) 根据检验者的需求还能够提供质量控制及各类检验数据的分析与统计功能。

(6) 实验室信息管理功能。由于实验室管理工作的需求,在 LIS 中增加各类日常工作的管理功能模块,形成实验室信息管理系统(laboratory information management system,LIMS)。例如在 LIS 基本功能的基础上增加工作人员的指纹考勤模块、文件管理模块、人员培训及档案管理模块、试剂与设备管理模块、成本核算模块、标本流程监控模块、各类警示模块,甚至包括了智能审核模块以及专家分析模块等,为实验室提供科学便捷的管理途径以及实现办公自动化。这些模块可以成为 LIS 的一部分,也可以是独立的系统通过数据接口与 HIS 连接。

四、条形码技术

条形码(bar code)是 LIS 中的一个重要环节,LIS 通过采集标本前由 HIS 打印生成的条形码来传递患者基本信息,核对标本与患者的对应关系,每个标本的条形码都是唯一的,以保证患者信息接收和检验

结果反馈的准确性、可靠性。目前,医院常用的条形码有以下两种模式。

(一)实时制备条形码标签的标本信息管理系统

标本采集前通过读卡器读取医嘱信息,由信息系统生成唯一号,然后转换成条形码打印成标签粘贴到标本上,成为该标本的条形码信息标签(图11-6),该操作系统主要由读卡器、条形码打印机、条形码阅读器、终端计算机组成。需注意的是现场一般打印一种尺码样式的条形码标签,若标本容器体积太小或直径太小,就无法使用,如直径仅1 cm的血沉专用管、微型的1.5 mL离心管等。

(二)预置条形码容器的标本信息管理系统

将医嘱信息与容器上预置的条形码通过信息系统相关联,此时的条形码即带有该患者的医嘱信息。容器上条形码标签是由生产采集管厂家或实验室按照标本类型(抗凝剂、专业组等)提前制作并粘贴的(图11-7)。此条形码号为流水号,仅代表此容器的唯一性,通常被称为预置条形码标签。同时,它在没有与医嘱关联时只代表空管的唯一号,该操作系统主要由读卡器、条形码阅读器、终端计算机组成。

图11-6　现场打印的条形码信息标签示意图

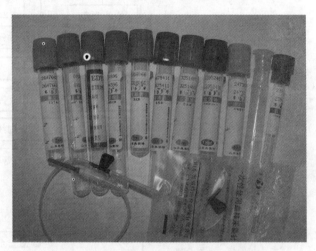

图11-7　预置条形码标签的标本采集容器

标本管标签和试管帽颜色不同,不同的颜色代表不同的项目名称,可根据颜色快速分类。操作人员在采样时,可根据计算机提示的颜色,方便、准确、快速地选取采样容器,不需要往管子上粘贴标签,而且不会拿错容器和对错项目,工作人员还可以根据标签的颜色迅速将标本分发至各检验工作站,无须核对姓名号码或化验单,提高了标本采集与传递速度。

标签中的副联号码还可以撕下来,粘贴到化验单上,供核对用,另一作用是转管时可将此副标签粘贴到需要保存的标本容器上,避免了号码书写易出错,或保存后号码看不清等事件发生。还可以根据标本容器预制各种尺寸的条形码标签,使所有不同形状、规格的标本容器均带有条形码标签,有利于实现全员检验标本无纸化运转,以及大大提高自动化检测设备双向通信功能的识别效率。

五、实验室中间件软件

中间件软件的作用是为处于自己上层的应用软件提供运行与开发的环境,帮助用户灵活、高效地开发和集成复杂的应用软件。目前国内市场上常见的与相应自动化仪器设备及医学实验室用户的LIS配套的中间件性质的软件如下。

1. IM(Instrument Manager)信息系统　该系统是介于传统的LIS和轨道(或仪器)之间的系统软件,属于典型的中间件软件。IM软件拥有国际通用的HL7和ASTM标准协议,可以与其他符合该通用协议的软件、硬件直接相连,安全快速。

2. DM2信息系统　它可以将自动化分析仪器和LIS联系起来,为实验室提供更全面的自动化、智能化IT解决方案。DM2专注于检验流程的标准化,帮助实验室分析检测结果中包含的信息,确保检验结果的真实可靠。

3. cobas IT 3000　cobas IT 3000是一套定位于LIS和自动化分析仪器之间的中间件软件,可连接样本前处理、进行样本流程管理,采用基于 ASTM 或 HL7 国际标准的通信接口协议,方便与 LIS 进行数据交换,实现同 LIS 及各种仪器的无缝连接。

4. Centralink 数据管理系统 用于连接 LIS 与各种自动化检验仪器设备,可集中管理数据,自动处理手工流程。

5. LABOMAN 检验数据管理软件 血细胞计数仪流水线数据管理的中间件软件。

第三节 基因芯片技术

掌握:基因芯片的基本概念和原理。
熟悉:基因芯片的制作技术和相关仪器。
了解:基因芯片的应用。

生物芯片(biochip)技术是 20 世纪 90 年代初伴随着人类基因组计划而出现的一项高新技术。它是根据生物分子间特异相互作用的原理,将生化分析过程集成于芯片表面,从而实现对 DNA、RNA、多肽、蛋白质以及其他生物成分的高通量快速检测。常用的生物芯片主要有基因芯片、蛋白质芯片、细胞芯片、组织芯片及微缩芯片实验室等。将 cDNA 或寡核苷酸按微阵列方式固定在微型载体上制成的芯片称为基因芯片;将蛋白质或抗原等一些非核酸生命物质按微阵列方式固定在微型载体上获得的芯片称为蛋白质芯片;细胞芯片是将细胞按照特定的方式固定在载体上,用来检测细胞间相互影响或相互作用;组织芯片是将组织切片等按照特定的方式固定在载体上,用来进行免疫组织化学等组织内成分差异研究;芯片实验室是生物芯片技术发展的最终目标,它是将样品的制备、生化反应到检测分析的整个过程集约化形成微型分析系统,形成所谓的"芯片实验室"。

基因芯片的本质是核酸杂交技术的集成化、微型化。具有多样品并行处理、分析速度快、所需样品量少、污染少等优点,是微阵列芯片中较成熟、应用也较广泛的一类芯片。

一、基因芯片的原理

基因芯片也称 DNA 芯片,其原理与 Southern 杂交技术相似,是将已知序列的寡核苷酸片段或 cDNA 基因片段作为探针有序地固定于支持物上(尼龙膜、玻璃、塑料、硅片等),与样品中标记的核酸分子按照碱基互补配对原理(即 A 与 T 配对、C 与 G 配对)进行杂交,经激光共聚焦荧光检测系统等对芯片进行扫描,通过检测杂交信号强度来获取样品分子的数量和序列信息,用计算机软件进行数据比较和分析,从而对基因序列及功能进行大规模、高通量的研究。一张 DNA 芯片,可固定着成千上万个探针,具体数目取决于芯片设计和制备方法。

二、基因芯片制作技术及相关仪器

基因芯片制作技术包括以下几个主要步骤:芯片制备、样品制备、杂交反应和芯片扫描及结果分析。

(一)芯片制备

目前制备芯片主要以玻璃片或硅片为载体,采用原位合成法和微阵列点样设备的方法将寡核苷酸片段或 cDNA 作为探针按顺序排列在载体上。

1. 原位合成法 采用半导体制作技术的光刻技术,生产高密度的寡核苷酸芯片。

2. 微阵列点样设备 微阵列点样设备采用了精密机器人运动控制技术,在计算机控制下,系统 X轴、Y 轴、Z 轴承载玻板/载孔板或点样针架进行组合往复运动,从而实现空间三维运动以完成点样功能,并同时满足微阵列制备过程所需要的高精度和高速度要求。如 SmartArrayerTM 系统微阵列芯片点样仪。

(二)样品制备

生物样品往往是复杂的生物分子混合体,除少数特殊样品外,一般不能直接与芯片反应,所以,必须将样品进行提取、扩增,获取其中的蛋白质或 DNA、RNA,然后用荧光标记,以提高检测的灵敏度和使用者的安全性。常用以下两类设备。

1. 核酸提取及纯化设备　核酸提取及纯化采用精密机器人运动控制技术、精密移液技术、磁珠技术、吸附技术,实现样品和试剂的自动添加、磁珠分离、真空抽滤、加热振荡等功能,全自动完成核酸的提取及纯化。如 LabKeeperTM 全自动核酸提取纯化仪。

2. 核酸质量检测设备　分光光度计是在特定波长处或一定波长范围内测定光的吸收度,对标本进行定性或定量分析。分光光度计已成为现代分子生物学实验室的常规仪器。常用于核酸、蛋白质浓度和纯度的度量。目前出现新型的微型分光光度计,如 NannQ 光度计,其利用液滴自身张力,把液滴夹在两个平行面之间的缝隙中,其中一个平面作为反射面,仪器将这个缝隙距离的 2 倍作为光程,利用光电比色原理,实现对高浓度标本的测量而不用对标本进行稀释。

（三）杂交反应

该反应是指荧光标记的样品与芯片上的探针进行杂交反应产生一系列信息的过程。选择合适的反应条件能使生物分子间的反应处于最佳状况中,减少生物分子之间的错配率。在此过程中,一般又包括芯片杂交、芯片清洗设备。根据实验的需求,可以将分子杂交仪分为六大类:用于大容量的分子杂交仪;用于 Southern 或 Northern 技术点杂交的杂交仪;用于小容量的核酸杂交仪;微孔板原位杂交仪;载玻片原位杂交和平板杂交仪;Western 杂交。近年来,随着芯片技术的飞速发展及应用,出现了自动杂交仪,按自动化程度可分为三大类。

1. 普通分子杂交仪　一般为封闭式恒温箱式结构,另外加上振荡或旋转式可动机构,控制系统实现温度控制、转速等实验参数的调整。

2. 半自动分子杂交仪　半自动分子杂交仪不仅能完成杂交过程中各条件的控制,还能在人工干预下进行杂交后的其他实验步骤,如孵育、显色等。

3. 全自动分子杂交仪　基因组 DNA 与芯片上特异的 DNA 探针在特定温度条件下进行反应,经过杂交、洗膜、孵育、显色等步骤就可能得到检测结果,这一过程由全自动分子杂交仪自动完成,杂交过程无须人工参与。

（四）芯片扫描及结果分析

芯片经杂交反应后,各个反应点形成强弱不同的光信号图像,用芯片扫描仪和相关判读软件进行分析,即可获得有关的生物信息。按成像方式分为激光共聚焦芯片扫描仪、CCD 芯片扫描仪;国内较成熟的为 LuxScanTM 激光共聚焦芯片扫描仪系统。

（五）芯片工作站

芯片工作站实现将微阵列芯片杂交、洗干、成像、判读这几个流程集成在一台仪器中自动化完成。基于微流控动态杂交原理,缩短了反应时间;基于 CCD 成像技术,可以实现监控芯片杂交、清洗等流程,并对信号成像、判读,根据信号变化情况,优化芯片处理条件,简化了实验方法。国内较为领先的为 EasyArrayTM3A 生物芯片反应阅读仪。

三、基因芯片的主要临床应用

与传统方法相比,基因芯片在疾病检测诊断方面具有独特的优势,它可以用一张芯片同时对多个患者进行多种疾病的检测。仅用极小量的样品,在极短时间内,即可为医务人员提供大量的疾病诊断信息。其在临床的应用主要有以下几个方面。

1. 遗传性疾病的诊断及产前诊断　许多遗传性疾病的致病基因被相继定位,因此可用对应于突变热点区的寡核苷酸探针制备基因芯片,通过一次杂交完成对待测样品多种突变可能性的筛查,实现对多种遗传性疾病的高效快速诊断。在产前遗传性疾病检查方面,抽取少许羊水就可以检测出胎儿是否患有遗传性疾病,同时鉴别的疾病可以达到数十种甚至数百种。

2. 感染性疾病的诊断　利用基因芯片诊断病原微生物感染不仅避免了繁琐而费时的病原微生物培养,能在短时间内知道患者是感染何种病原微生物,并且能测定病原体是否产生耐药性、对何种抗生素产生耐药性、对何种抗生素敏感等等,便于医生有的放矢地制订科学的治疗方案。

3. 对肿瘤的诊断及治疗 通过基因芯片对各种导致肿瘤产生的基因进行检测,能筛查健康人群中的潜在肿瘤发病基因,以达到早期诊断预防的目的。

4. 个体化用药的指导 个体化用药是指充分考虑患者的遗传因素,用基因芯片对患者先进行诊断,再开处方,提供个体优化治疗方案。

(侯园园)

本章小结

近年来,为了满足不断增长的样本量,并维持高质量的报告水平,全自动化检验流水线在我国一些大中型医院开始逐步普及,目前,市场上各厂家的软、硬件,基本都能满足常规的生化免疫临床实验室标本,通过优化软、硬件将门诊检验的尿液、血常规、血凝整合上轨道,实现全实验室自动化的理念。

LIS是以科学合理的实验室工作流程为基础,参照国际标准 HL7 协议,结合条形码、仪器通信等技术来开发的。LIS 的出现可调整并规范实验室的工作流程、保证检验工作质量、提高实验室的自动化程度,目前,已经成为实验室重要的组成部分之一。

基因芯片技术发展至今,已成为一种常规且有效的研究手段,其在分子生物学研究领域、医学临床检验领域、生物制药领域和环境医学领域显示出了强大的生命力,其中关键就是基因芯片具有微型化、集约化和标准化的特点,从而有可能实现"将整个实验室缩微到一片芯片上"的愿望。

测试题

(一)选择题

1. 标本前处理系统可对样品进行多种方式的标志,不包括(   )。

A. 二维条码 　　　　　　B. 条形码 　　　　　　C. ID 芯片
D. 图像处理技术 　　　　E. 激光技术

2. 以下关于流水线样品管自动去盖的说法,不正确的是(   )。

A. 减少了实验室工作人员与样本直接接触的机会

B. 减少了生物源污染危险

C. 提高了工作效率

D. 样本管规格可以多样化

E. 二次去盖是需做二次检验的样本才需要的

3. 在全自动样本前处理系统中通常作为独立可选模块存在的是(   )。

A. 进样模块 　　　　　　B. 离心模块 　　　　　　C. 血清液面检测模块
D. 去盖模块 　　　　　　E. 分样模块

(二)名词解释

1. 全实验室自动化(TLA) 　2. 离线式全自动前处理系统 　3. 实验室信息系统(LIS) 　4. 实验室信息管理系统(LIMS) 　5. 生物芯片 　6. 基因芯片

(三)简答题

1. 临床实验室自动化系统如何分类?

2. 简述临床实验室自动化系统的基本组成及相应功能。

3. 简述全实验室自动化的意义。

4. 简述实验室信息系统的主要功能。

5. 简述实验室信息系统的工作流程。

6. 简述实时制备条形码和预置条形码的不同。

7. 简述基因芯片的原理。

8. 简述基因芯片的制备过程。

9. 简述基因芯片的主要临床应用。

（四）操作题

1. 参观某医院检验科临床实验室自动化系统，熟悉其工作流程。

2. 亲自体验某医院从医生开检验申请单到取检验报告的每个步骤，简述其工作流程。

3. 查阅生物芯片相关文献，熟悉应用前景及发展趋势，并写一份综述。

参考文献

CANKAOWENXIAN

[1] 须建,张柏梁.医学检验仪器与应用[M].武汉:华中科技大学出版社,2012.

[2] 须建,彭裕红.临床检验仪器[M].2版.北京:人民卫生出版社,2015.

[3] 樊绮诗,钱士匀.临床检验仪器与技术[M].北京:人民卫生出版社,2015.

[4] 贺志安.检验仪器分析[M].北京:人民卫生出版社,2013.

[5] 曾照芳,贺志安.临床检验仪器学[M].2版.北京:人民卫生出版社,2011.

[6] 邹健.食品药品医疗器械检验仪器设备维护保养规程(第一册)[M].北京:中国医药科技出版社,2016.

[7] 邹雄,吕建新.基本检验技术及仪器学[M].北京:高等教育出版社,2006.

[8] 邹雄,丛玉隆.临床检验仪器[M].北京:中国医药科技出版社,2010.

[9] 邹雄,李莉.临床检验仪器[M].2版.北京:中国医药科技出版社,2015.

[10] 李艳,李山.临床实验室管理学[M].3版.北京:人民卫生出版社,2012.

[11] 王惠民.临床实验室管理学[M].北京:高等教育出版社,2012.

[12] 曾照芳,洪秀华.临床检验仪器[M].北京:人民卫生出版社,2007.

[13] 曾照芳.临床检验仪器学习题集[M].北京:人民卫生出版社,2012.

[14] 曾照芳,余蓉.医学检验仪器学[M].武汉:华中科技大学出版社,2013.

[15] 魏福祥.现代仪器分析技术及应用[M].北京:中国石化出版社,2011.

[16] 李水军.液相色谱-质谱联用技术临床应用[M].上海:上海科学技术出版社,2014.

[17] 漆小平,邱广斌,崔景辉.医学检验仪器[M].北京:科学出版社,2014.

[18] 李昌厚.高效液相色谱仪器[M].北京:科学出版社,2014.

[19] 张秀明,黄宪章,曾方银,等.临床生化检验诊断学[M].北京:人民卫生出版社,2012.

[20] 邸刚,朱根娣.医用检验仪器应用与维护[M].北京:人民卫生出版社,2011.

[21] 张惟材,朱力,王玉飞.实时荧光定量 PCR[M].北京:化学工业出版社,2013.

[22] 吕建新,尹一兵.分子诊断学[M].2版.北京:中国医药科技出版社,2010.

[23] 丛玉隆.实用检验医学[M].2版.北京:人民卫生出版社,2009.

[24] 丛玉隆,黄柏兴,霍子凌.临床检验装备大全第2卷——仪器与设备[M].北京:科学出版社,2015.